# 新手学 PPT 2016

Microsoft®
龙马高新教育◎编著

快 1000张图解轻松入门 **学会**

好 60个视频扫码解惑 **完美**

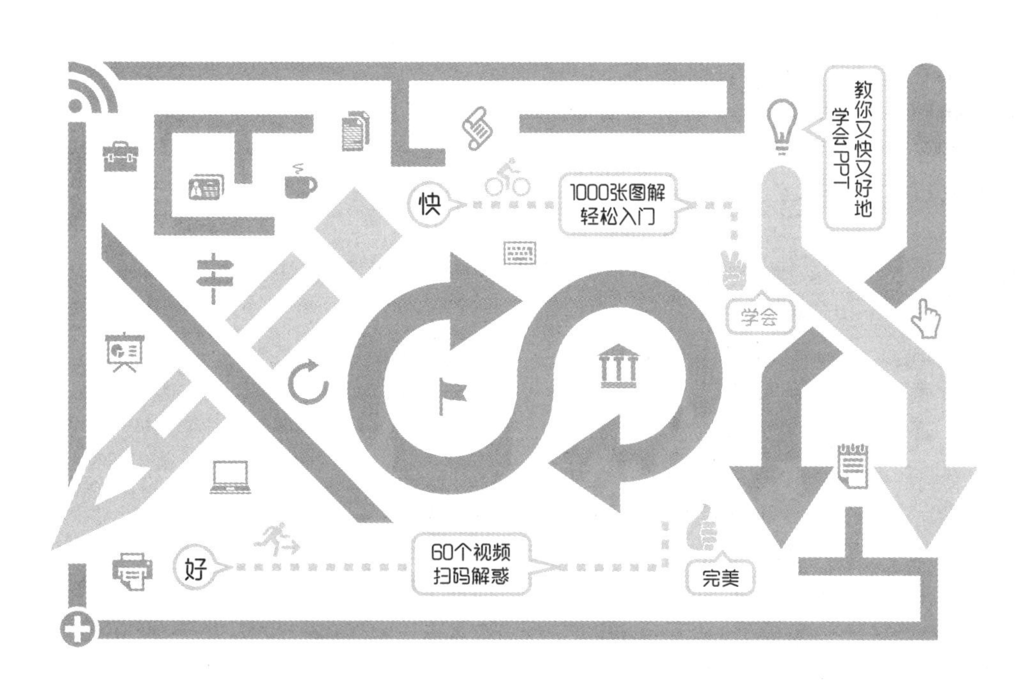

北京大学出版社
PEKING UNIVERSITY PRESS

# 内 容 提 要

本书通过精选案例引导读者深入学习，系统地介绍了 PPT 2016 的相关知识和应用方法。

全书共 11 章。第 1 ～ 2 章主要介绍为什么我的 PPT 设计不够专业与 PowerPoint 2016 的基本操作；第 3 ～ 9 章主要介绍 PPT 的制作技巧，包括用好字体让 PPT 与众不同——制作镂空字体、让优质的图片助力表达、让你的 PPT 表格会“说话”——产品销售数据页设计、PPT 图表化处理——产品市场份额分析页设计、图示的形象化表达、玩转模板与母版及 PPT 逻辑结构与版式设计；第 10 ～ 11 章主要介绍 PPT 2016 的高级应用方法，包括如何美化 PPT 及幻灯片动画效果的简单使用。

本书不仅适合 PPT 2016 的初级、中级用户学习使用，还可以作为各类院校相关专业和计算机培训班的教材或辅导用书。

**图书在版编目（CIP）数据**

新手学 PPT. 2016 / 龙马高新教育编著 . —北京：北京大学出版社，2017.10
ISBN 978-7-301-28716-3

Ⅰ . ①新… Ⅱ . ①龙… Ⅲ . ①图形软件 Ⅳ . ① TP391.412

中国版本图书馆 CIP 数据核字 (2017) 第 219114 号

书　　名　新手学 PPT 2016
　　　　　XINSHOU XUE PPT 2016
著作责任者　龙马高新教育 编著
责 任 编 辑　尹 毅
标 准 书 号　ISBN 978-7-301-28716-3
出 版 发 行　北京大学出版社
地　　址　北京市海淀区成府路 205 号　100871
网　　址　http://www.pup.cn　新浪微博：@ 北京大学出版社
电 子 信 箱　pup7@ pup.cn
电　　话　邮购部 62752015　发行部 62750672　编辑部 62580653
印 刷 者　北京大学印刷厂
经 销 者　新华书店
　　　　　787 毫米 ×1092 毫米　16 开本　17 印张　337 千字
　　　　　2017 年 10 月第 1 版　2017 年 10 月第 1 次印刷
印　　数　1—4000 册
定　　价　39.00 元

---

# ·前言·

INTRODUCTION

如今，计算机已成为人们日常工作、学习和生活中必不可少的工具之一，不但大大地提高了工作效率，而且为人们生活带来了极大的便利。本书从实用的角度出发，结合实际应用案例，模拟真实的办公环境，介绍 PPT 2016 的使用方法与技巧，旨在帮助读者全面、系统地掌握 PPT 2016 的应用。

## 读者定位

本书系统详细地讲解了 PPT 2016 的相关知识和应用技巧，适合有以下需求的读者学习。

※ 对 PPT 2016 一无所知，或者在某方面略懂、想学习其他方面的知识。

※ 想快速掌握 PPT 2016 的某方面应用技能，如安装启动、美化图片、办公……

※ 在 PPT 2016 使用的过程中，遇到了难题不知如何解决。

※ 想找本书自学，在以后工作和学习过程中方便查阅知识或技巧。

※ 觉得看书学习太枯燥、学不会，希望通过视频课程进行学习。

※ 没有大量时间学习，想通过手机进行学习。

※ 担心看书自学效率不高，希望有同学、老师、专家指点迷津。

## 本书特色

### ➥ 简单易学，快速上手

本书以丰富的教学和出版经验为底蕴，学习结构切合初学者的学习特点和习惯，模拟真实的工作学习环境，帮助读者快速学习和掌握。

### ➥ 图文并茂，一步一图

本书图文对应，整齐美观，所有讲解的每一步操作，均配有对应的插图和注释，以便读者阅读，提高学习效率。

**➥ 痛点解析，清除疑惑**

本书每章最后整理了学习中常见的“疑难杂症”，并提供了高效的解决办法，旨在解决在工作和学习中遇到的问题，同时提高学习效率。

**➥ 大神支招，高效实用**

本书每章提供有一定质量的实用技巧，满足读者的阅读需求，也能帮助读者积累实际应用中的妙招，拓展思路。

## 配套资源

为了方便读者学习，本书配备了多种学习方式，供读者选择。

**➥ 配套素材和超值资源**

本书配送了 10 小时高清同步教学视频、本书素材和结果文件、通过互联网获取学习资源和解题方法、办公类手机 APP 索引、办公类网络资源索引、Office 十大实战应用技巧、200 个 Office 常用技巧汇总、1000 个 Office 常用模板、Excel 函数查询手册等超值资源。

（1）下载地址。

扫描下方二维码或在浏览器中输入下载链接：http://v.51pcbook.cn/download/28716.html，即可下载本书配套光盘。

提示：如果下载链接失效，请加入“办公之家”群（218192911），联系管理员获取最新下载链接。

（2）使用方法。

下载配套资源到 PC 端，单击相应的文件夹可查看对应的资源。每一章所用到的素材文件均在“\ 本书实例的素材文件、结果文件 \ 素材 \ch*”文件夹中。读者在操作时可随时取用。

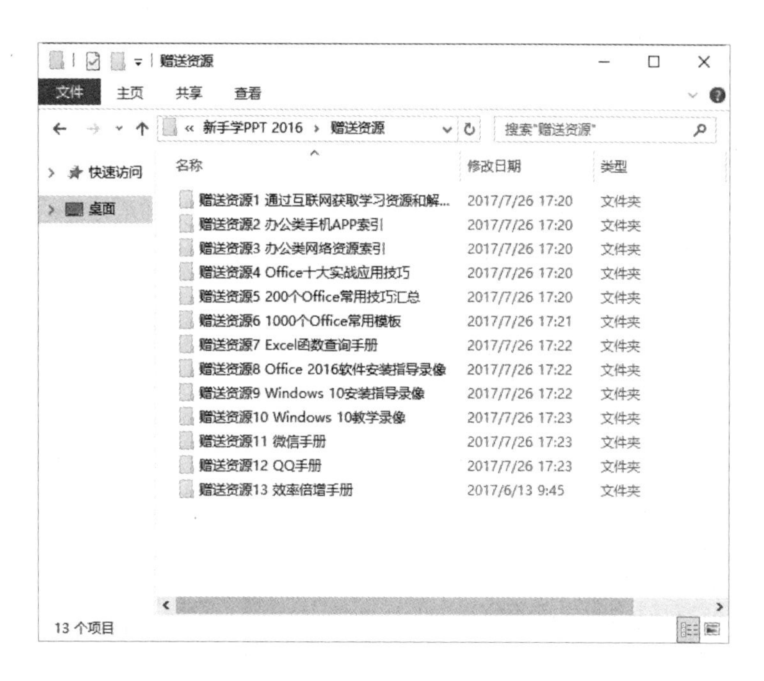


➥ **扫描二维码观看同步视频**

使用微信、QQ及浏览器中的“扫一扫”功能，扫描每节中对应的二维码，即可观看相应的同步教学视频。

➥ **手机版同步视频**

扫描下方二维码下载龙马高新教育手机APP，用户可以直接安装到手机中，随时随地问同学、问专家，尽享海量资源。同时，该APP也会不定期向读者手机中推送学习中的常见难点、使用技巧、行业应用等精彩内容，让学习更加简单高效。

## 更多支持

为了更好地服务读者，本书专门设置了QQ群为读者答疑解惑，读者在阅读和学习本书过程中可以把遇到的疑难问题整理出来，在“办公之家”群里探讨学习。另外，群文件中还会不定期上传一些办公小技巧，帮助读者更方便、快捷地操作办公软件。

## 作者团队

本书由龙马高新教育编著，齐艳珂任主编，邓飞、林晨星任副主编，参与本书编写、资料整理、多媒体开发及程序调试的人员有刘华、李鲁豫、华俊豪、覃翠妮、牛昱杰、王果、陈小杰、左琨、邓艳丽、崔姝怡、侯蕾、左花苹、刘锦源、普宁、王常吉、师鸣若、钟宏伟、陈川、刘子威、徐永俊、朱涛和张允等。

在编写过程中，我们竭尽所能地为读者呈现最好、最全的实用功能，但仍难免有疏漏和不妥之处，敬请广大读者指正。若在学习过程中产生疑问，或有任何建议，可以与我们联系交流。

投稿信箱：pup7@pup.cn

读者信箱：2751801073@qq.com

读者交流 QQ 群：218192911（办公之家）、363300209

# ·目录·

CONTENTS

## 第3章 用好字体让PPT与众不同——制作镂空字体......29

## 第 4 章 让优质的图片助力表达

01

CHAPTER

第1章

# 为什么我的 PPT 设计不够专业

>>> 熟练掌控这五大过程方可制作出好的 PPT。如果单单只是做到了其中几项，可能会使 PPT 少了几分优美与灵活性。

>>> 小白：哇，原来一个小小的 PPT 也有这么多讲究。嘿嘿嘿，大神，那我们如何能制作出好的 PPT 呢？

大神：你且跟着我继续往下看便是了。

## 1.1 为什么要制作 PPT

这个问题问得好，因为我们通常给别人展示自己意见或者观点的时候，总希望费较少的口舌达到比较满意的效果，如果有东西能辅助自己阐述观点就更好了。这时候，PPT 就应运而生啦。

拥有一个好的 PPT，老板可以缩短自己的会议时间。

拥有一个好的 PPT，你能够增强自己报告的说服力。

拥有一个好的 PPT，你能满足观众的要求，让复杂事情简单化。

拥有一个好的 PPT，你可以让自己更加形象地体现想法和构思。

拥有一个好的 PPT，你可以令展现内容更简单和条理化。

一套完整的 PPT 文件一般包含片头动画、PPT 封面、前言、目录、过渡页、图表页、图片页、文字页、封底、片尾动画等；所采用的素材有文字、图片、图表、动画、声音、影片等。近年来，PPT 的应用水平逐步提高，应用领域越来越广，如工作汇报、企业宣传、产品推介、婚礼庆典、项目竞标、管理咨询等领域。PPT 正逐渐成为人们工作、生活中的重要组成部分。

## 1.2 新手制作 PPT 常犯的 *N* 个错误

（1）密密麻麻全是字，没有好的图案和背景装饰，如下图所示。

• 本以为在这里打工是一件很容易的事情，但凡事想时容易，做时难。让我没有想到的是，刚去的第一天下午就犯错了，在帮顾客拿货时，不小心摔坏了一个耳机，我当时吓的不得了，刚好被领班发现。我什么也没有说，只是让我交120元的罚金。我心想怎么会是这样啊，刚来钱还没有挣到，反而被罚了，心里很是不情愿，可是事实就摆在我的面前，在工作中他们说一就是一，说二就是二，当时领班严肃的表情吓得我说不出话来，脸都通红，他们告诉我：“在工作中是容不得半点马虎的，在开始讲的很清楚，出现其他的事个人负责。”我也没办法狡辩这确实也是由于我的不认真造成的，没办法，就交了120元罚款。哎，我想这是第一次做着工作了，也算120元买个教训吧，可是我的心里久久不能平静，总以为这些错不应该发生在我身上，可是又有太多的可是，从这件事中我深深体会到想干好一项工作很难，即使一件小事。心中总有一种想法不愿意从事简单繁琐的工作，可是“一屋不扫何以扫天下”的道理，我们都懂，我想万事开头难吗？在接下来的工作中我会认真。

大学生实习报告 4

（2）色调与风格不搭配，背景与文字颜色对比度不高，如下图所示。

（3）前期策划没有逻辑，文本内容切不到重点上，如下图所示。

- 1、主要内容
- 2、分类
- 3、意义作用
- 4、对当前形势的展望与分析
- 5、下一年度工作计划与安排

（4）不注重设计 PPT 动画与切换方式，如下图所示。

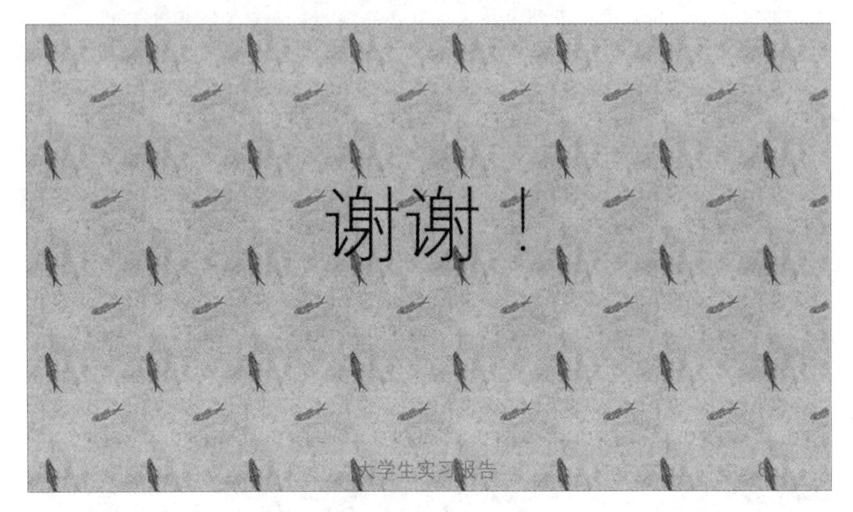


（5）没有考虑观众的需求，如下图所示。

## 1.3 新手和高手的区别

新手和高手制作的 PPT 主要在配色方案、功能使用和图表改造能力 3 个方面存在差距。下表列举了一些新手和高手在制作 PPT 时的想法。

| 新手会想 | 高手会想 |
| --- | --- |
| 母版是哪里下载的？ | 为什么用这个母版？ |
| 背景主题能不能复制过来？ | 背景主题和论点是否协同？ |
| 动画特效我要是能做出来就好了！ | 动画对沟通有帮助吗？ |
| 他的图表怎么就这么漂亮呢？ | 有更合理的图表来表达观点吗？ |
| 这个字体哪里来的？ | 字体字型对观众阅读有影响吗？ |
| 色彩该怎么调整才好看呢？ | 光影设置如何和现场灯光匹配？ |
| PPT 真漂亮啊！ | PPT 有说服力吗？ |
| …… | …… |

## 1.4 专业 PPT 应该是这样的

**大神**：小白啊，大神要放大招了，这就给你展示专业的 PPT 该是什么样子的。等着瞧！

### 1. 目标明确

制作 PPT 通常是为了追求简洁、明朗的表达效果，以便有效地协助沟通。因此，制作一个优秀的 PPT 必须先确定一个合理明确的目标。这样在制作 PPT 的过程中就不会出现偏离主题的情况，不会制作出多页无用的幻灯片，也不会在一个文件里讨论多个复杂的问题。

2. 形式合理

PPT 主要有两种用法：一是辅助现场演讲的演示；二是直接发送给观众自己阅读。要保证达到理想的效果，就必须针对不同的用法选用合理的形式。

如果制作的 PPT 用于演讲现场，就要全力服务于演讲，制作的 PPT 要多用图表和图示，少用文字，以使演讲和演示相得益彰。除此之外，还可以适当地运用特效及动画等，使演示效果更加丰富多彩。

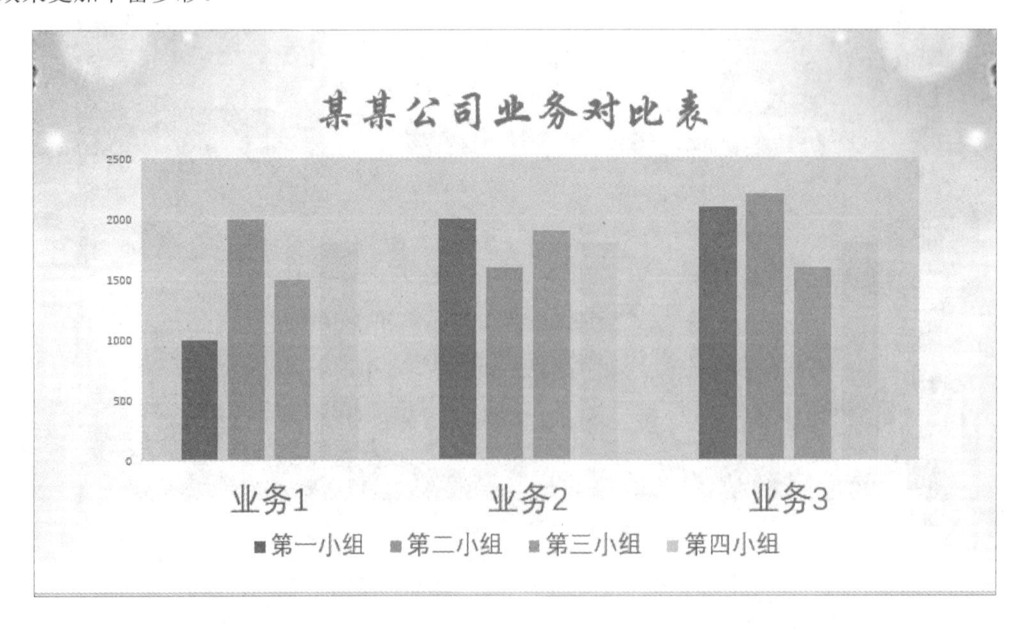

3. 逻辑清晰

制作 PPT 时既要使内容完整、简洁，又必须建立清晰、严谨的逻辑。要想做到逻辑清晰，可以遵循幻灯片的结构逻辑，也可以运用常见的分析图表法。

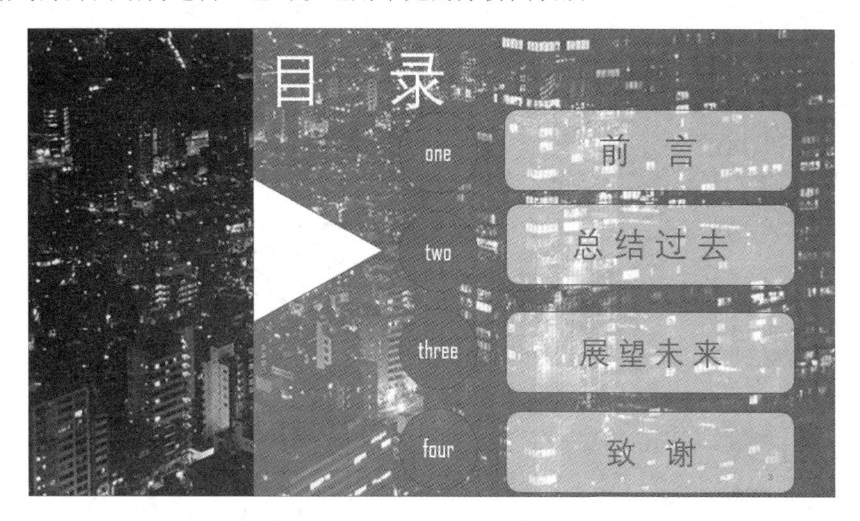


4. 美观大方

要制作美观大方的 PPT，具体可以从色彩和布局两个方面进行设置。

色彩是一门大学问，也是一个很感官的东西。PPT 制作者在设置色彩时，要运用和谐但不张扬的颜色进行搭配。可以使用一些标准色，因为这些颜色是大众所能接受的颜色。同时，为了方便辨认，制作 PPT 时应尽量避免使用相近的颜色。

幻灯片的布局要简单、大方，将重点内容放在显著的位置，以便观众一眼就能够看到。

### 5. 记得致谢

PPT 演示完成后，记得对观众表示感谢，这是基本的礼貌。

## 1.5 如何成为 PPT 高手

想成为 PPT 办公高手，可以从以下几个方面着手。

### 1. 配色方案

配色是否美观是一个相对的概念，没有固定的标准，在不同的 PPT 中，有不同的美的标准。

但是有两点是有共性的：呼应主题和色彩统一。什么是呼应主题呢？就是当我们在为 PPT 中的图表选择色彩时，我们要考虑 PPT 的整体配色。

### 2. 功能使用

虽然 PowerPoint 提供了很多种图表类型，但 95% 的人可能只用到了常见的几种，如饼图、柱状图、折线图等，并且只会进行简单的配色修改或者尺寸修改等。但在实际制作的过程中，是需要根据功能选择合适的图表类型的。



### 3. 图表改造

图表的玩法就那么多，我们需要对其进行改造，才能制作出与众不同的效果。

### 4. 熟记快捷键

如果要更好地学习 PPT 制作，需要熟练掌握 PPT 的各种快捷键，这会让你快人一步。

（1）PPT 编辑

【Shift+F3】组合键：更改字母大小写。

【Ctrl+B】组合键：应用粗体格式。

【Ctrl+U】组合键：应用下画线。

【Ctrl+I】组合键：应用斜体格式。

【Ctrl+=】组合键：应用下标格式（自动调整间距）。

【Ctrl+Shift++】组合键：应用上标格式（自动调整间距）。

【Shift+Space】组合键：删除手动字符格式，如下标和上标。

【Ctrl+Shift+C】组合键：复制文本格式。

【Ctrl+Shift+V】组合键：粘贴文本格式。

【Ctrl+E】组合键：居中对齐段落。

【Ctrl+J】组合键：使段落两端对齐。

【Ctrl+L】组合键：使段落左对齐。

【Ctrl+R】组合键：使段落右对齐。

（2）PPT 放映

【N】键、【Enter】键、【Page Down】键、右箭头（→）键、下箭头（↓）键或空格键：进行下一个动画或切换到下一张幻灯片。

【P】键、【Page Up】键、左箭头（←）键、上箭头（↑）键或【Backspace】键：进行上一个动画或返回到上一张幻灯片。

【B】键或【。】键：黑屏或从黑屏返回幻灯片放映。

【W】键或【，】键：白屏或从白屏返回幻灯片放映。

【S】键或【+】键：停止或重新启动自动幻灯片放映。

【Esc】键、【Ctrl+Break】组合键或连字符（-）键：退出幻灯片放映。

【E】键：擦除屏幕上的注释。

【H】键：到下一张隐藏幻灯片。

【T】键：排练时设置新的时间。

【O】键：排练时使用原设置时间。

【M】键：排练时单击切换到下一张幻灯片。

【Ctrl+P】组合键：重新显示隐藏的指针或将指针改变成绘图笔。

【Ctrl+A】组合键：重新显示隐藏的指针或将指针改变成箭头。

【Ctrl+H】组合键：立即隐藏指针和按钮。

【Ctrl+U】组合键：在 15s 内隐藏指针和按钮。

【Shift+F10】组合键：（相当于右击）显示右键快捷菜单。

【Tab】键：转到幻灯片上的第一个或下一个超链接。

【Shift+Tab】组合键：转到幻灯片上的最后一个或上一个超链接。

（3）浏览演示文稿

【Tab】键：在 Web 演示文稿的超链接、“地址”栏和“链接”栏之间进行切换。

【Shift+Tab】组合键：在 Web 演示文稿的超链接、“地址”栏和“链接”栏之间反方向进行切换。

【Enter】键：执行选定超链接的“鼠标单击”操作。

空格键：转到下一张幻灯片。

【Backspace】键：转到上一张幻灯片。

（4）邮件发送 PPT

【Alt+S】组合键：将当前演示文稿作为电子邮件发送。

【Ctrl+Shift+B】组合键：打开“通讯簿”。

【Alt+K】组合键：在“通讯簿”中选择“收件人”“抄送”和“密件抄送”栏中的姓名。

【Tab】键：选择电子邮件头的下一个框，如果电子邮件头的最后一个框处于激活状态，则选择邮件正文。

【Shift+Tab】组合键：选择邮件头中的前一个字段或按钮。

02

CHAPTER

# 第2章 PowerPoint 2016的基本操作

>>> 怎样在计算机和手机中正确安装 Office 2016？

>>> 如何创建演示文稿副本？

>>> 幻灯片的基本操作有哪些快捷方法？

>>> 使用 PowerPoint 的辅助工具，提高演示文稿质量的方法你知道吗？

本章将带领你完成 PowerPoint 2016 的安装，教你掌握其基本操作！

## 2.1 PowerPoint 2016 的安装与启动

新配置的计算机中是没有安装 Office 2016 这个软件的，需要安装后才能使用。可以通过微软官网获得此软件的安装包。

### 2.1.1 Office 2016 的安装

在微软官方获取正版的 Office 2016 安装软件。希望各位用户通过官方途径购买正版 Office 2016，不要从一些不合法的第三方网站下载盗版软件，也是为了自己的计算机安全。

安装 Office 2016 需要注意以下几点。

（1）Office 2016 支持 Windows 7、Windows 8 和 Windows 10 操作系统，不支持 Windows XP 操作系统。

（2）Office 2016 包含 32 位版本和 64 位版本，64 位的系统可以安装 32 位的 Office 2016 软件，但 32 位的操作系统不能安装 64 位的 Office 2016 软件。

以 Windows 10 操作系统为例，在【此电脑】图标上右击，在弹出的快捷菜单中选择【属性】命令，在打开的【系统】窗口中就可以查看计算机的操作系统类型，如下图所示。

1 根据操作系统的位数选择 setup32.exe 或者 setup64.exe 进行安装。

2 选择后，即可开始安装。

3 安装完成，单击【关闭】按钮。

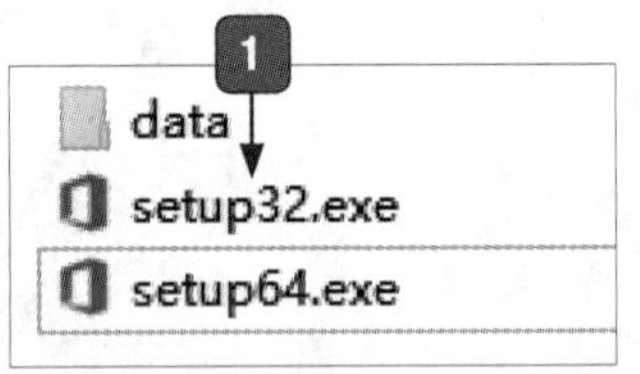


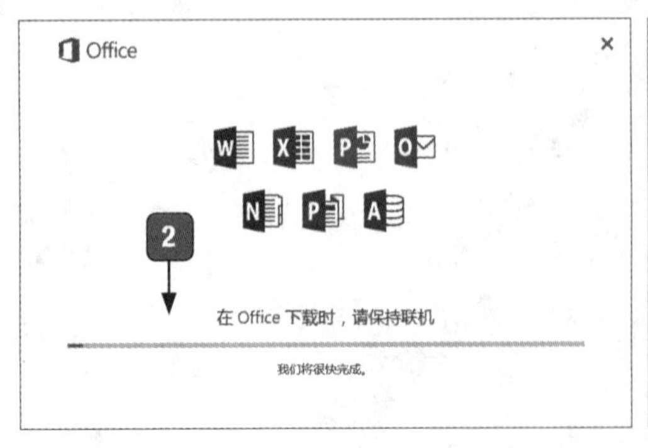


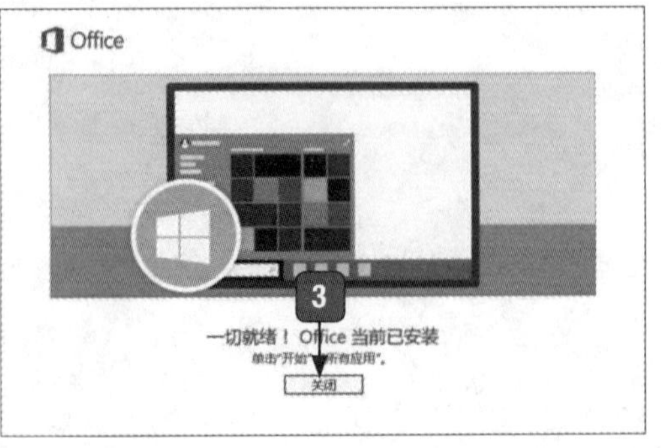

## 2.1.2 启动 PowerPoint 2016 的两种方法

启动 PowerPoint 2016 有两种方法：一种是直接单击桌面上的快捷方式打开；另一种是通过【开始】菜单找到并执行 PowerPoint 2016 主程序。

在桌面上直接打开主程序很便捷，但是并不是所有的计算机安装完成后都会在桌面上创建快捷方式，在找不到桌面上的快捷方式时，就可以采取在【开始】菜单中打开主在程序的方法。

第一次打开 PowerPoint 2016 需要激活 Office，会弹出【输入您的产品密钥】窗口，在相应的位置输入在微软官方购买的 25 位产品激活码激活，单击【继续】按钮即可。

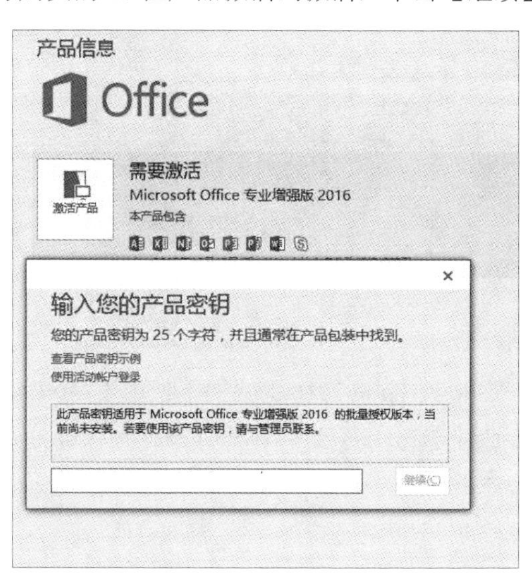

## 2.1.3 退出 PowerPoint 2016 的 4 种方法

退出 PowerPoint 2016 有 4 种方法：第一种是单击右上角的【关闭】按钮；第二种是通过选择【文件】→【关闭】命令；第三种是使用快捷键关闭；第四种是在应对 PowerPoint 2016 卡死的状态下利用系统工具强制关闭。

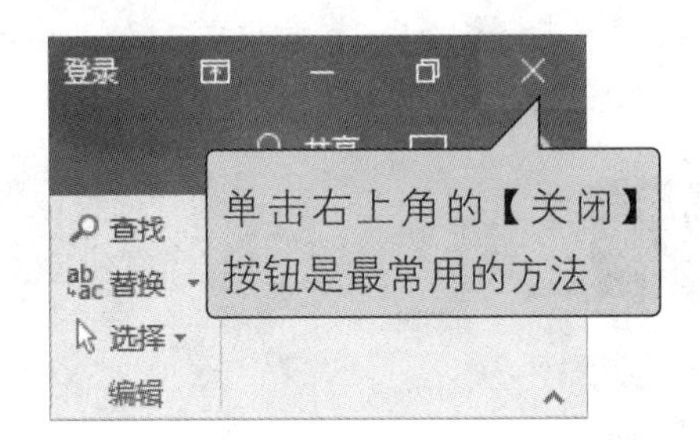


如果对文件进行了修改，退出时则会提示是否保存，我们应该养成良好的制作文档的习惯，随时保存，以避免文件内容的丢失。

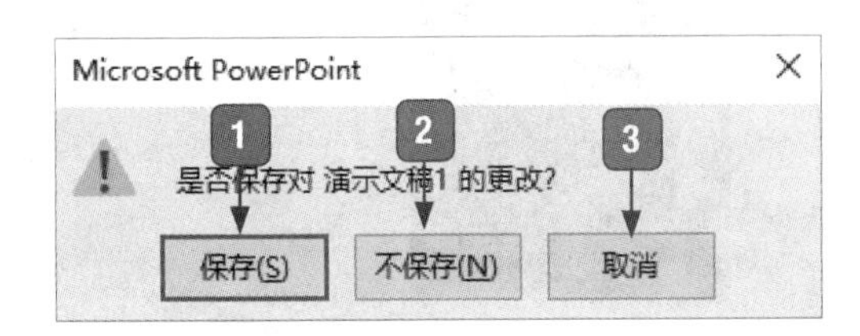


1 如果想保存修改后的文件，此处单击【保存】按钮，即可保存并退出。

2 如果不想保存，则单击【不保存】按钮。

3 如果不想退出了，则可单击【取消】按钮。

1 选择【文件】选项卡。

2 选择【关闭】选项。

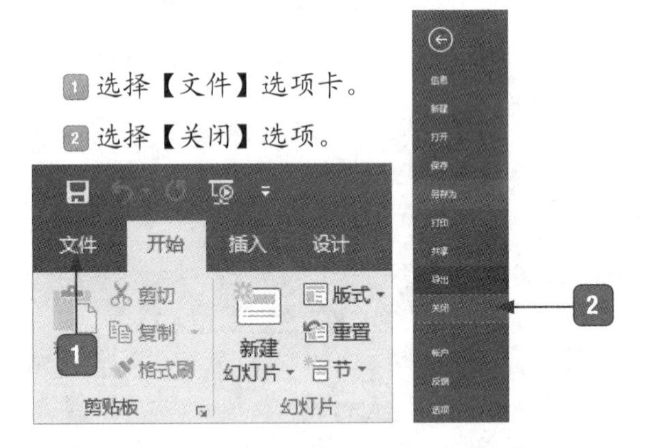


上述第三种方法则是在 PowerPoint 2016 的界面下使用【Alt+F4】组合键退出 PowerPoint 2016。另外，我们也可以使用【Ctrl+S】组合键保存。这种保存方式快捷方便，平时应该多以这种方式随时保存。



如果程序卡住了，以上的方法无法关闭软件，怎么办呢？

这就要用第四种方法了，按【Ctrl+Shift+Delete】组合键，在打开的界面选择【任务管理器】选项，进入任务管理器对话框，如下图所示。

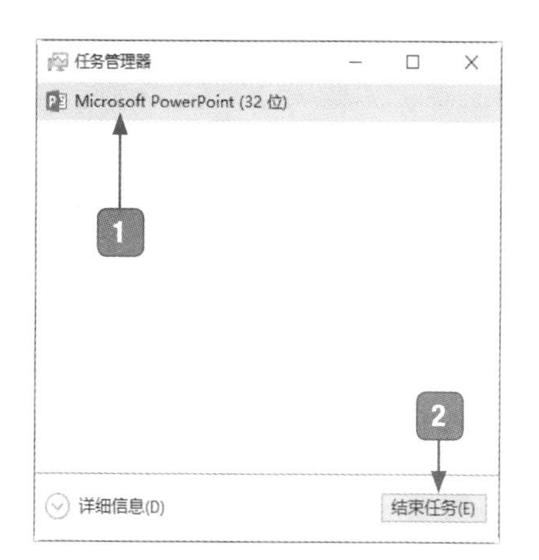


1 选择 Microsoft PowerPoint 程序进程。

2 单击【结束任务】按钮。

不过不建议使用这种方式，因为这种方式无法保存已改动的文件，不到迫不得已不要使用。这也从另一方面印证了随时保存文件的重要性。

## 2.1.4 在手机中安装 PowerPoint

PowerPoint 2016 提供手机版，可以通过在手机或平板电脑的应用商店搜索 Microsoft PowerPoint 下载安装手机版 PowerPoint。

手机版 PowerPoint 是微软专为 Android 及 iOS 系统手机和平板电脑设计的 Microsoft PowerPoint 应用，其在手机和平板电脑上操作与在电脑中操作类似，可以完美地将图像、嵌入视频、表格、图表、SmartArt、切换、动画等在平板电脑和手机上呈现。

下面以在 Android 系统手机中安装为例介绍，如下图所示。

1 在应用商店中搜索 Microsoft PowerPoint，单击【下载】按钮。

2 下载后，单击【安装】按钮，即可在手机中安装 Microsoft PowerPoint。

安装完成后，即可在手机桌面上点击相应图标使用手机版 PowerPoint 了。

# 2.2 轻松高效地创建演示文稿

可以直接创建演示文稿，也可以从现有演示文稿中创建新的演示文稿。

## 2.2.1 直接创建演示文稿

在桌面上找到 PowerPoint 2016 的图标，打开主程序，如下图所示。

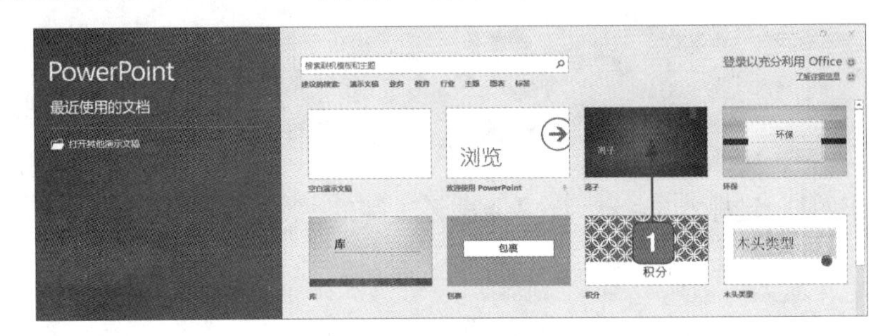


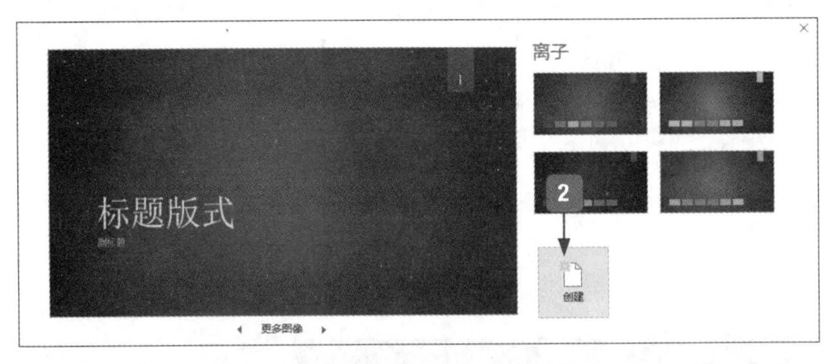


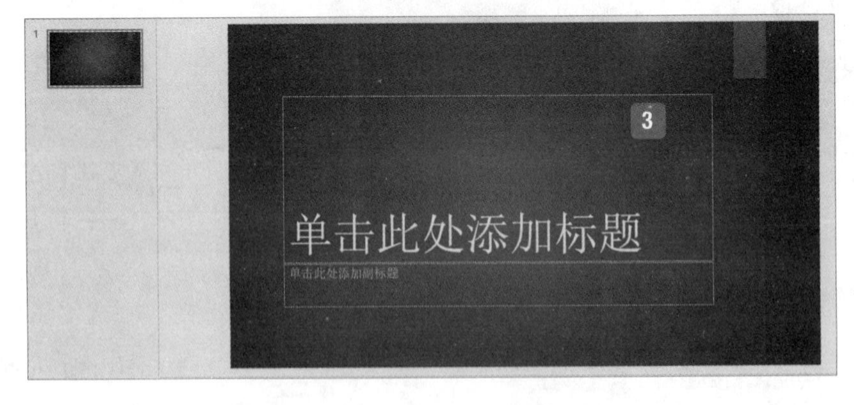




1 启动 PowerPoint 后，在打开的界面中选择一种模板。

2 选择模板后，在打开的界面中单击【创建】按钮。

3 完成新建演示文稿的操作。

## 2.2.2 从现有演示文稿中创建

从现有演示文稿中创建是指使用当前已有的演示文稿创建新的演示文稿，然后在新建的演示文稿中简单修改就直接使用，如在北京、上海等不同区域讲演，内容相同，但城市名称需要修改，就可以使用这种方法，不仅便捷，还能提高工作效率。

### 1. 最快速的方法——直接复制文件

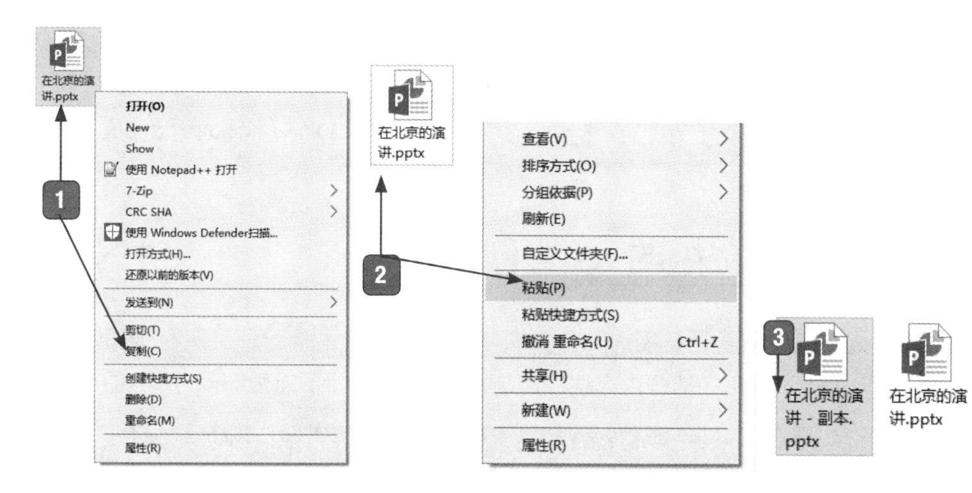


1 在原文件上右击，在弹出的快捷菜单中选择【复制】命令。

2 再在空白处右击，在弹出的快捷菜单中选择【粘贴】命令。

3 即可看见创建的副本文件，直接打开并修改内容。

### 2. 最常规的方法——以副本打开

1 选择【文件】选项卡。

2 选择【打开】选项。

3 单击【浏览】按钮。

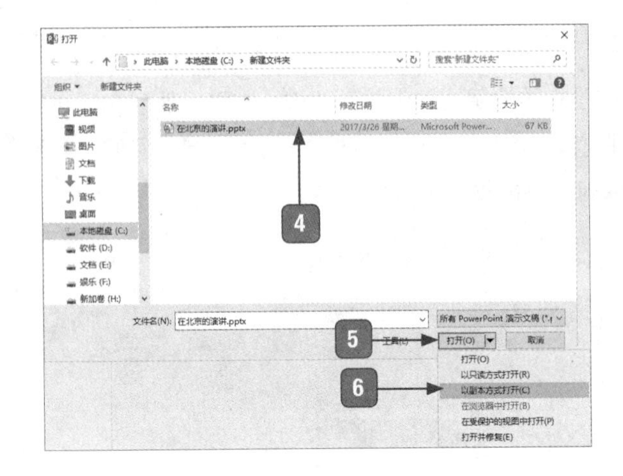


4 选择要以副本形式打开的演示文稿文件。

5 单击【打开】左侧的下拉按钮。

6 选择【以副本方式打开】选项即可。

## 2.3 从制作演示文稿的大纲开始

大纲是什么呢？大纲就是文稿的一种大概轮廓，也可以说是一种目录，是一种以标题为主体的对每一部分内容层次清晰明了的描述，如下图所示。

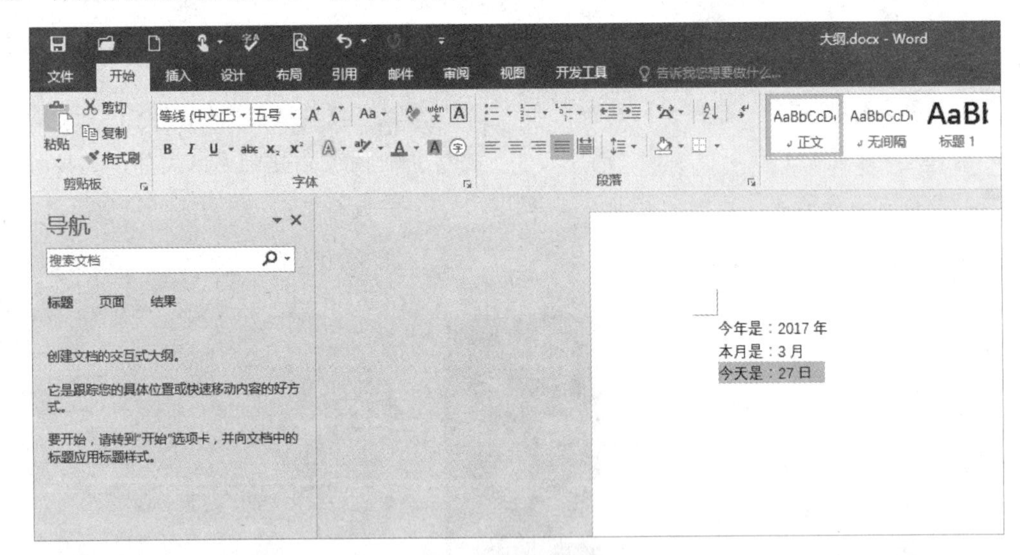


通过 Word 可以方便地编辑文档的大纲，使用 Word 创建大纲后，可以将其导入 PPT 中，此功能特别适合使用已有的文档大纲创建演示文稿，可以快速地制作演示文稿的框架，提高工作效率。

首先应该确立一个大纲，才能在其后的具体制作过程中事半功倍。而在 PowerPoint 2016 中，我们可以先在 Word 文档中写好大纲，再在 PowerPoint 2016 中通过写好的大纲批量生成演示文稿，本节的内容就是教你如此操作。具体操作步骤如下图所示。

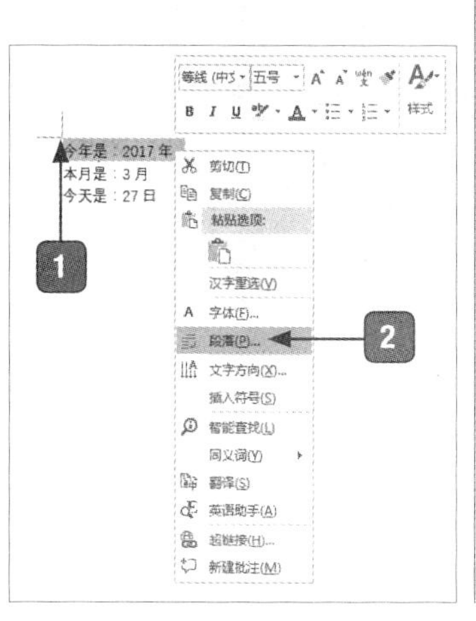


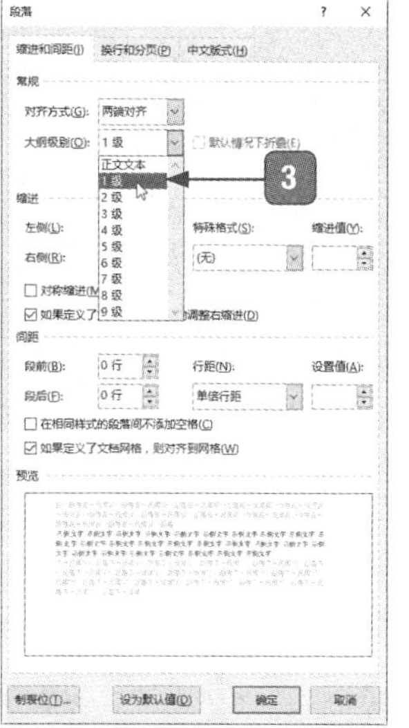


1 选择层次结构位于第一级的段落并右击。

2 选择【段落】选项。

3 设置【大纲级别】为“1 级”。

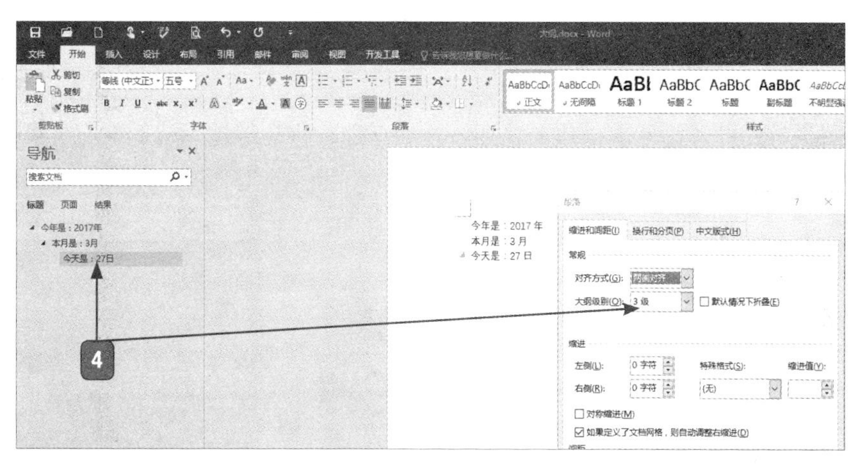


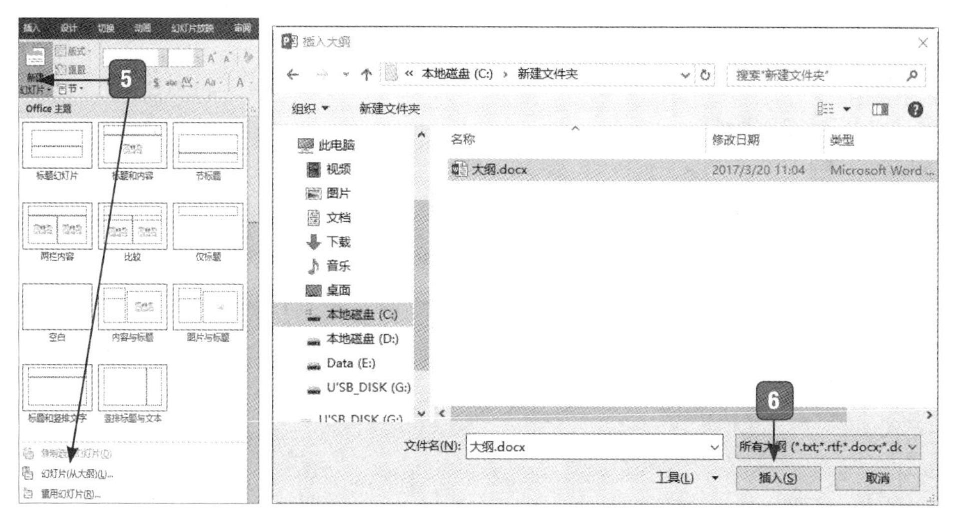

4 用相同的方法设置其他段落的大纲级别。

5 打开 PowerPoint 2016，单击【开始】选项卡下【新建幻灯片】下拉按钮，选择【幻灯片 ( 从大纲 )】选项。

6 选择设置大纲后的文件，单击【插入】按钮。

7 即可根据大纲内容和层次结构创建演示文稿。

## 2.4 幻灯片的基本操作

这一节讲解幻灯片的基本操作，包括新建幻灯片、移动幻灯片、复制幻灯片、删除幻灯片和播放幻灯片。

### 2.4.1 新建幻灯片

新建幻灯片是制作演示文稿的第一步，如下图所示。

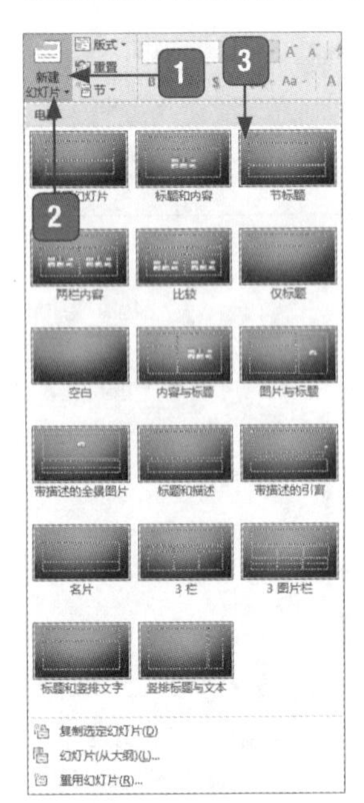


方法一：直接单击【新建幻灯片】按钮，如步骤1所示，可以直接新建幻灯片。

方法二：单击【新建幻灯片】下拉按钮，如步骤2所示；在弹出的下拉列表中选择幻灯片版式，如步骤3所示即可新建幻灯片。

## 2.4.2 移动幻灯片

当你在制作演示文稿时，发现幻灯片排列错误或者不符合逻辑，就需要对幻灯片的位置进行调整，此时使用下面的方法来移动幻灯片。

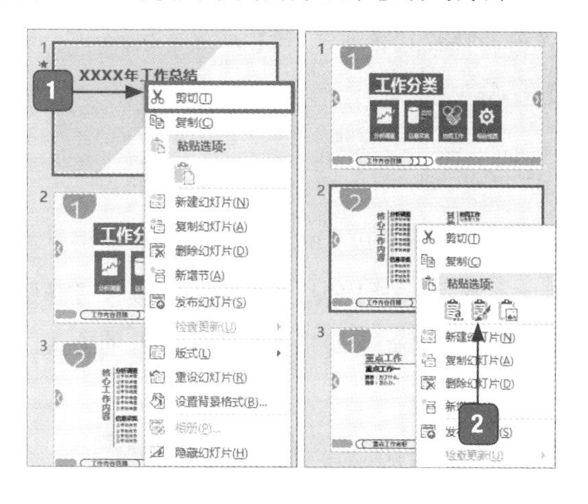


1. 在幻灯片窗格选择幻灯片并右击，在弹出的快捷菜单中选择【剪切】命令。
2. 在要移动到的位置右击，在弹出的快捷菜单中单击【粘贴选项】下的【保留源格式】按钮，即可完成幻灯片的移动。

## 2.4.3 复制幻灯片

如果需要风格一致的演示文稿，可以通过复制幻灯片的方式来创建一张相同的幻灯片，然后在其中修改内容即可。

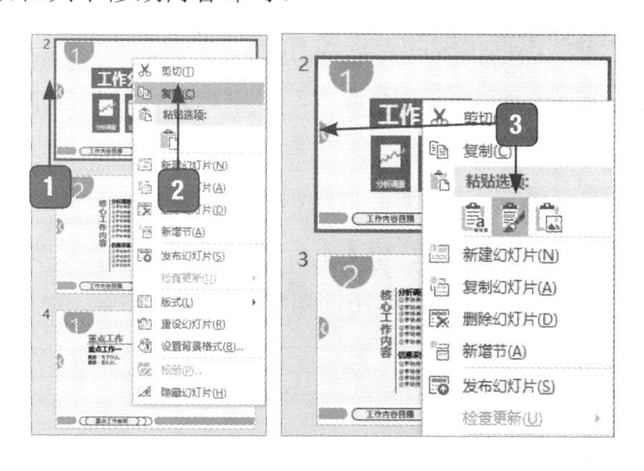


1. 在要复制的幻灯片上右击。
2. 在弹出的快捷菜单中选择【复制】命令。
3. 在要粘贴到的位置右击，在弹出的快捷菜单中单击【粘贴选项】下的【保留源格式】按钮，即可完成复制操作。

**提示：**

在键盘上按【Ctrl+C】组合键，可以快速复制幻灯片；按【Ctrl+X】组合键，可剪切幻灯片页面；在要粘贴到的位置按【Ctrl+V】组合键，可粘贴幻灯片页面。



## 2.4.4 删除幻灯片

如果有多余或错误的幻灯片，可以将其删除，可以通过【删除幻灯片】命令删除，也可以在【幻灯片】窗格中选择要删除的幻灯片，按【Delete】键删除。

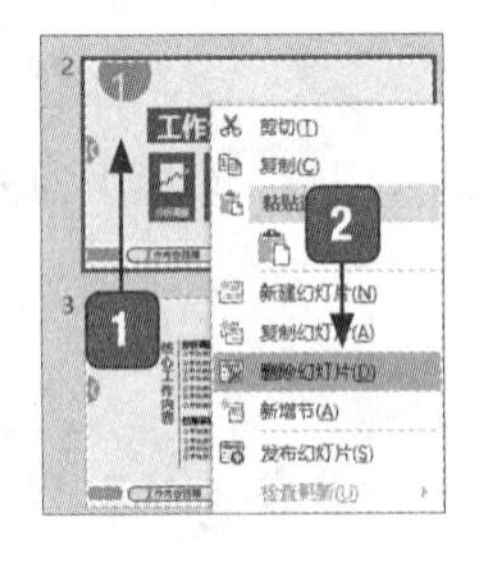


1 在要删除的幻灯片上右击。

2 在弹出的快捷菜单中选择【删除幻灯片】命令即可。

## 2.4.5 播放幻灯片

制作幻灯片时，会在幻灯片中使用各种动画和切换效果。那幻灯片制作完成后，要如何查看最终的制作效果呢？可以通过播放幻灯片来查看，在【幻灯片放映】选项卡【开始放映幻灯片】组中可以看到【从头开始】【从当前幻灯片开始】等多个放映幻灯片的方式，可以根据需要选择。

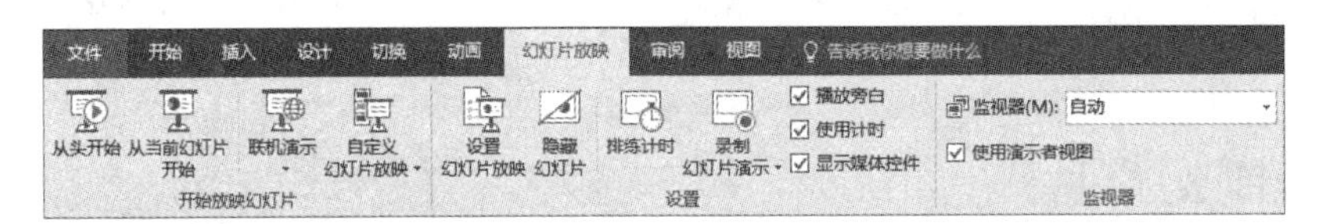


【从头开始】：不管当前选择哪一张幻灯片页面，都将从第一张幻灯片开始放映。

【从当前幻灯片开始】：单击此按钮，将从当前选择的幻灯片页面放映幻灯片。

【联机演示】：通过网络联机放映，方便不同地区的观众观看。

【自定义幻灯片放映】：根据需要自定义幻灯片的放映方式，可以选择部分页面放映，可以根据需要调整幻灯片页面放映顺序。

进入播放界面后该怎么播放下一张 PPT ？又该怎么结束本次播放呢？

在播放界面右击，在弹出的快捷菜单中有【下一张】和【上一张】选项，根据需要选择即可跳转至幻灯片的上一张或下一张。在【结束放映】处单击即可结束本次放映。

此外，也可以在键盘上按【Enter】键或空格键放映下一张幻灯片，按【Esc】键结束幻灯片放映。



## 2.5 其他操作及设置

除了上面最基本的操作外，PowerPoint 2016 还有很多强大且专业的辅助工具，如标尺、网格线及参考线等，此外，也可以根据需要自定义窗口。

### 2.5.1 标尺、网格线和参考线的设置

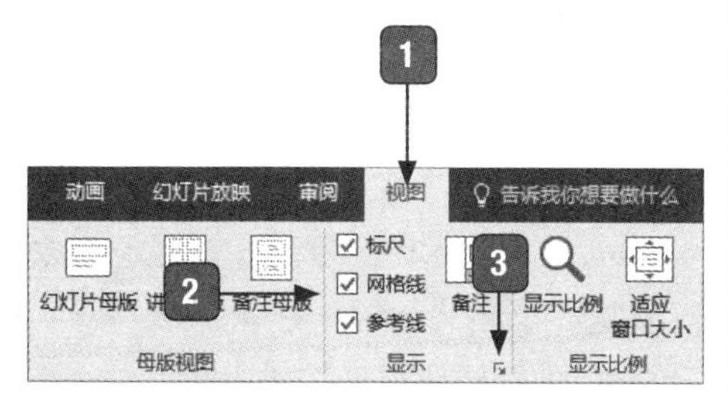

1 选择【视图】选项卡。

2 选中 3 个复选框。

3 单击该按钮可打开设置【网格和参考线】界面。

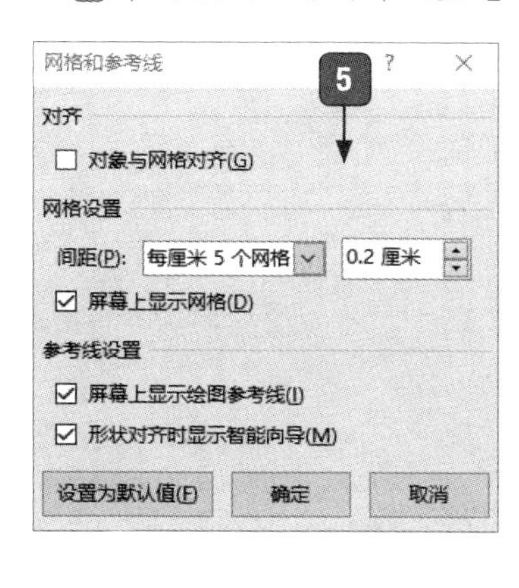


4 此时可以在幻灯片上面看到标尺、网格线和参考线的效果。使用辅助工具，可以对齐页面中的内容，使页面工整、美观。

5 在【网格和参考线】对话框中可以根据需要设置网格和参考线。

### 2.5.2 显示比例设置

如果幻灯片所投放的屏幕比例为 4 ∶ 3，但 PowerPoint 2016 默认的比例为 16 ∶ 9，此时，放映幻灯片时效果就比较差，将幻灯片窗口的大小同样调整为 4 ∶ 3，就能使幻灯片达到更好的放映效果。

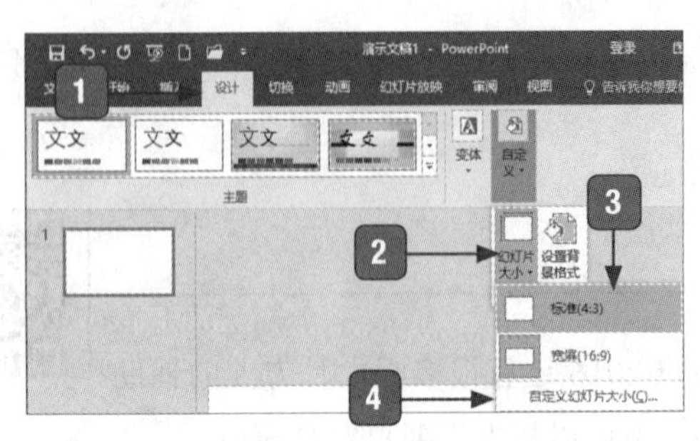


1 选择【设计】选项卡。

2 单击【自定义】下拉列表中的【幻灯片大小】按钮。

3 单击【标准（4 ∶ 3）】按钮。

4 如果要设置为其他大小，选择【自定义幻灯片大小】按钮。

5 即可根据需要设置宽度和高度。

6 设置完成，单击【确定】按钮。

## 痛点解析

本节根据两个常见的问题作出解答，即如何恢复不小心关闭的新建未保存的演示文稿，如何去除 PowerPoint 窗口标题栏中的“兼容模式”。

### 痛点 1：如何恢复不小心关闭的新建未保存的演示文稿

如果意外断电或者计算机死机，导致未保存演示文稿就自动关闭，内容就可能会丢失，这时要怎么办？ PowerPoint 2016 提供了对因为意外退出而未及时保存的演示文稿的恢复的功能，可以恢复内容。

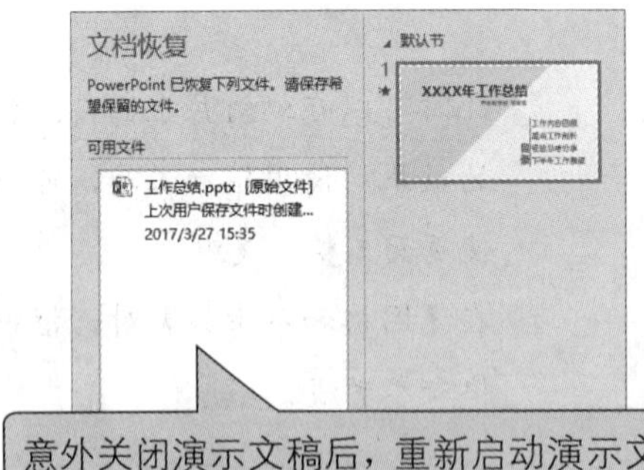


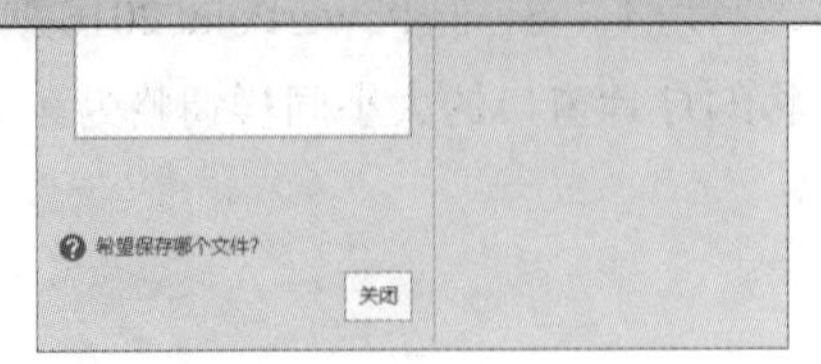

痛点 2：如何去除 PowerPoint 窗口标题栏中的“兼容模式”

所谓“兼容模式”，就是用 PowerPoint 2016 打开了一个用 PowerPoint 2013 或更早版本 PowerPoint 创建的文稿。此时，标题栏将会显示“兼容模式”，虽然不影响正常使用，但是对于有“强迫症”的用户来说，看着会很不舒服，要怎么才能将其去除？

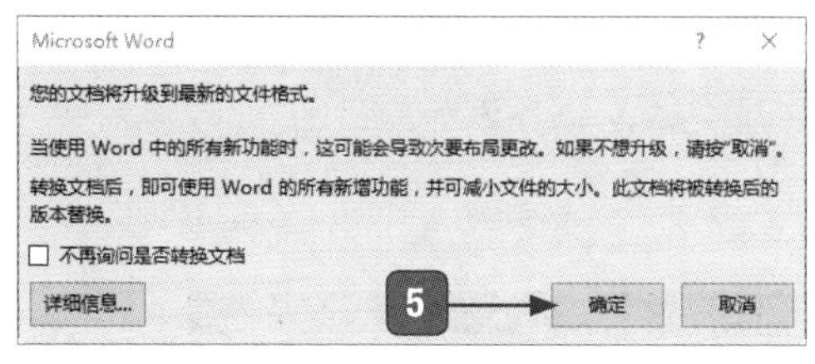


1 打开一个旧版本创建的文稿，标题会出现【兼容模式】的标记。

2 选择【文件】选项卡。

3 选择【信息】选项。

4 单击【转换】按钮。

5 单击【确定】按钮，即可去除“兼容模式”标记。

## 大神支招

**问：如何管理日常工作生活中的任务，并且根据任务划分优先级别？**

Any.DO 是一款帮助用户在手机上进行日程管理的软件，支持任务添加、标记完成、优先级设定等基本服务，通过手势进行任务管理等服务，如通过拖放分配任务的优先级、通过滑动标记任务完成、通过抖动手机从屏幕上清除已完成任务等。此外，Any.DO 还支持用户与亲朋好友共同合作完成任务。用户新建合作任务时，该应用提供联系建议，对那些非 Any.DO 用户成员也支持电子邮件和短信的联系方式。

1. 添加新任务

❶ 下载并安装 Any.DO，进入主界面，单击【添加】按钮。

❷ 输入任务内容。

❸ 单击【自定义】按钮，设置日期和时间。

❹ 完成新任务添加。

2. 设定任务的优先级

1 进入所有任务界面，选择要设定优先级的任务。

2 单击星形按钮。

3 按钮变为黄色，将任务优先级设定为“高”。

3. 清除已完成任务

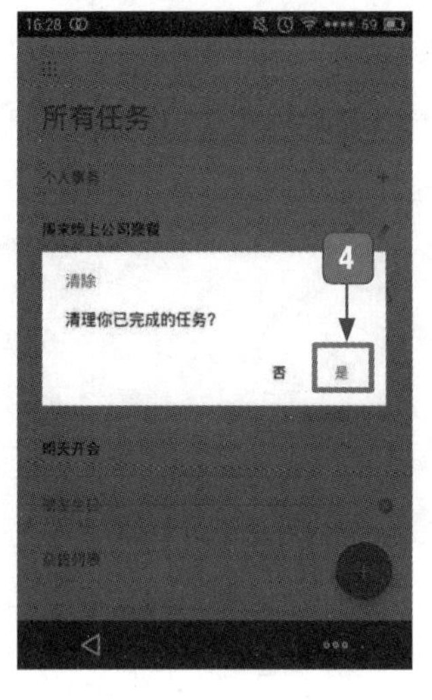

1. 已完成任务将会自动添加删除线，单击其后的【删除】按钮即可删除。
2. 如果有多个要删除的任务，单击该按钮。
3. 选择【清除已完成】选项。
4. 单击【是】按钮。
5. 已清除完成任务。

03

CHAPTER

# 第3章

# 用好字体让PPT与众不同——制作镂空字体

>>> 字谁都会写，可是你的字真的漂亮吗？

>>> 怎样使用字体让 PPT 视觉效果与众不同？ PPT 中的文字也可以作为形状进行编辑？

>>> 想在 PPT 中制作出“高大上”的镂空文字吗？

本章来讲解 PPT 中的字体的制作。

## 3.1 输入文本

想要 PPT 中有好看的文字？那就要先从学会输入开始，下面将会逐一介绍多种在 PPT 中输入文本的方法，确保无论是想发表自己的观点还是想要阐述别人的看法，都能得心应手！

### 3.1.1 使用文本框添加文本

如何在 PPT 中输入文字呢？输入文本第一招——使用文本框添加文本，这个方法是最常用的方法，也是较为方便的一种。具体的操作方法如下。

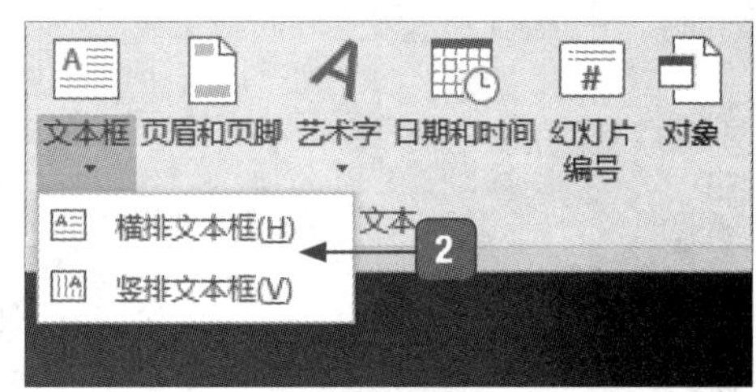


1 单击【插入】选项卡下【文本】组中的【文本框】下拉按钮。

2 在弹出的下拉列表中选择【横排文本框】或【竖排文本框】选项。

这个时候便可以根据需要创建横排文本框或者竖排文本框，在幻灯片空白处用鼠标拖曳出需要的文本框大小，在框内单击即可输入文字，如下图所示。

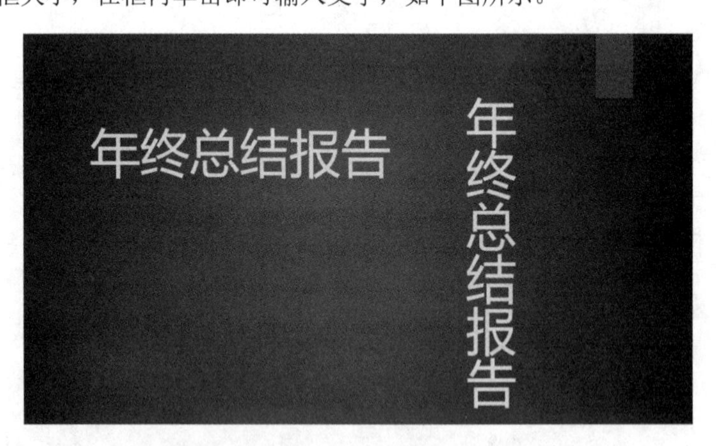




### 3.1.2 使用占位符添加文本

第一种方法太简单？别急，接下来介绍输入文本第二招——使用占位符，这个方法使用的人较少，但非常方便实用。通过占位符不仅可以输入文本，而且还能起到规划幻灯片的作用，使幻灯片看上去更加有条理！

1 单击【视图】选项卡下【母版视图】组中的【幻灯片母版】按钮。

2 在【幻灯片母版】临时选项卡下单击【母版版式】组中的【插入占位符】下拉按钮。

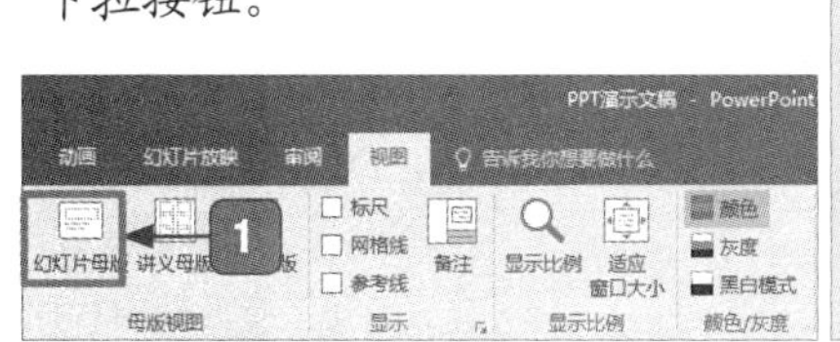

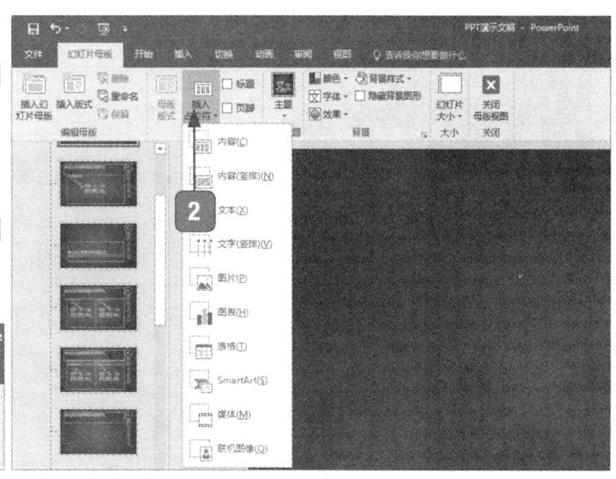

此时便可插入各种文字，包括横排或竖排的文本，如下图所示。

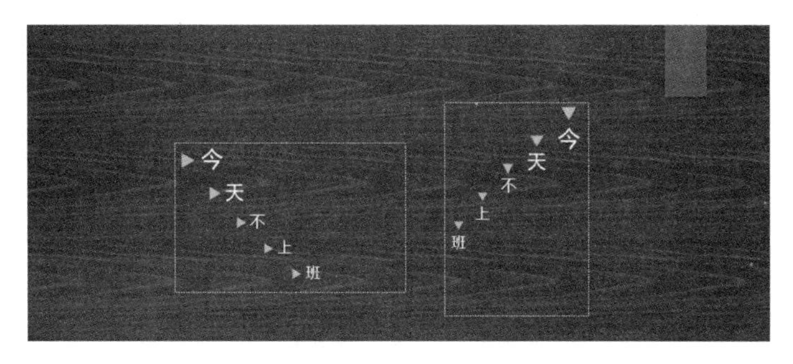


那么插入文本框的方法和此方法有什么区别呢？主要有两点：其一，文本框格式只有横排和竖排两种；其二，占位符可以没有内容，文本框一定要有内容。

## 3.1.3 复制外部文本

输入文本第三招——复制外部文本，此方法更为简单。顾名思义，就是复制外部的文本到幻灯片中，这也是最高效的方法。

具体的操作方法如下。

先在外部复制好文字，然后在幻灯片空白处右击进行粘贴，此时在幻灯片中会自动生成文本框，并且在右下角显示此段文字为复制的图标，如下图所示。

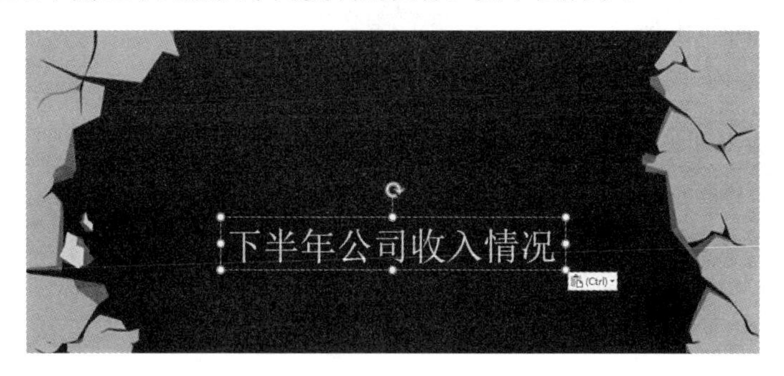

## 3.2 文字的外观设计

是否看腻了千篇一律的一种字体？是否想让 PPT 与众不同？在制作 PPT 的过程中，对字体的编辑是最常见的，搭配恰当的字体能让人看起来很舒服，同时也能够增加幻灯片的美感。

“人靠衣装，佛靠金装”，文字也是如此，漂亮的文字才能吸引人们的注意力，才能在众多 PPT 中脱颖而出！本节就来讲讲文字外观设计那点事。

### 3.2.1 寻找更多好看的字体

首先要下载字体。网上会提供免费的字体下载，通过搜索引擎下载自己需要的字体即可。

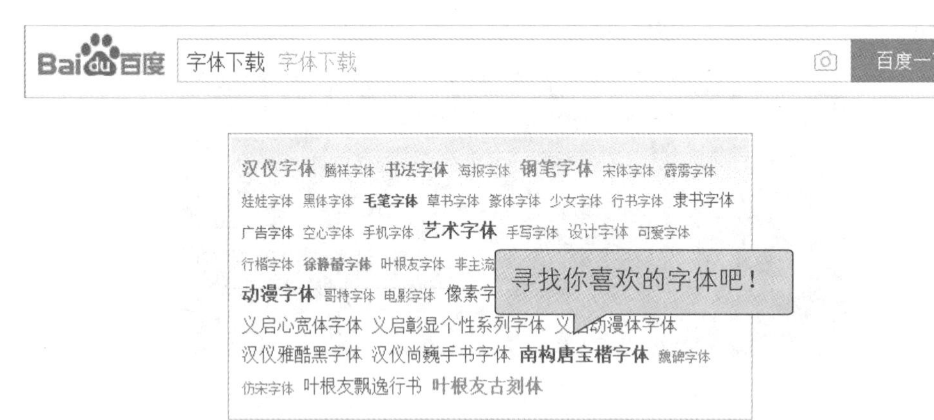


在 PPT 的制作中，也有许多系统自带字体可以选择，接下来摆脱“宋体”，寻找更多更好看的字体吧！

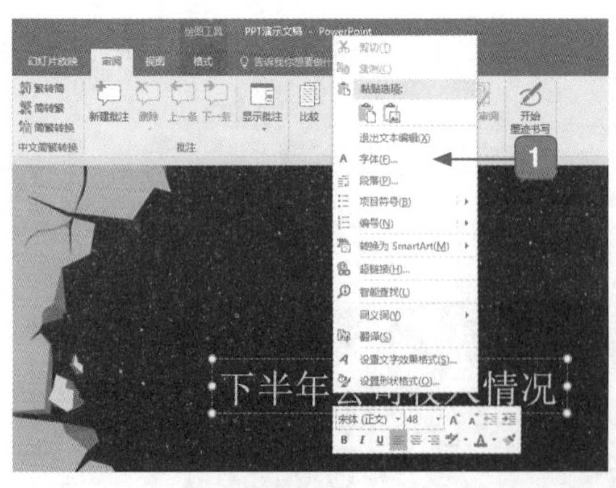


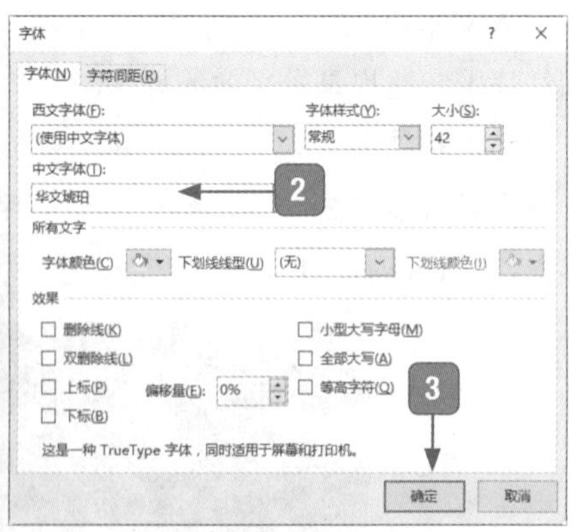


1 直接选中要设置的文字并右击，在弹出的快捷菜单中选择【字体】命令。

2 在打开的【字体】对话框中单击【中文字体】的下拉按钮，在弹出的下拉列表中选择【华文琥珀】选项。

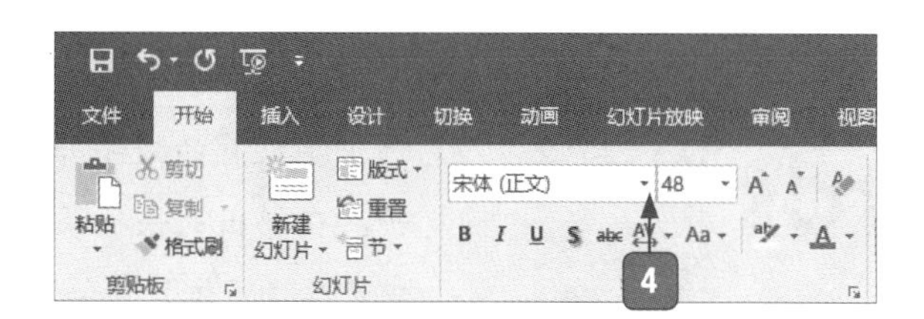


3 单击【确定】按钮。

4 或者单击【开始】选项卡下【字体】组中的【字体】下拉按钮进行设置。

第一种方法可以对字体进行更多的细节设置，第二种方法更加方便快捷，因此，在进行字体设置时，要灵活运用以上两种方法。

字体更改的效果如下图所示。

## 3.2.2 为中英文设置不同的字体

经过 3.2.1 节的学习，已经知道如何为幻灯片设置不同的字体，然而会发现一个问题，那就是如果中英文设置为相同的字体会很难看，不好辨认，或者没有变化，这时就要为其设置不同的字体。

为中文设置字体的具体操作方法如下。

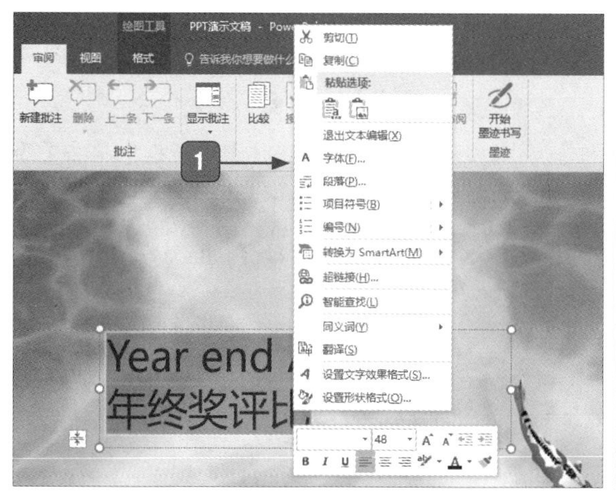


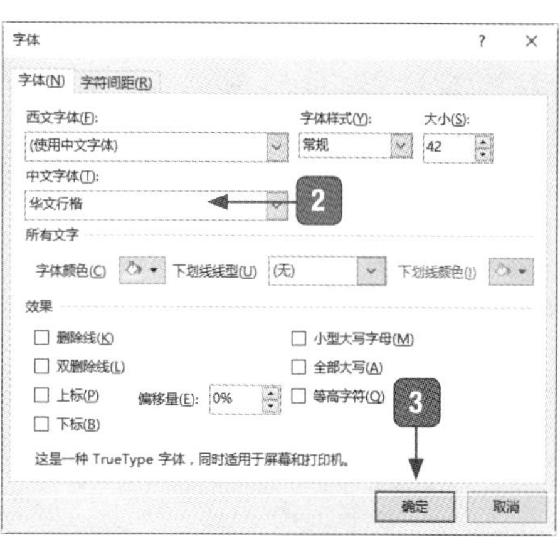

Year end Awards
年终奖评比

1 选中要设置的文字并右击，在弹出的快捷菜单中选择【字体】命令。

2 在打开的【字体】对话框中单击【中文字体】的下拉按钮，在弹出的下拉列表中选择【华文行楷】选项。

3 单击【确定】按钮。

4 可见，中文字体格式确实发生了变化，然而，英文的格式却没有变化，怎么让英文格式也改变呢？

为英文设置字体的具体操作方法如下。

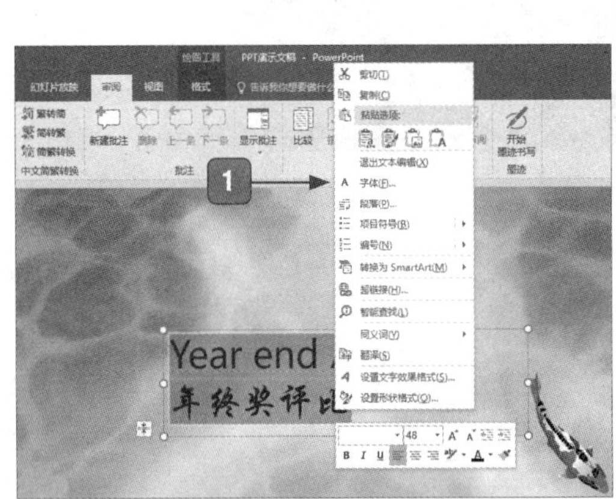


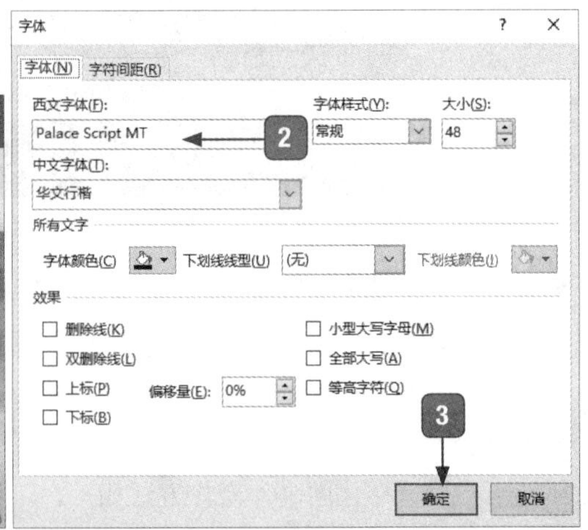


1 将文字全选并右击，在弹出的快捷菜单中选择【字体】命令。

2 在打开的【字体】对话框中单击【西文字体】的下拉按钮，在弹出的下拉列表中选择【Palace Script MT】字体。

3 单击【确定】按钮。

4 即可看到设置不同中英文字体后的效果。

“高大上”的外观设计是不是立刻显现了呢？这就是为中英文设置不同字体的必要性。

### 3.2.3 字体搭配的常见“套路”

字体搭配是一门很深的学问，最主要的一点是要契合主题，使想要表达的事物观点更加明确，让人信服。那么该如何搭配呢，此处列举几个例子。

首先看下面两个图片，会发现右边的图片会更加舒服。

这就是所说的要契合主题，字与图相匹配，再看下面的文字搭配。

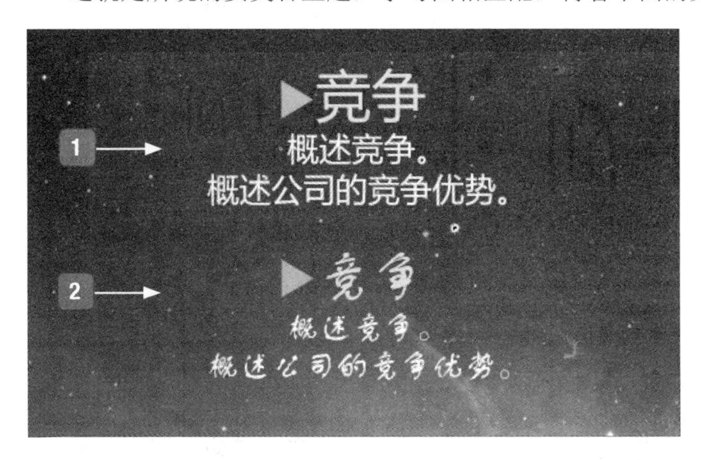


1 字体为【Microsoft YaHei UI】。

2 字体为【方正舒体】。

相同的两段文字，但是给人的感觉却不一样。上面的字体显得更加正式，下面的字体显得更随意，这凸显了字体搭配的重要性，因此，要根据表达事物的不同搭配不同的字体。

### 3.2.4 匹配适合的字号和间距

除了字体的搭配外，还有字体的字号和间距。简单来说就是文字的排版问题。一般制作幻灯片既要简洁美观，又要看起来舒服，下面举例说明。

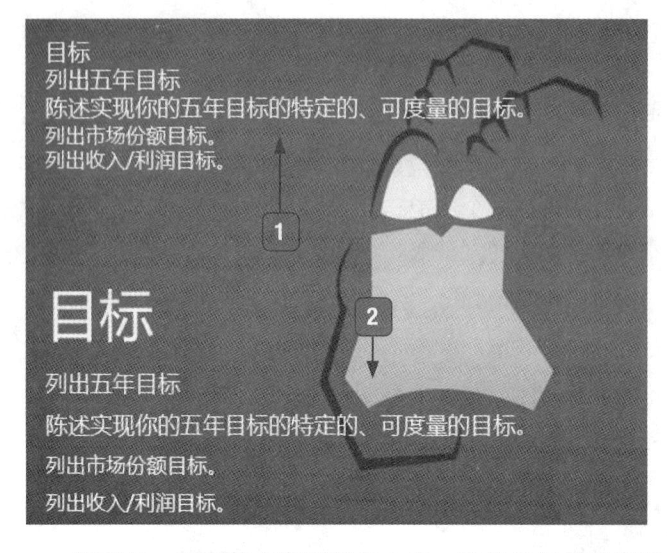


1 标题与正文字号相同，单倍行距。

2 标题字号比正文字号大，双倍行距。

很明显，下面的文字要优于上面，这就是间距和字号的改变所引起的整篇文字效果的升华，更能突出所要展现的主题。

## 3.2.5 设置字体的放置方向

关于字体的放置方向，除了横排和竖排两种外，还有古文字和现代文字的排版。古文字有从右到左、从上到下的排版方式，那么选择什么样的放置方向，就看自己的需求了。总之就是要契合主题。

1 单击【开始】选项卡下【段落】组中的【文字方向】下拉按钮。

2 在弹出的下拉列表中选择需要的文字方向。

3 若这些设置还不能满足，则可以选择【其他选项】选项，进行设置。

4 在【设置形状格式】窗格的【文字方向】下拉列表中选择需要的文字方向。

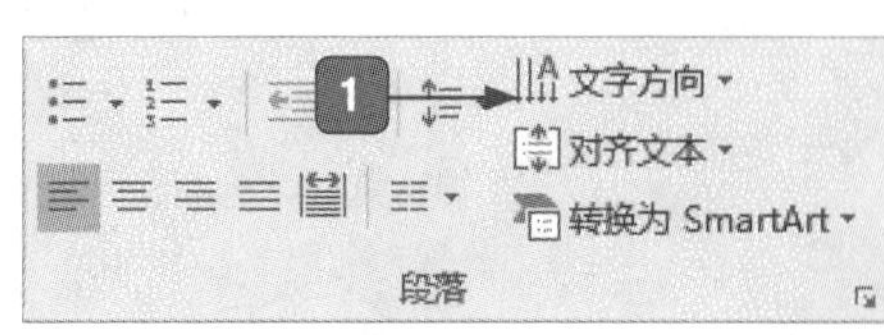


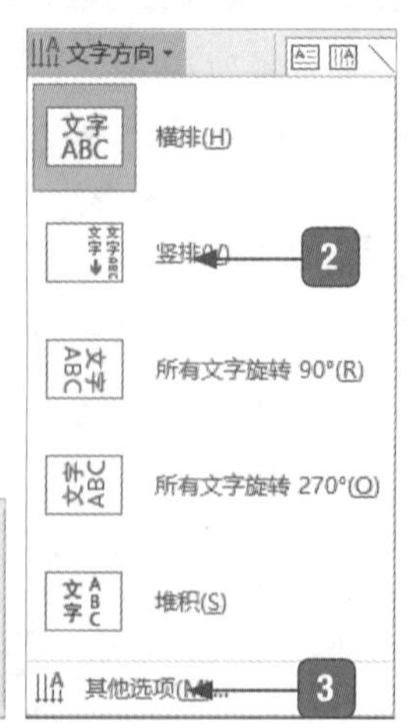


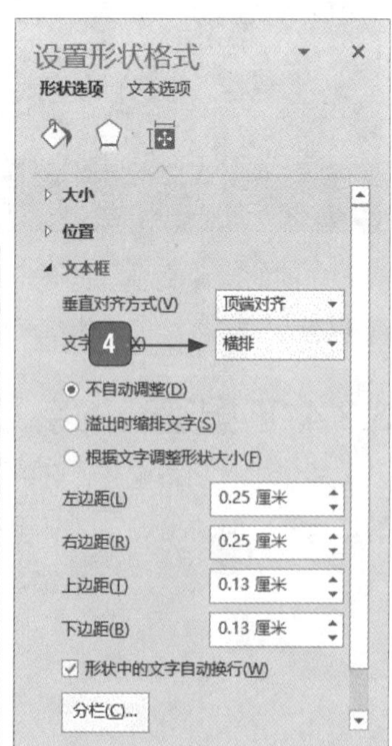

横排文本框与竖排文本框的效果如下图所示。

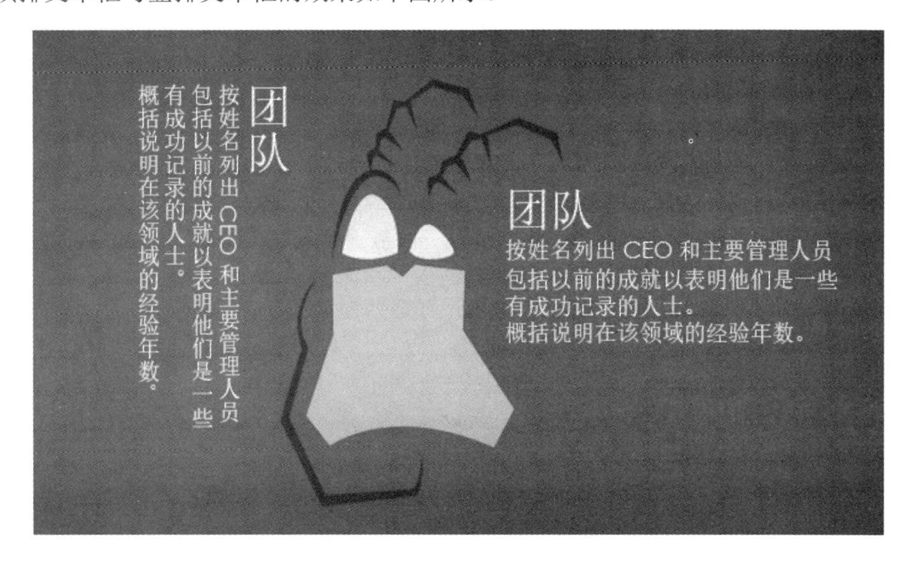


## 3.2.6 文本的对齐很重要

没有规矩不成方圆，文本也是如此，整齐的文字能让人耳目一新，而且有时候通过文字的搭配就能看出一个人的性格及生活习惯，是一个人最直观的体现。

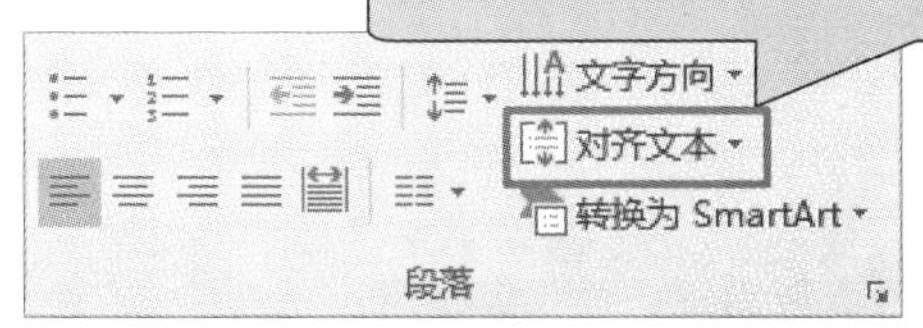


注意：【对齐文本】是对文本框整体的对齐，其他对齐按钮（如【左对齐】按钮）是对文字的对齐。

例如，下面这个例子。

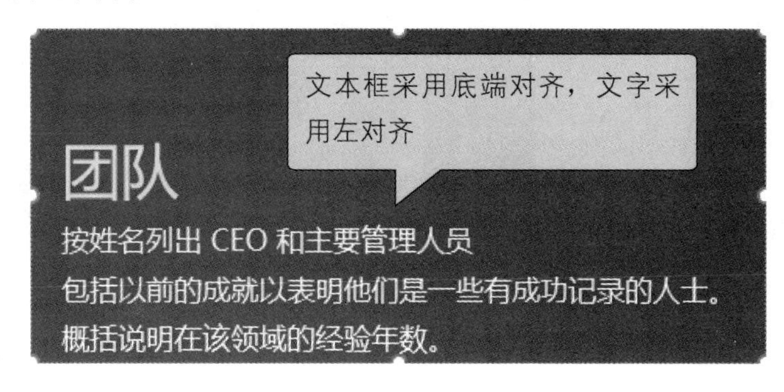

如下图所示，左对齐时文字显得比较有条理，有层次；而居中对齐使文字整体看起来更加对称和舒适。

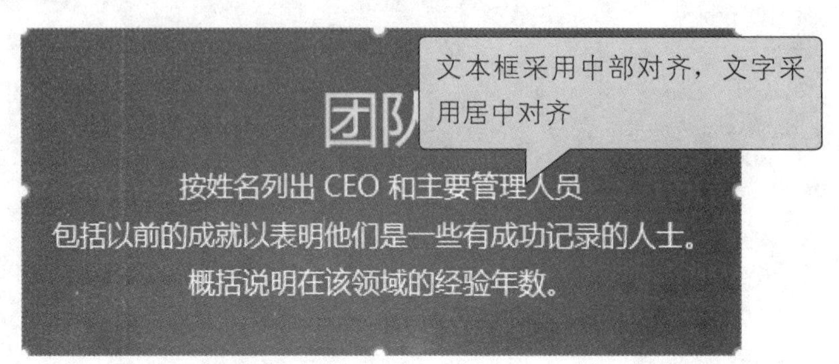


在进行 PPT 制作时，根据需要采用不同的对齐方式，便能呈现完全不同的效果，使得 PPT 独具一格！

## 3.3 在关键的地方突出显示文字

不会突出显示文字？那在茫茫的字海中岂不是“泯然众人矣”？如何使重点文字突出显示呢？本节便来传授在关键的地方突出显示文字的秘诀！

### 3.3.1 设置文字背景

恰当的文字背景能使得 PPT 锦上添花！设置文字背景能使所要表达的主题更加明确，形象突出！

具体操作方法如下。

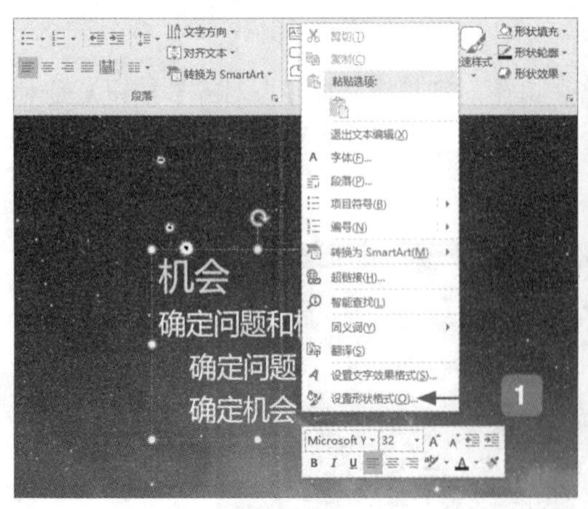


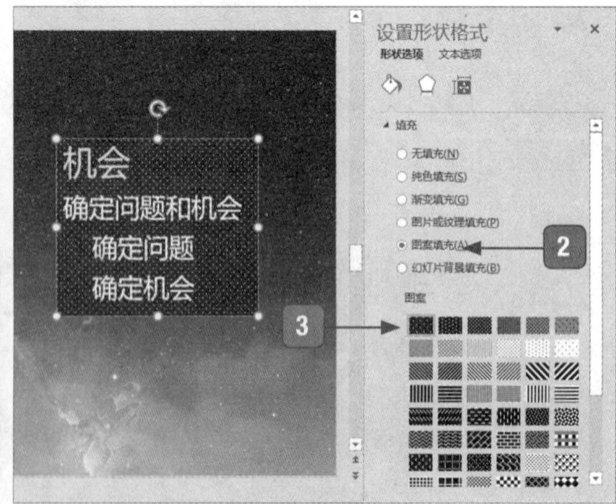

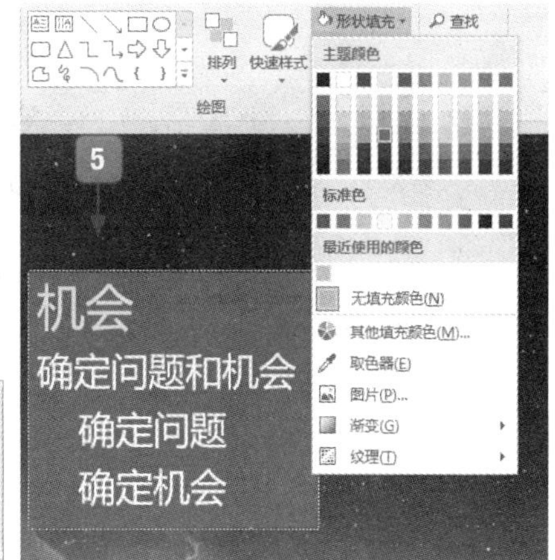


1 在文本框中右击，在弹出的快捷菜单中选择【设置形状格式】命令。

2 在【设置形状格式】窗格中选中【填充】下的【图案填充】单选按钮（这里以图案填充为例）。

3 选择第一个图案，并将背景色设置为蓝色。

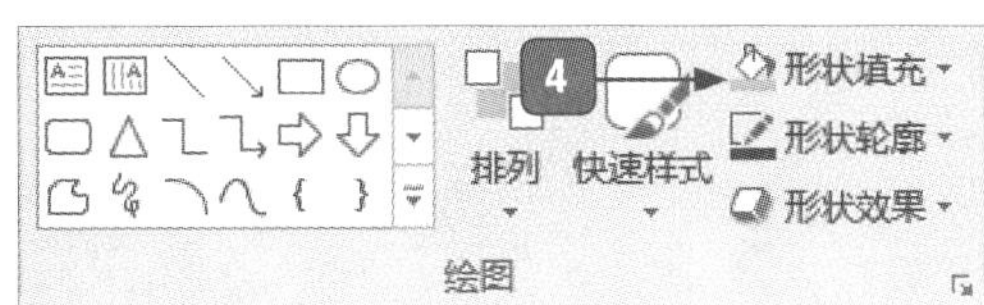


4 或者单击【开始】选项卡【绘图】组中的【形状填充】下拉按钮进行设置。

5 选择浅灰色填充样式后的效果。

可以看出，文本框与背景图片的分界非常明显，这样便能很好地突出显示文字了。当然，文字的背景填充不止这一种，除了图案填充还有其他的填充方式，这就需要自己进行探索了！

## 3.3.2 为不同地方的文字设置颜色

这一节重点就在“不同地方”这几个字上，为文字设置不同的颜色非常简单，相信大家只要看过一次就知道操作方法。但是设置出好看的文字颜色却不是那么简单。列举一个简单的例子，如下图所示。

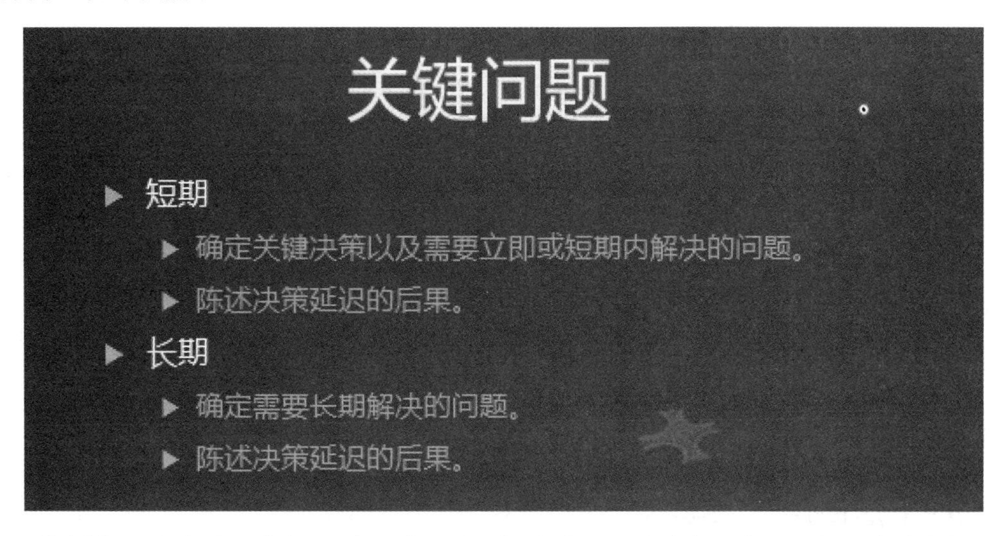


从图中可以看到，通过运用标题与正文不同颜色、正文小标题与下一级深色浅色的对比来突出显示文字。操作方法如下。

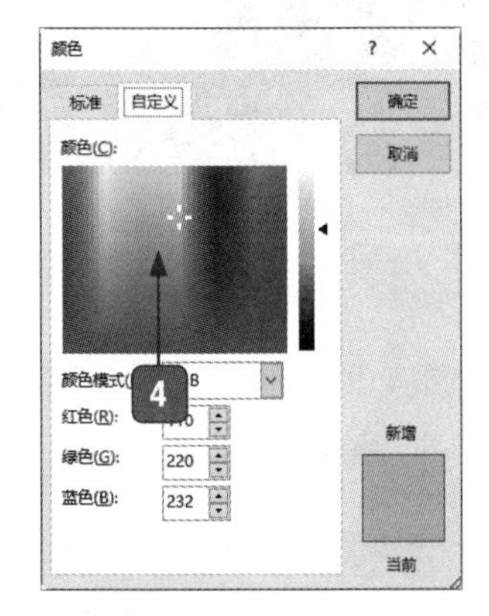


1 选中要编辑的文本，单击【开始】选项卡下【字体】组中的【字体颜色】下拉按钮。

2 在弹出的下拉列表中选择颜色。

3 若想使用更多颜色，选择【其他颜色】选项。

4 在打开的【颜色】对话框中选择颜色。

色彩不仅有冷暖，还有轻重感、软硬感、强弱感。不同的颜色对人也会产生不同的影响，如橙色给人亲切、坦率、开朗、健康的感觉，绿色给人无限的安全感，在人际关系的协调上绿色可扮演重要的角色，白色象征纯洁、神圣、善良、信任与开放等。

因此文字色彩的搭配就变得非常讲究了。例如，把所要讲述的主题颜色设置成显眼的颜色，而其他则平淡些，有了这样的对比，主题就会变得更加鲜明，潜意识中会使人们印象更加深刻。

关于色彩的一些妙用，大家可继续摸索，希望大家都能成为配色的高手，做出自己想要的文字效果！

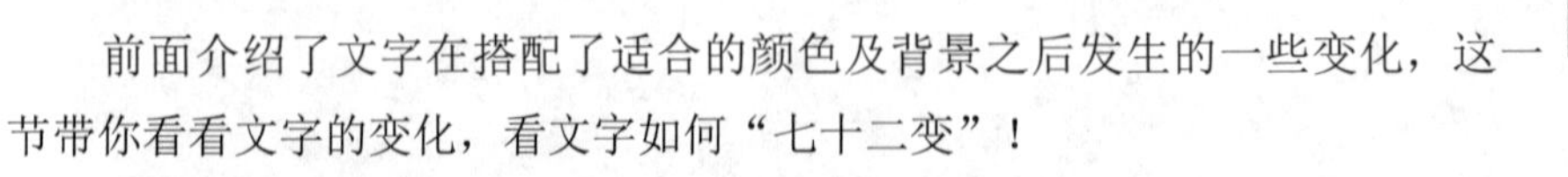

## 3.4 效果多变的文字

前面介绍了文字在搭配了适合的颜色及背景之后发生的一些变化，这一节带你看看文字的变化，看文字如何“七十二变”！



### 3.4.1 灵活使用艺术字

艺术字就是文字中的“艺术家”，是文本编辑中一种非常强大且实用的功能。下面先来看一看如何为幻灯片插入艺术字。

具体他操作方法如下。

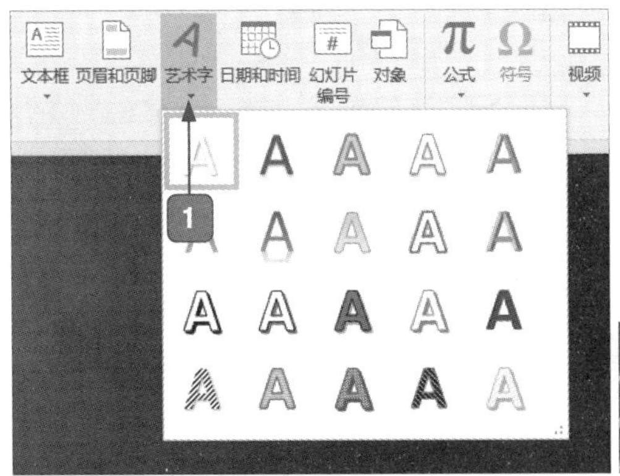


1 单击【插入】选项卡下【文本】组中的【艺术字】下拉按钮，在弹出的下拉列表中选择艺术字样式（这里我们选择第一种样式）。

2 在 PPT 中会生成一个文本框。

3 输入文字即可。

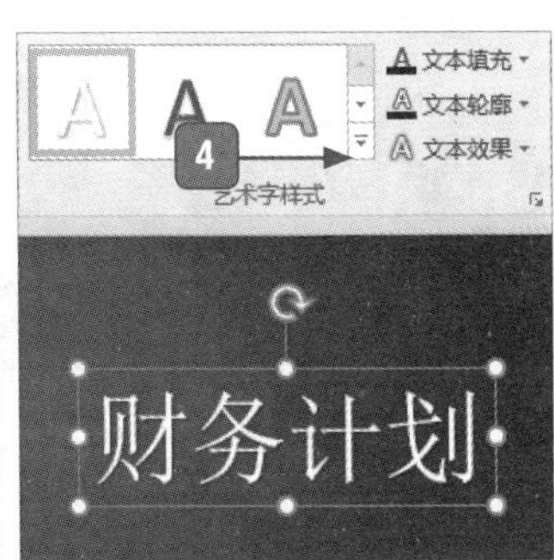


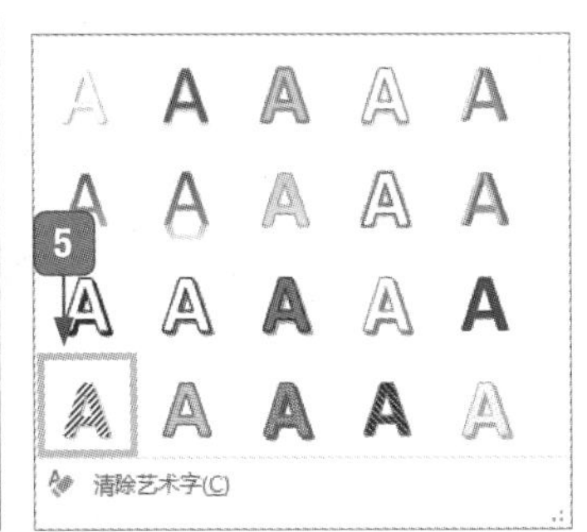


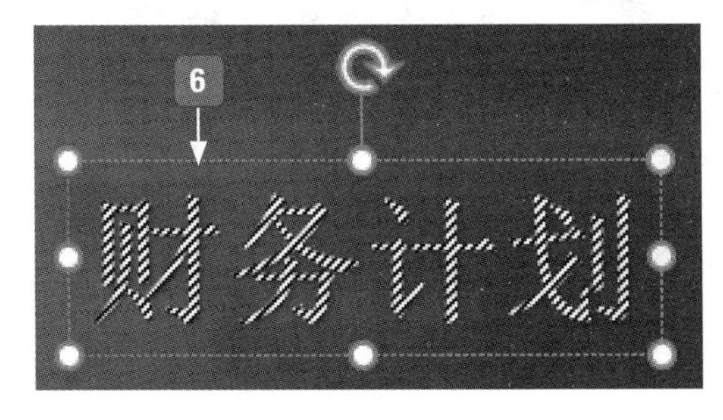


4 选中文本，在【格式】选项卡下【艺术字样式】组中，我们还可以更换艺术字样式。

5 选择此样式。

6 使用艺术字后的效果。

艺术字具有普通文字所没有的特殊效果，在突出主题，强调重点方面更是技高一筹！因此，在以后制作 PPT 的过程中适时使用艺术字，就会距大神更进一步！

## 3.4.2 文字的填充效果

3.4.1 节中介绍了艺术字的一些作用和使用方法，本节将介绍如何为普通的文字填充效果。具体操作方法如下。

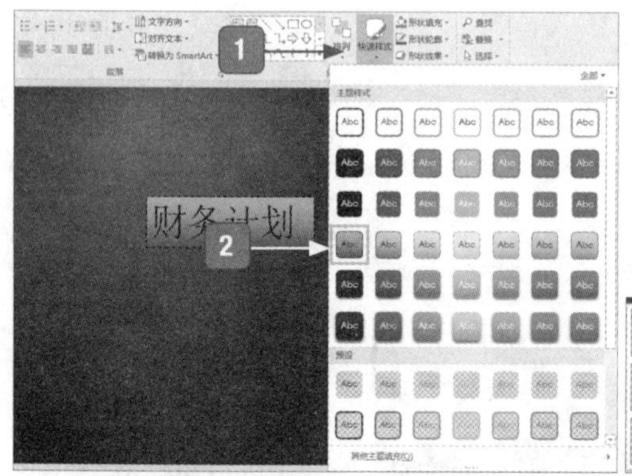

1 选中要编辑的文本框，单击【开始】选项卡下【绘图】组中的【快速样式】下拉按钮。

2 选择一种样式。

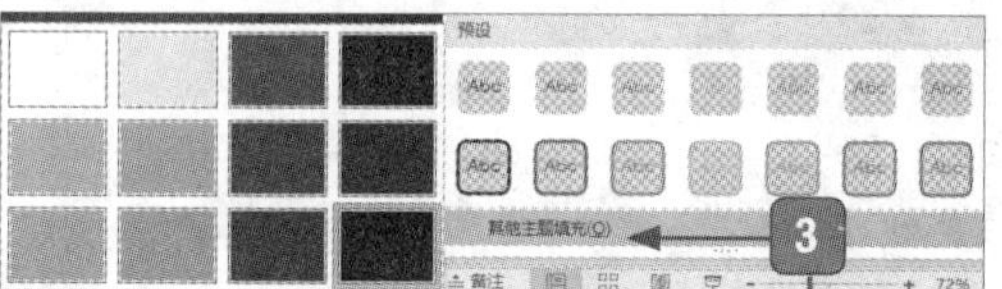

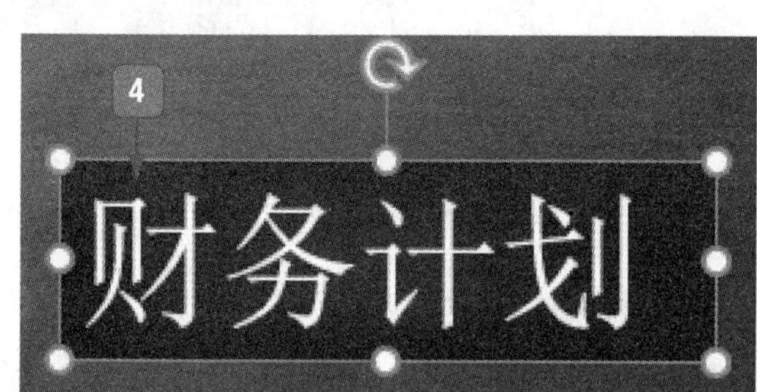

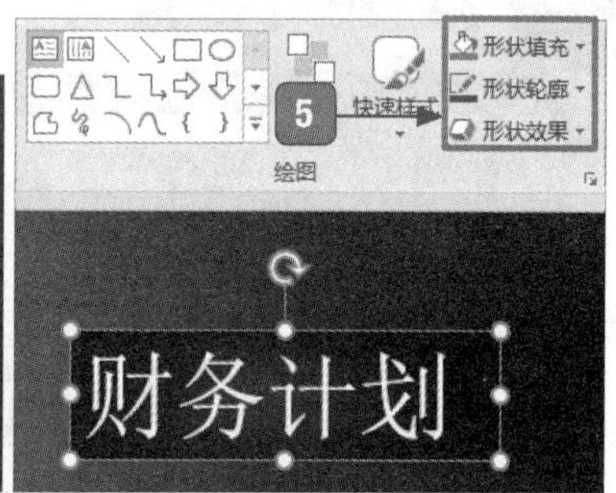

3 选择【其他主题填充】选项，选择更多样式。

4 选择填充样式后的效果。

5 还可以选中文本，在【开始】选项卡的【绘图】组中，自己设计文字填充样式。

6 自己设计文字填充样式后的效果。

文字填充的效果千变万化，举一反三地去设置更多精美的文字填充效果吧！

### 3.4.3 将文字转化为可编辑的形状

这一节要介绍的内容很简单，那就是将文字转化为可编辑的形状，什么？文字也能编辑形状？是的！没有听错！想做出海报上宣传的精美文字或是广告上的文字组合吗？这些在文字转化为可编辑的形状之后都可以实现。下面将为大家来讲解其过程。

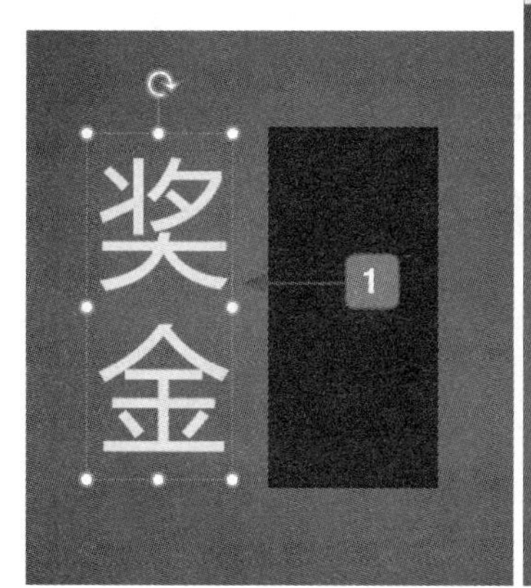


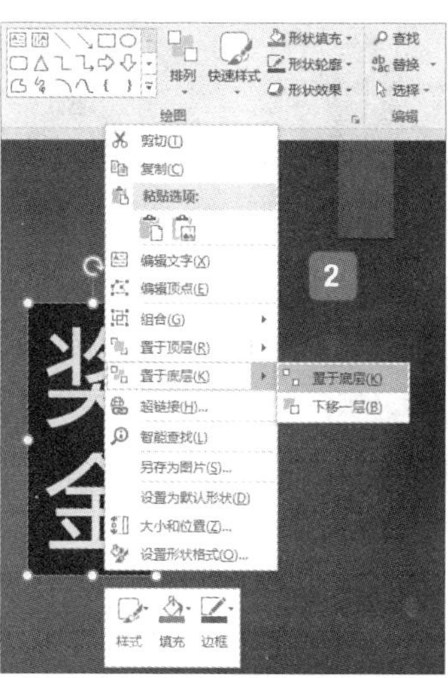


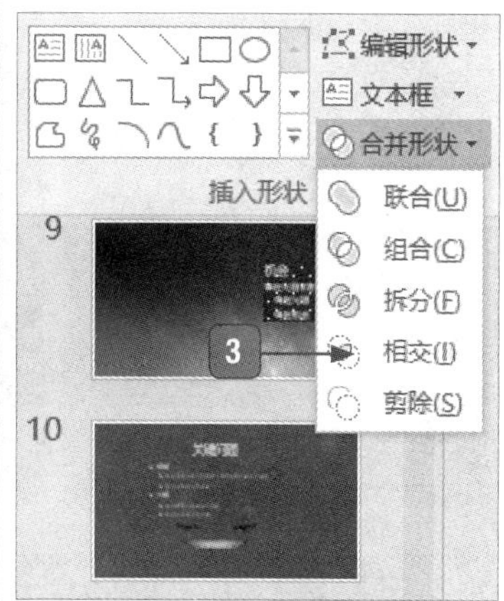


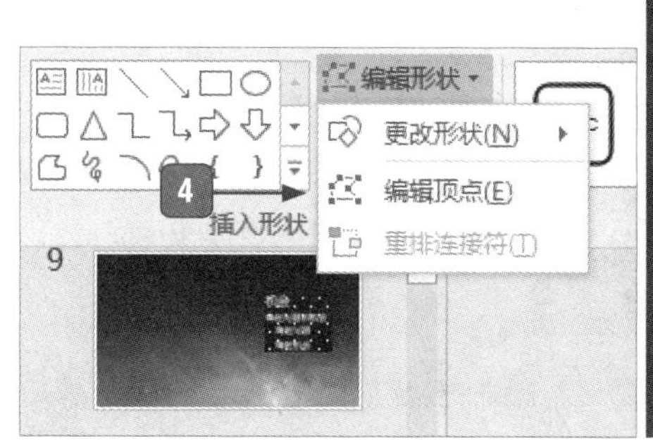


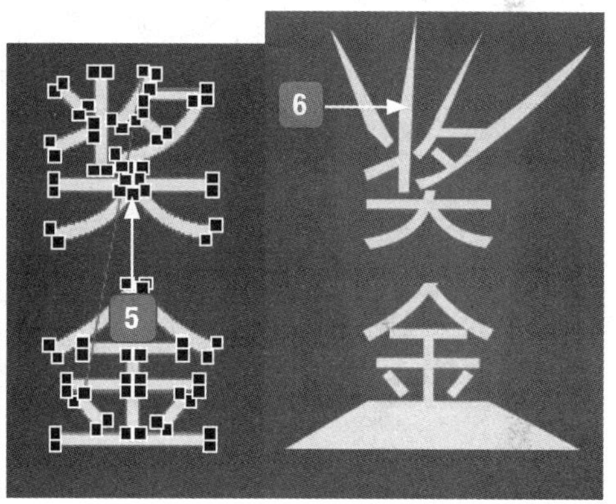


1. 新建一个文本框，然后新建一个图形，此处以矩形为例。
2. 将矩形的大小和文本框的大小调整为一致，然后将图形覆盖到文本框上面，在矩形上右击，在弹出的快捷菜单中选择【置于底层】命令。
3. 全选文本框和矩形，单击【格式】选项卡下【插入形状】组中【合并形状】下拉选项中的【相交】按钮。
4. 单击【格式】选项卡下【插入形状】组中【编辑形状】下拉按钮中的【编辑顶点】按钮。
5. 对顶点进行任意拖曳即可编辑。
6. 文字转化为可编辑的图形后的效果。

学会了吗？是不是很酷炫！掌握了这个方法，离大神又进了一步！



## 3.5 综合实例——制作镂空字体

本节介绍一个实例，即如何制作镂空字体。

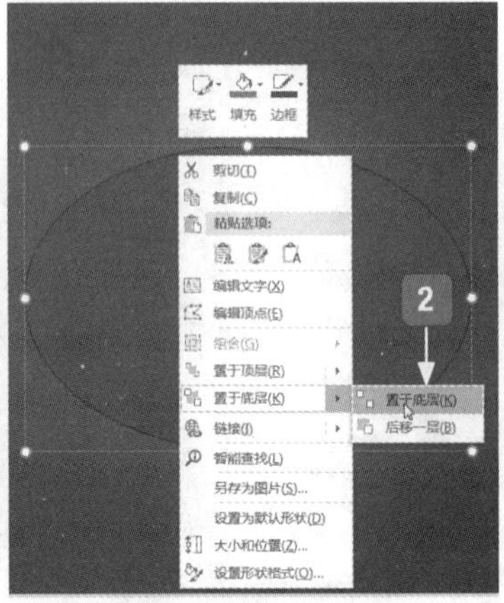

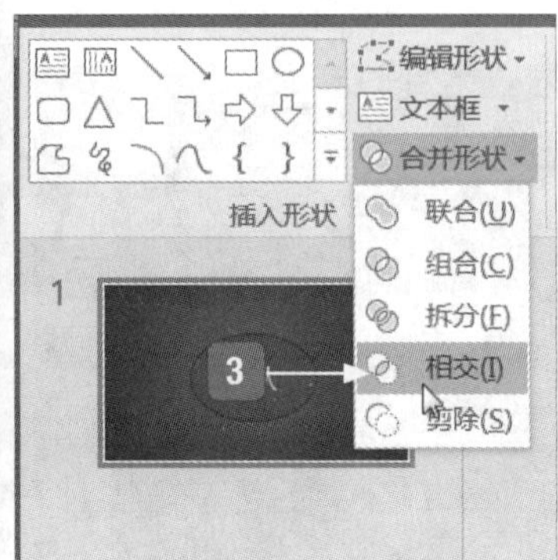


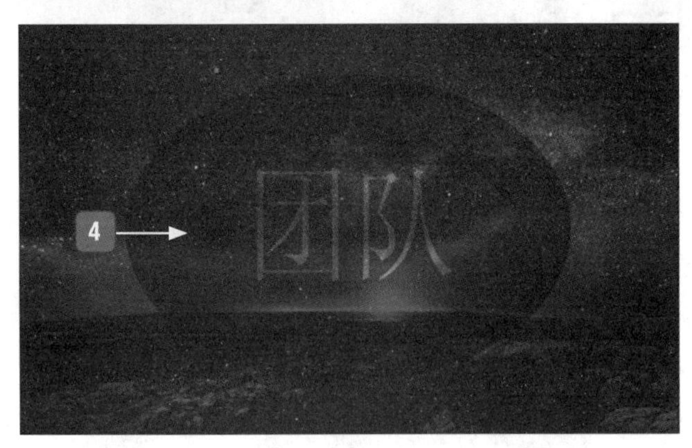


1 新建一个文本框，然后新建一个图形，此处以椭圆形为例。

2 调整椭圆形和文本框的大小，然后将图形覆盖到文本框上面，在椭圆形上右击，在弹出的快捷菜单中选择【置于底层】→【置于底层】命令。

3 全选文本框和椭圆形，单击【格式】选项卡下【插入形状】组中【合并形状】下拉选项中的【相交】按钮。

4 此时已经可以看出镂空的效果了，这里加了一张背景图片并调整了样式，使效果更加明显。

灵活使用这种方法，便可轻松制作各种特效字了！

## 痛点解析

### 痛点 1：下载的字体如何使用

在此以田氏颜体字体为例，下载好了如何使用呢？

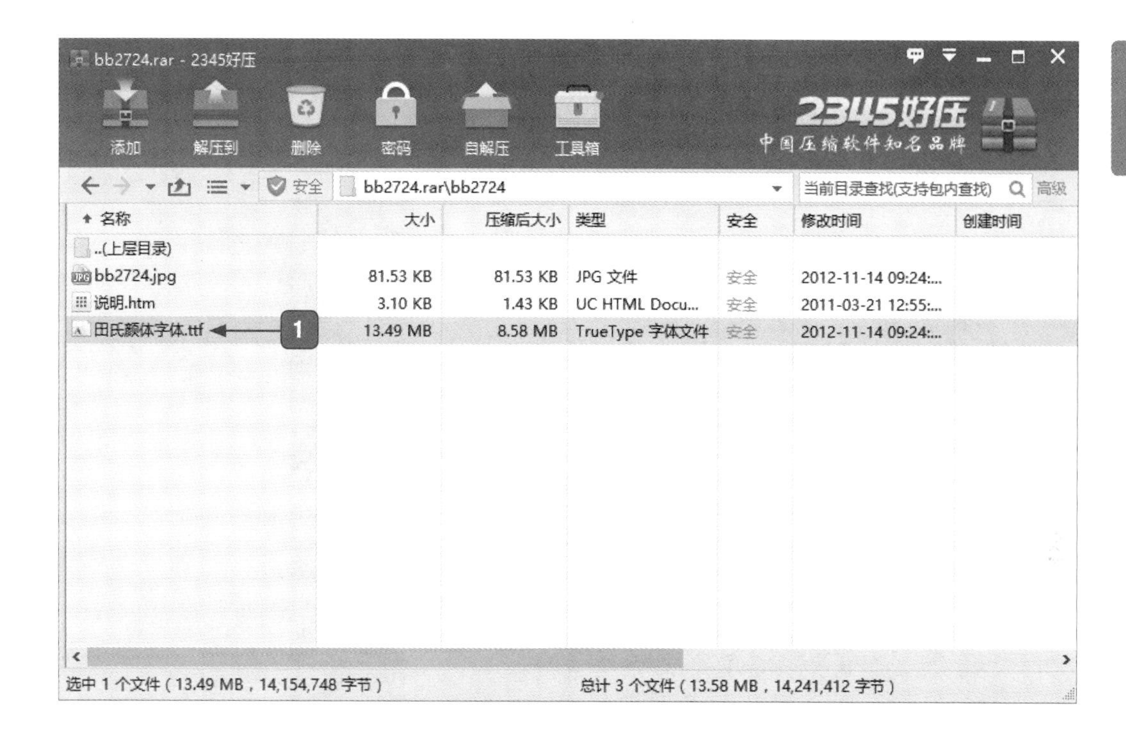

1 打开下载好的压缩包，复制这个文件。

2 打开计算机【C】盘→【Windows】→【Fonts】文件夹，这个文件夹是专门存放字体的，将复制的文件粘贴在这里。

3 重启 PPT 后便可以在【开始】选项卡下【字体】组中的【字体】下拉列表中找到刚刚下载的字体了！

可以看到，刚刚下载的字体已经可以使用了！

痛点 2：怎么将别人 PPT 中漂亮的字体应用到自己的 PPT 中

如果只是需要别人 PPT 中的那几个文字，那么将其直接复制到自己的 PPT 中即可，但是如果需要他的字体，就不是复制那么简单了。

1 选择【文件】选项卡。

2 选择【选项】选项。

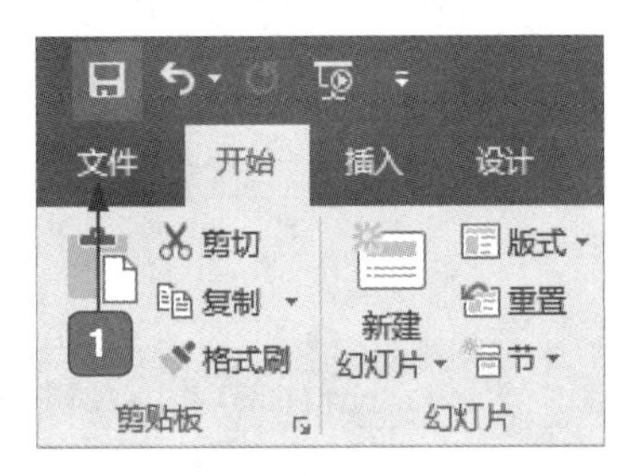

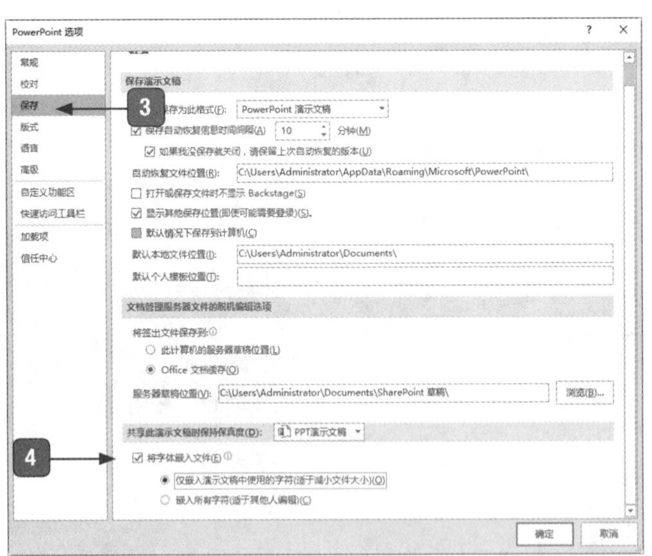


3 在打开的【PowerPoint 选项】对话框中选择【保存】选项卡。

4 选中【将字体嵌入文件】复选框。

这样 PPT 中所使用的字体会被嵌入 PPT 文件中，此时复制粘贴该 PPT，该 PPT 所用到的字体就会自动添加到你的计算机里！

## 大神支招

**问：互换名片后，如何快速记住别人的名字？**

名片全能王是一款基于智能手机的名片识别软件，它能利用手机自带相机拍摄名片图像，快速扫描并读取名片图像上的所有联系信息，如姓名、职位、电话、传真、公司地址、公司名称等，然后自动存储到电话本与名片中心。这样，就可以在互换名片后，快速记住对方的名字。

1. 打开名片全能王主界面，点击【拍照】按钮。
2. 对准名片，点击【拍照】按钮。

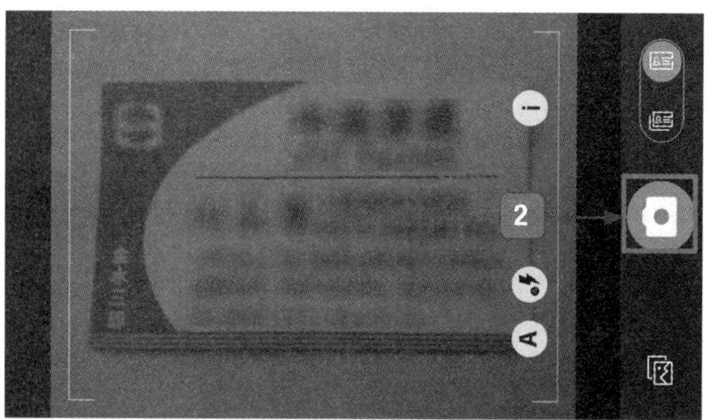


**提示：**

（1）拍摄名片时，如果是其他语言名片，需要设置正确的识别语言（可以在【通用】界面设置识别语言）；

（2）保证光线充足，名片上不要有阴影和反光；

（3）在对焦后进行拍摄，尽量避免抖动；

（4）如果无法拍摄清晰的名片图片，可以使用系统相机拍摄识别。

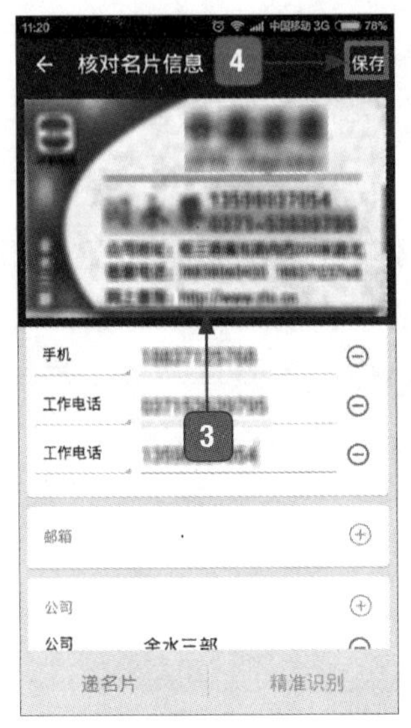


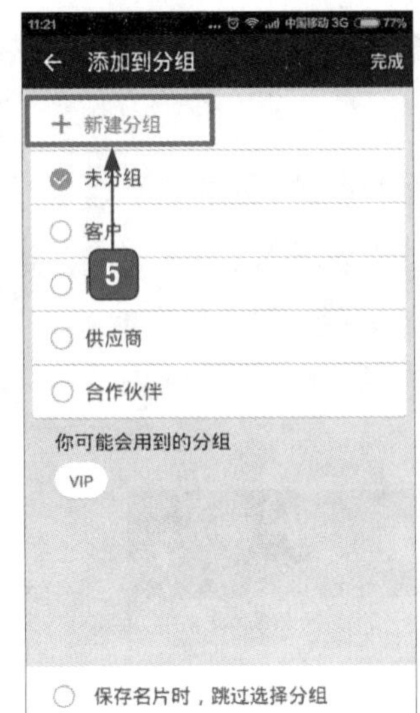


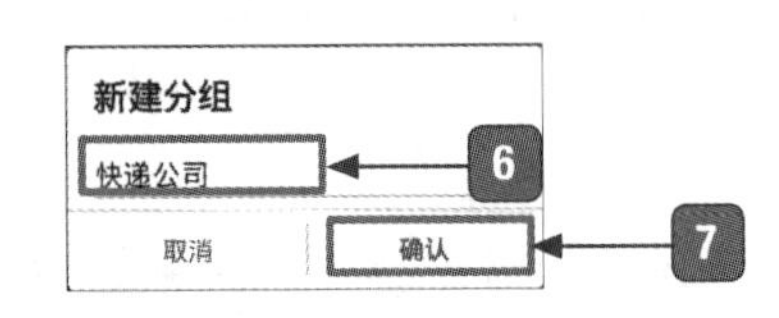


3 显示识别信息，可以根据需要手动修改。

4 点击【保存】按钮。

5 点击【新建分组】按钮。

6 输入分组名称。

7 点击【确认】按钮。

04

CHAPTER

# 第4章

# 让优质的图片助力表达

>>> 哪些图片适合作为 PPT 素材？

>>> 怎样将好看的图片据为己有？

>>> PPT 中也能美化图片？

>>> 想知道怎样用图片“秒杀”全场吗？

那还等什么，来一起探索今天的主题——图片吧！

## 4.1 不是所有图片都可以用作素材

既然要用图片，那么就要先讲讲我们选择图片的那些事了。

### 4.1.1 带有水印的图片

看看下面这三张图片，让你选你会选哪张呢？

（a）

（b）

（c）

乍一看好像没区别，等等，（a）和（b）图上有水印？那么问题来了，这有水印的图片可不可以用在 PPT 制作上呢？

答案当然是“不可以”。至于原因，影响美观不说，用放有别人的水印的图片你是要帮别人做宣传吗？所以记住了，有水印的图片是被拒绝用在 PPT 上的。



### 4.1.2 结构粗糙，颜色灰暗的图片

看到“结构粗糙，颜色灰暗”这两个形容词，你一定跟我第一次听到时的反应一样——一头雾水。什么样的是“结构粗糙”？什么样的是“颜色灰暗”？最常见的就是那种模糊不清的图片了，如下图所示。

这种图片应用在 PPT 上展示的时候，效果可想而知。对于观众而言，灰暗的颜色影响视觉效果，结构粗糙则影响重点的吸收了。所以遇到这种图片一定要拒绝！

### 4.1.3 过度装饰的图片

看下面这张图片，你知道它的主体是什么吗？说是蝴蝶吧，两只鸟又实力抢镜，说是鸟，蝴蝶又抢镜了。春天？不对。秋天？又不是。3 个不同又没有联系的主体各占图片一部分，根本分不清主体是谁，连图片想表达的主题内容都被模糊了。所以，这种过度装饰的图片一定也不能用在 PPT 上。

## 4.1.4 与内容不符的图片

我们来做个选择题，在下面两张图片中选择一张来为“水资源短缺”主题配图，你会选哪张？

（a）

（b）

当然是（b）。本应生活在水边的苍鹭站在干涸干裂的地上，简直不能更贴合主题内容了。那如果用（a）会有什么效果呢？大概是这样，如下图所示。

这一大片汪洋你说没水？我不信，你骗人。

## 4.1.5 有版权的图片

**大神**：说了这么多的图片选择的注意事项，小白，我现在考考你，有一种很重要却没有提到的，你知道是什么吗？

小白：啊？还有很重要的吗？不能有水印说过了，结构粗糙提到了，装饰过度也说了，内容不符也有了，那还有什么是很重要的呢？大神，我不知道。

**大神**：哈哈，是版权！关于图片的版权问题可是重中之重。现在找素材这么丰富容易，版权问题就被忽视得很严重。但是如果我们的PPT在使用时涉及版权问题，可是很严重的，特别是我们在商业使用上涉及这个问题，可能还需要面临法律纠纷呢。

小白：好的。我都记住了。有水印、结构粗糙、过度装饰、内容不符、已经有版权的图片都不能使用。

**大神**：都说对了。

小白：哈哈，那我要去找素材了。

# 4.2 寻找漂亮图片

知道了图片选择时的“雷区”以后，我们就可以一起走上寻找图片的阳光大道了。

## 4.2.1 使用网络找到好图片

既然对主题内容有了明确的目标，那找图片就简单多了。去哪里找呢？可到各大引擎图库中查找，“一网在手，图库我有”。

方法一：搜索关键词

首先打开一个图片搜索网站。

1 单击输入框输入关键字。

2 单击【百度一下】按钮，开始搜索。

注意，在关键字搜索图片过程中，可以用不同关键词进行搜索，这样才能更全面地搜索从而获得最满意的图片。

方法二：专业的素材网站

要找到好的图片，就得收藏一些好图片的网站。但是好图片往往都有版权，即使有的是网络上免费下载的图片，如果用于商业场合，也会涉及版权问题。所以我们在使用一些图片时一定要特别注意。下面是我们推荐的一些常用的搜图网站。

| 名称 | 说明 |
| --- | --- |
| 全景网 | 图片可以直接复制，分辨率较低，能够满足 PPT 投影要求 |
| 素材天下网 | 图片丰富，分辨率高 |
| 景象图片 | 图片多，质量参差不齐，可直接复制无水印的图片 |
| 花瓣网 | 图片合集，由网友整合分享 |

## 4.2.2 网上看到的好图片，如何保存

搜索到喜欢的图片后就可以开始下载了。

（1）右键“另存为”法

在所要保存的图片上右击，你会看到弹出的菜单栏。

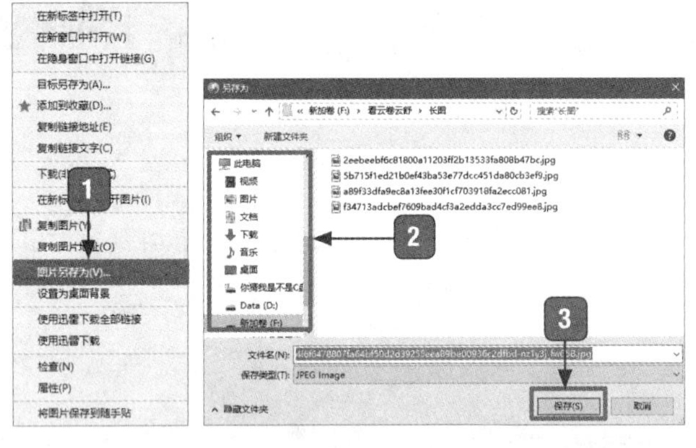


1 单击【图片另存为】命令。

2 选择设置保存位置。

3 单击【保存】按钮。

之后打开所在文件夹就可以查看保存的图片了。

（2）快捷键截图法

单击图片打开原图 → 按下【Print Screen】快捷键（键盘简写【Prtsc】）→ 按下【Ctrl+V】组合键直接使用。

（3）截图工具截图法

先将所要截取的图片在网页中打开。

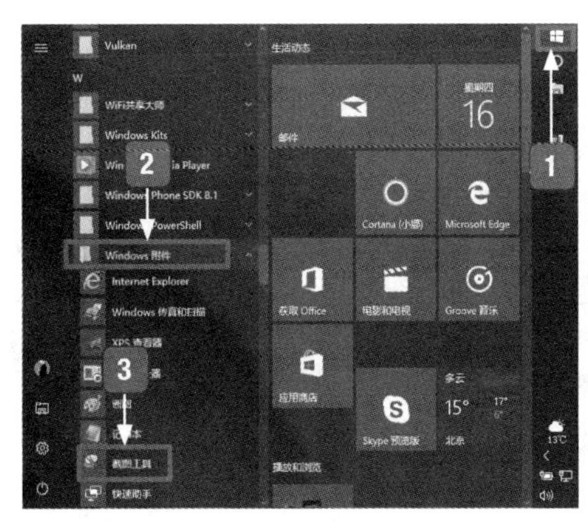

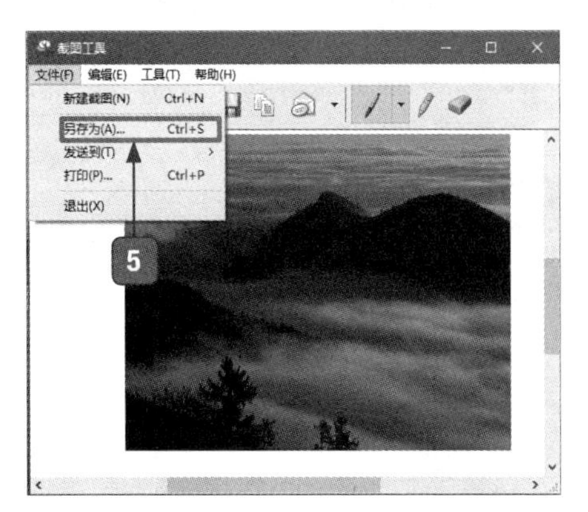

1 单击 Windows 开始菜单。

2 下拉左侧应用程序菜单，找到【Windows 附件】并单击打开菜单。

3 单击该按钮打开【截图工具】。

4 打开图片所在网页，单击【新建】按钮，在网页中框出图片范围。

5 选择【文件】下的【另存为】选项并保存图片。

## 4.2.3 如何批量保存网上的图片

如果一个图集上有多张满意的图片，那一张一张下载就太麻烦了，一不小心还会漏下、重复等，这时候就要使用批量保存了。

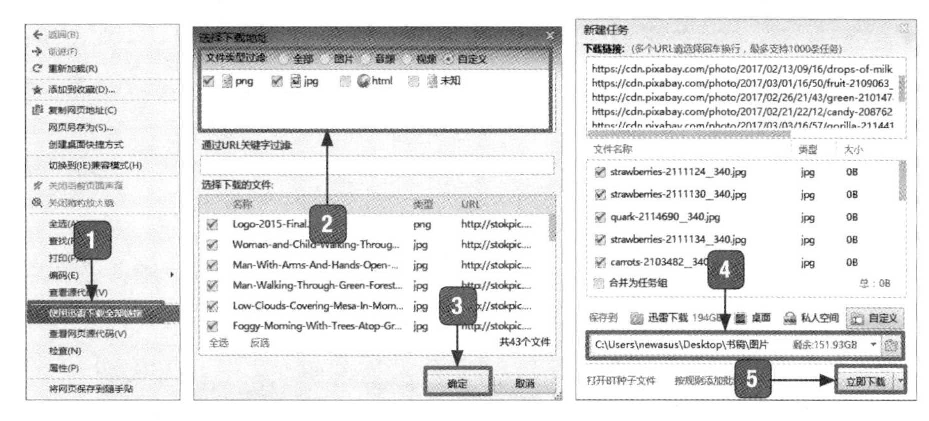

1 右击网页任意处，选择【使用迅雷下载全部链接】命令。

2 在【文件类型过滤】框中选中【png】【jpg】图片格式。

3 单击【确定】按钮。

4 设置图片的保存位置方便查找。

5 单击【立即下载】按钮。

下载完成后，打开所在文件夹就可以看到下载的图片啦！

## 4.3 图片编辑技巧

有了适合的图片就可以将其应用到PPT中了，不过别心急，要想图片美观，只靠单纯的插入可不行，适合的图片加上适合的编辑才能得到1+1 ≥ 2的精彩。

### 4.3.1 效果是裁剪出来的

通常我们使用图片的时候都会选择尺寸正好的图片来使用，可保不齐就是会出现图片大小比例总是差那么一点的情况，这时候怎么办呢？一个字——剪。

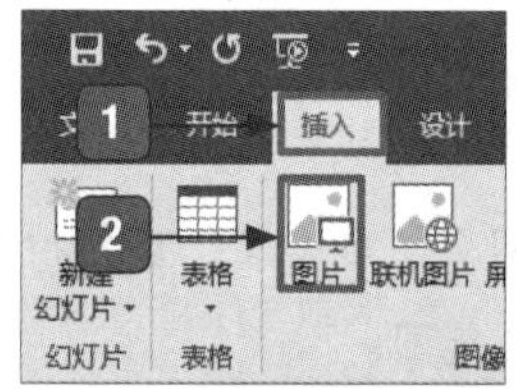


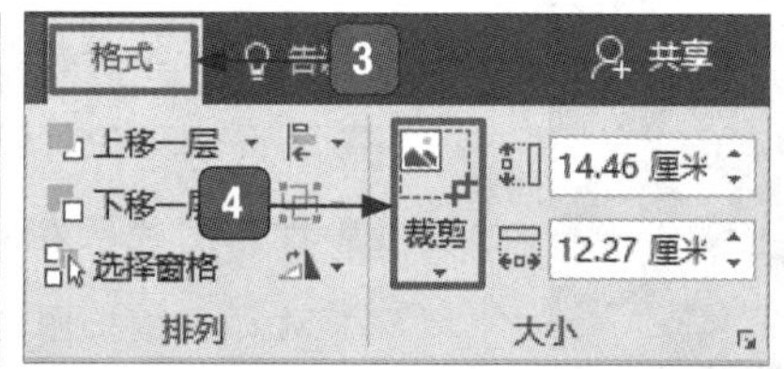


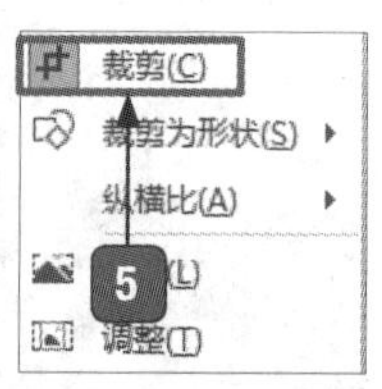


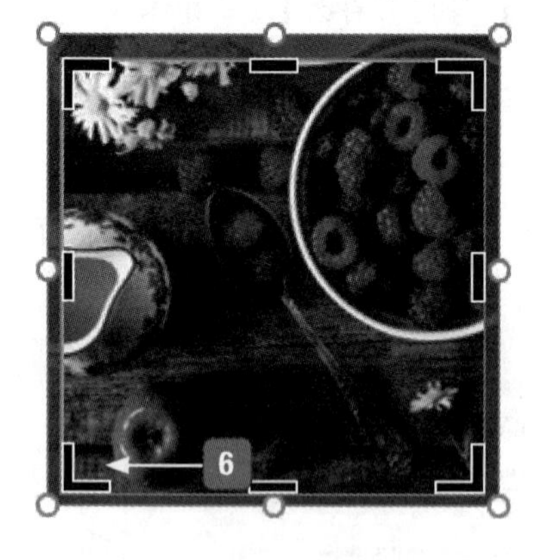


1 选择【插入】选项卡。

2 单击【图片】按钮，选择需要插入的图片。

3 选择【格式】选项卡。

4 单击【裁剪】下拉按钮。

5 在弹出的下拉列表中选择【裁剪】选项。

6 将鼠标指针移至边框待鼠标指针变成边框的形状后按住鼠标左键，拉动鼠标调整要裁剪的尺寸，单击任意空白处完成裁剪。

### 4.3.2 图片的抠图

如果想要让自己的图片再上一个台阶，那仅仅会使用裁剪是不够的。毕竟【格式】选项卡下的这么多功能不是摆设！功能用起来，瞬间变成众人追捧的PPT大神！

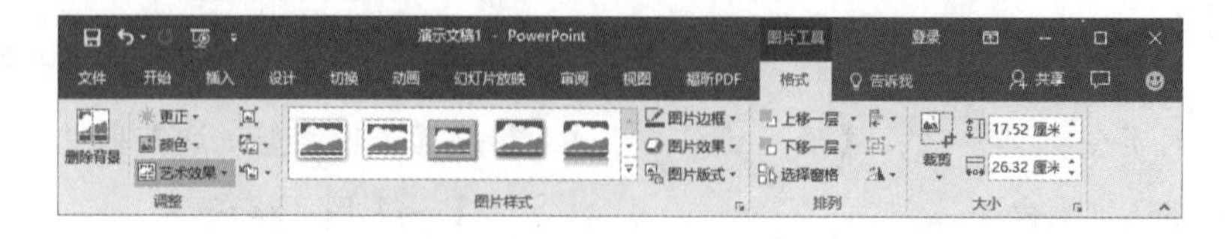

好了，先来进行大神之路的第一步，抠图。

（1）设置透明色

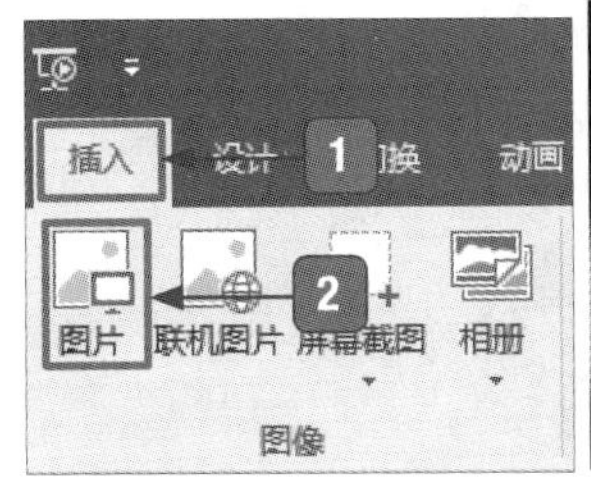


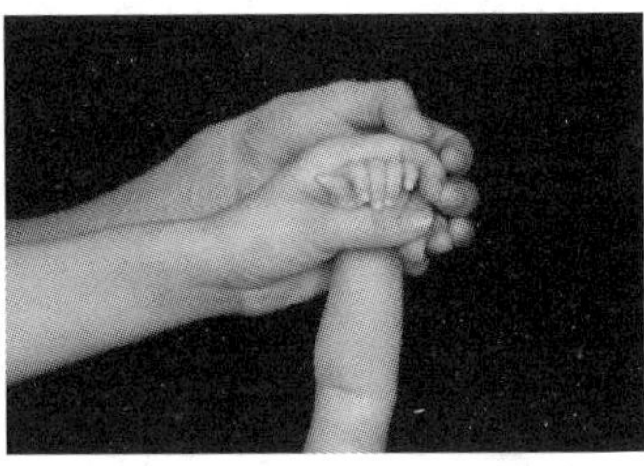

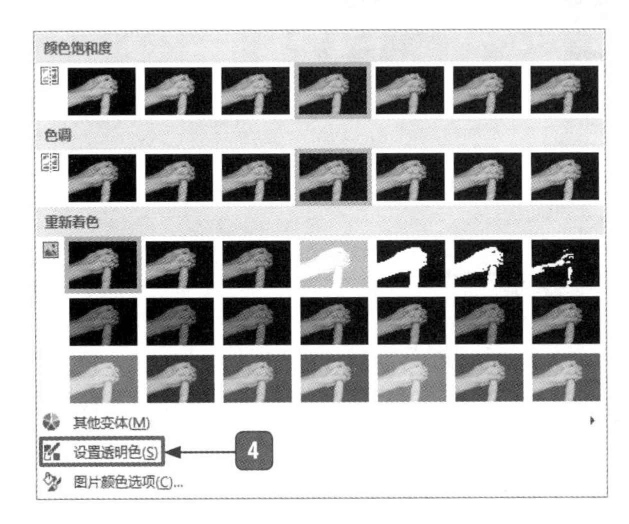


1 选择【插入】选项卡。

2 单击【图片】按钮，选择需要插入的图片。

3 单击【颜色】按钮。

4 单击【设置透明色】按钮。

接下来只要将鼠标指针移动到图片背景上单击就可以完成抠图了，如下图所示。

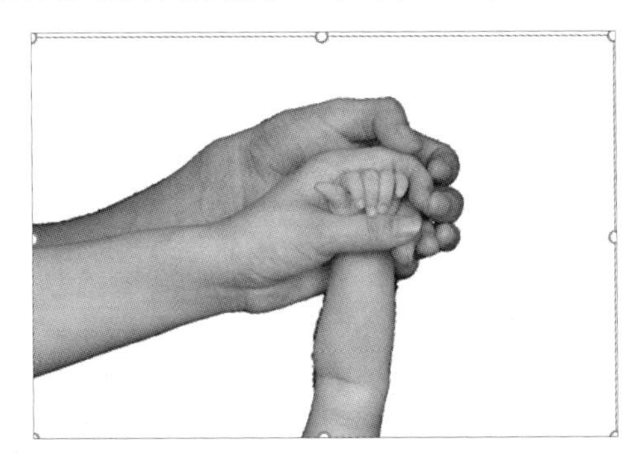

不过因为只能选择一种颜色设为透明色，所以这种方法通常只能在纯色背景的情况下使用，如果你的背景色颜色不统一的话，就会变成下图这种情况，再怎么设置都不能把主体抠出来。

所以接下来要进行我们抠图的第二步。

（2）删除背景

首先要做的，当然还是插入图片。

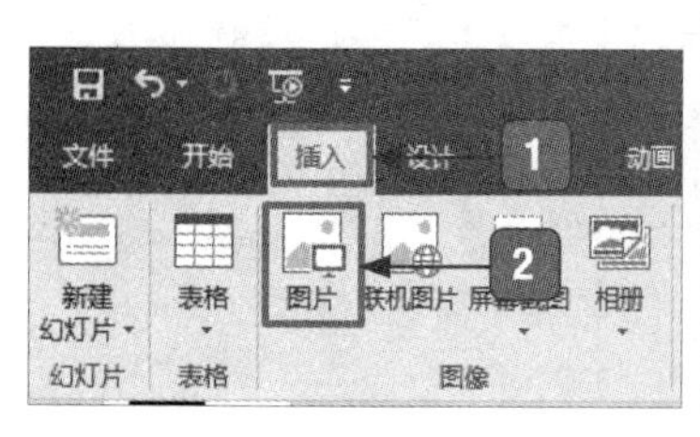

1 选择【插入】选项卡。

2 单击【图片】按钮，选择所要插入的图片。

插入图片以后就可以开始抠图了。

单击【背景消除】选项卡下【优化】组中的【标记要保留/删除的区域】按钮，画选要保留/删除的区域，单击【保留更改】按钮。

1 单击【格式】选项卡下的【删除背景】按钮。

2 单击【标记要保留/删除的区域】按钮。

3 在图片上按住鼠标左键画选所要保留/删除的范围。

4 单击【保留更改】按钮，完成抠图。

这样就能轻松完成抠图了，效果如下图所示。

南山有鸟，其名啄木。
饥则啄树，暮则巢宿。
无干于人，惟志所欲。
性清者荣，性浊者辱


（3）布尔运算

布尔运算是通过对两个以上的物体进行并集、差集、交集的运算，从而得到新的物体形态。在 PowerPoint 2016 中对形状也能进行布尔运算，主要包括联合、组合、拆分、相交、剪出共 5 种运算方法。默认情况下，PowerPoint 2016 界面中是不显示这些按钮的，因此，需要特殊的设置才能显示，下面就来看一下如何调用这些命令。

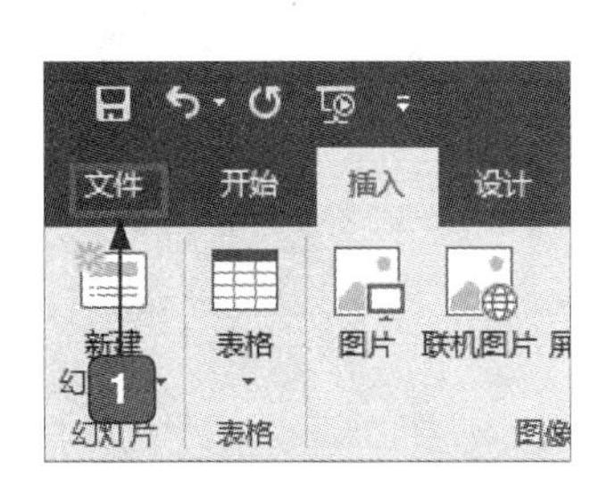

1 选择【文件】选项卡。

2 选择【选项】选项。

这时候我们进入了 PowerPoint 2016 选项窗口，前期工作做完可以开始召唤了。

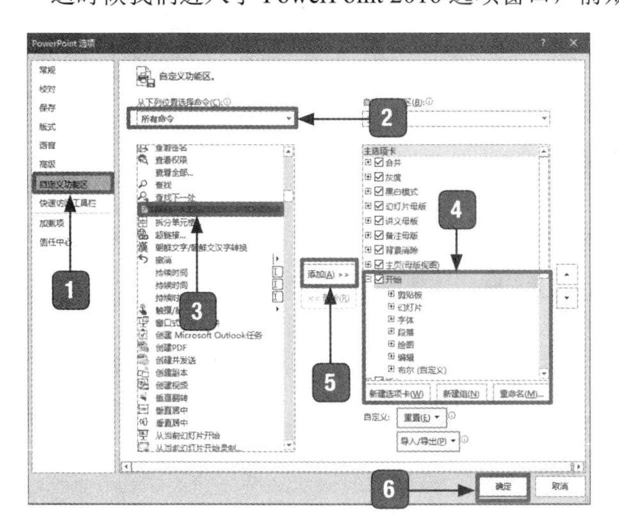


1 选择【自定义功能区】选项卡。

2 选择【所有命令】选项。

3 在命令窗口查找【拆分】，并单击选中。

4 在【开始】选项卡下新建【布尔】组，方便查找。

5 单击【添加】按钮将【拆分】添加至【布尔】组下。

6 单击【确定】按钮。

这样我们就完成了布尔运算之一【拆分】的“召唤”，不过布尔运算共有【拆分】【组合】【联合】【剪除】【合并形状】5 种，所以还要按照同样的方式进行“召唤”。

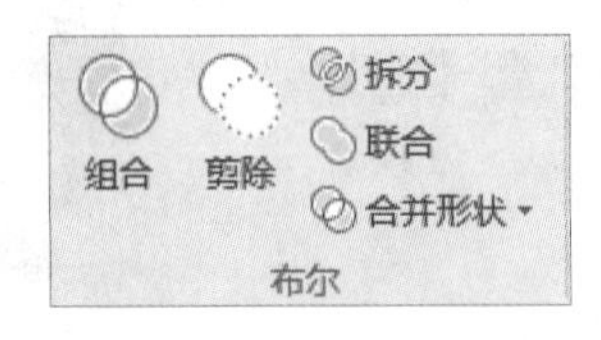


完成了“召唤”后，我们可以开始学习怎么使用布尔运算抠图了。开始前要先提醒读者，我的布尔运算是添加在【开始】选项卡下的【布尔】组，可能跟大家添加的位置不一样，所以接下来的步骤记得将布尔运算的位置自动转换为自己添加的位置。

1 插入图片后，选择【开始】选项卡下【绘图】组中的【曲线】选项。

2 用鼠标在图片上绕着所要抠取的图案轮廓游走左键圈点。

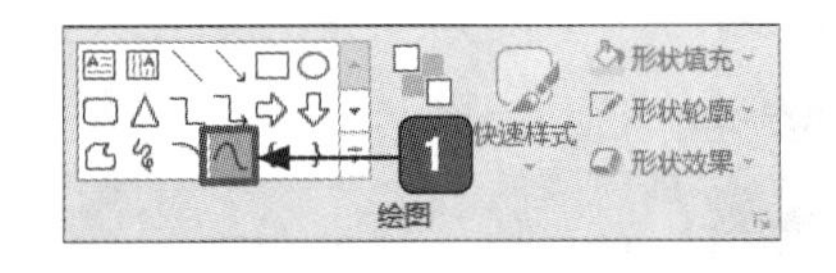


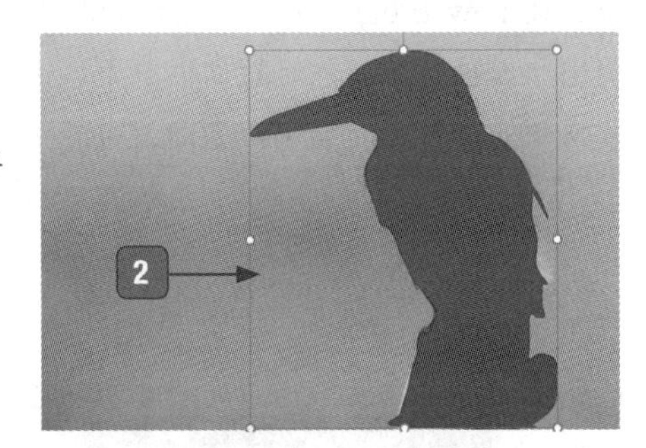


3 按住【Ctrl】键再先后单击图片与轮廓（一定要记住顺序先图片后轮廓），选中后单击【拆分】按钮。

4 单击幻灯片空白处取消全选，再单击图片未被选取的范围，按下【Backspace】键删除。这样我们的图片就完成抠图了，效果如下图所示。

## 4.3.3 图片背景色的调整

有时候我们用到一张图片，会遇到图片背景色与幻灯片的颜色不搭配的情况。如果不想通过抠图调整，这时候就得调整图片的背景色了。

首先运用【删除背景】法或者【设置透明色】法去掉原背景色。

1. 右击图片，在弹出的快捷菜单中选择【设置图片格式】命令。
2. 在【设置图片格式】窗格中单击【填充与线条】按钮。
3. 选中【纯色填充】单选按钮。
4. 单击【颜色】填充按钮。
5. 选择填充的颜色。

这样图片背景颜色就改变了，如下图所示。

## 4.3.4 压缩图片减小 PPT 文件

**大神**：小白，你怎么了，在纠结什么呢？

小白：还不是那个 PPT 闹的，不知道为什么我的 PPT 好大啊，我的 U 盘要满了，装不下！在纠结删点什么，好存放 PPT，可这些都是我需要的文件啊！舍不得删。

**大神**：哎呀，我还以为多大事呢，你是不是在 PPT 里用了很多图片？

小白：你怎么知道？！喜欢的图片太多，取舍不下，我就都用上了。现在怎么办？去掉哪部分我都舍不得。

**大神**：没事，我教你一个新招，压缩图片后就可以把 PPT 变小了。

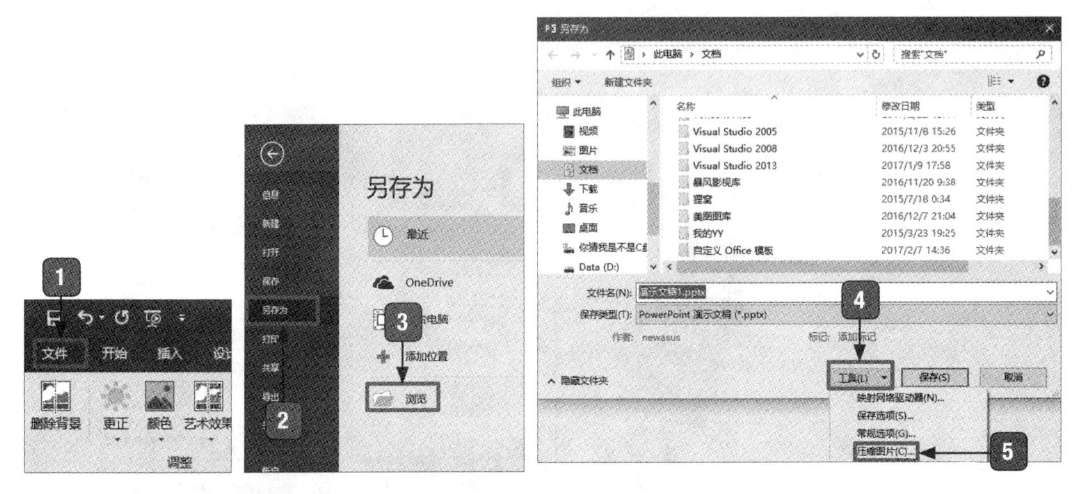


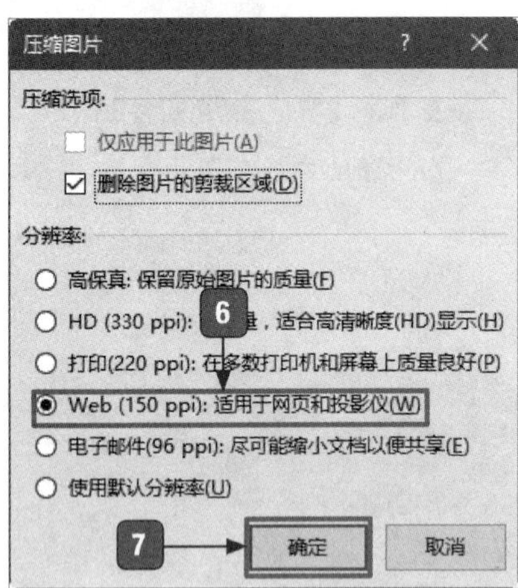


1 选择【文件】选项卡。

2 选择【另存为】选项。

3 单击【浏览】按钮。

4 单击【工具】下拉按钮。

5 选择【压缩图片】选项。

6 选中【web（150 ppi）】单选按钮。

7 单击【确定】按钮。

设置完成以后保存就可以了。

## 4.4 图片的美化技巧

接下来我们要讲一讲图片的美化。这里的美化可不是指使用修图软件对图片进行加工等，而是指通过对图片的一些细节进行修饰来美化图片，如我们接下来要讲边框、特效之类的。

## 4.4.1 图片的边框美化

生活中我们喜欢把照片装入相框，在 PowerPoint 2016 中也为我们的图片准备了“相框”。

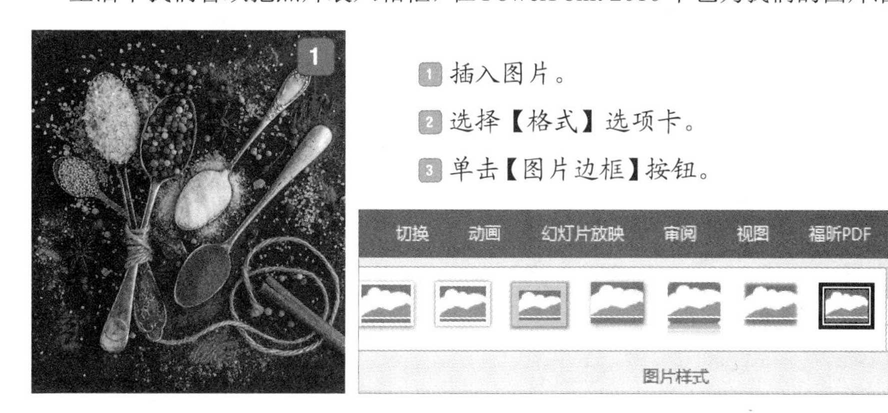


1 插入图片。

2 选择【格式】选项卡。

3 单击【图片边框】按钮。

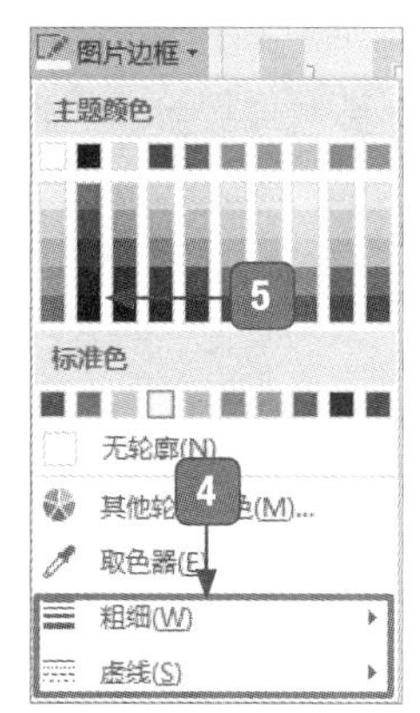


4 在【粗细】【虚线】子菜单下设置边框样式。

5 设置边框颜色。

这样，我们就能给图片加上好看的边框了，如下图所示。

当然，【图片边框】下拉列表框中的选项并不是全部的选择，让我们接着看。

首先在图片上右击。

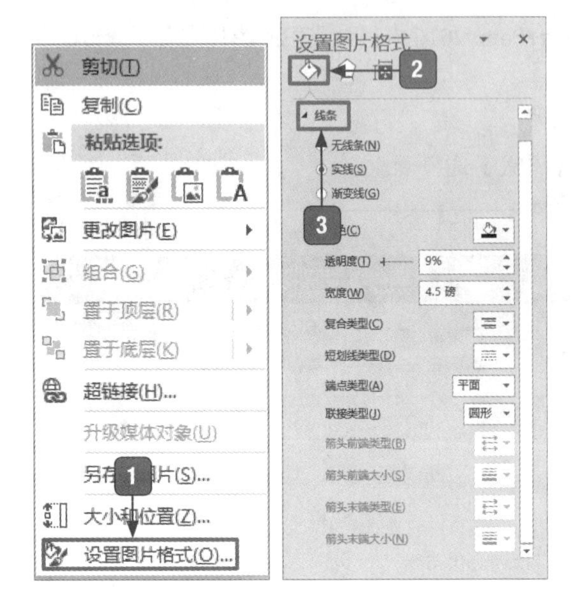


1 单击【设置图片格式】按钮。

2 在弹出的【设置图片格式】窗格中单击【填充与线条】按钮。

3 单击【线条】。就可以在下方的微调框对边框进行微调设置了。

这样就能获得有个性的边框了，如下图所示。

## 4.4.2 图片的特效美化

有了相框当然少不了用特效美化一下，具体的操作方法如下。

依旧是在【格式】选项卡下进行设置。

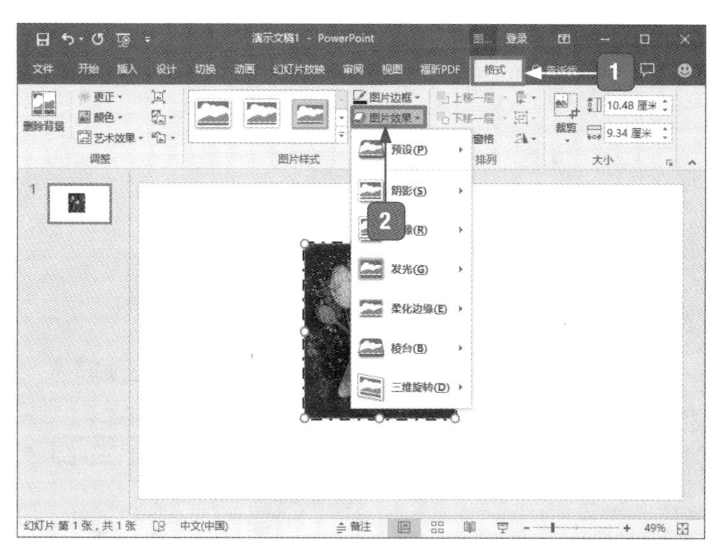


1 选择【格式】选项卡。

2 单击【图片效果】按钮，然后就可以在下拉菜单上叠加选择设置想要的图片效果了。

看，平面的图片瞬间变成三维的立体图片，如下图所示。

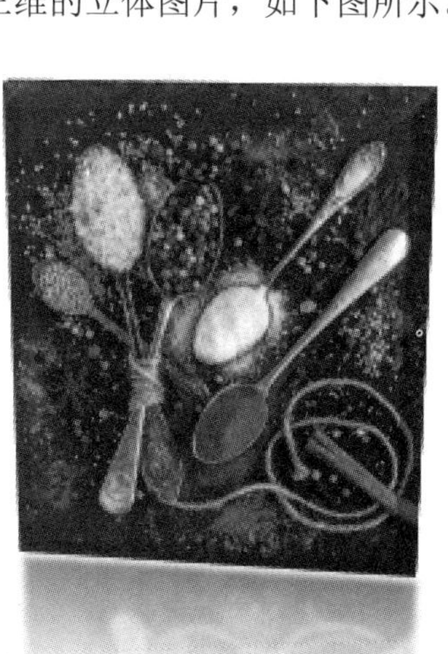

### 4.4.3 图片的形状填充

我们平常使用的图片都是规规矩矩的矩形，是不是很羡慕别人能做出各种形态的图片呢？别急，下面让我们来看看怎么给图片换个形态。

方法一：插入法

1 选择【插入】选项卡。

2 单击【形状】下拉按钮。

3 单击选中所要插入的形状。

4 在幻灯片上拖曳出图形形状并调整大小。

5 右击形状，在弹出的快捷菜单中选择【设置形状格式】命令。

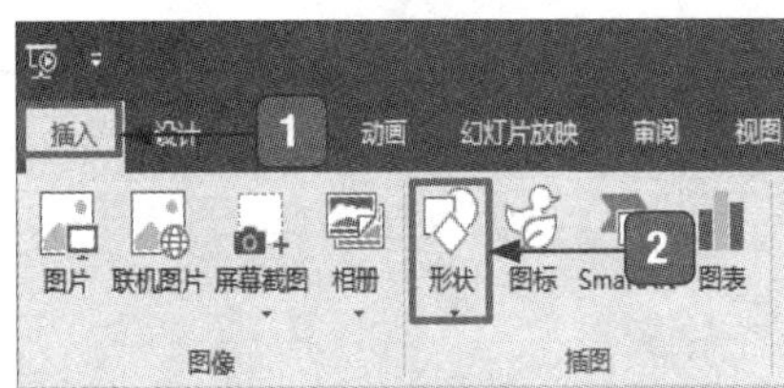


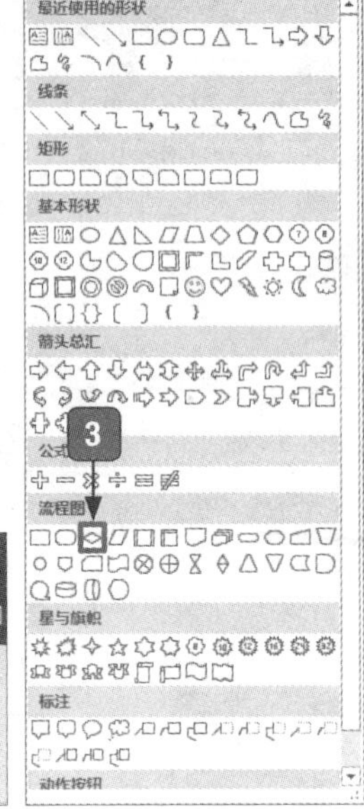


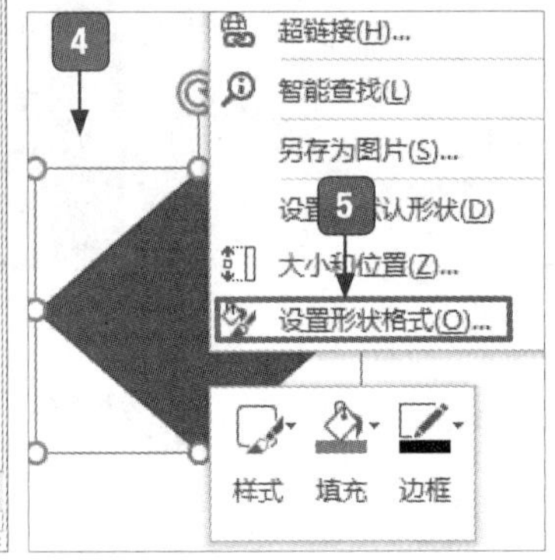


现在开始“变换场地”进入 PPT 界面右下角的【设置图片格式】窗格。

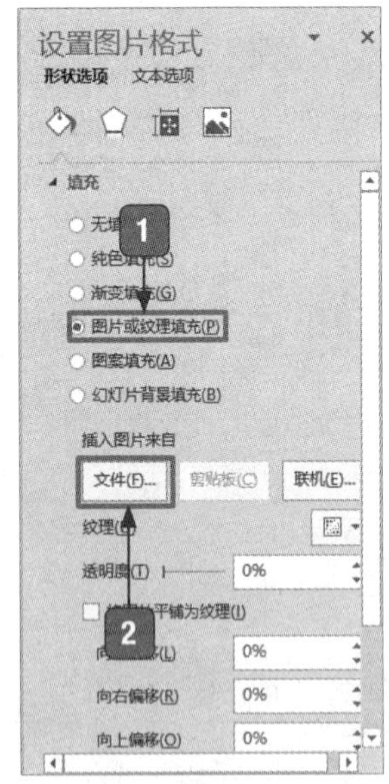


1 单击【填充】下拉列表中的【图片或纹理填充】单选按钮。

2 单击【文件】按钮选择插入所需的图片。

3 这样形状就变成图片了。

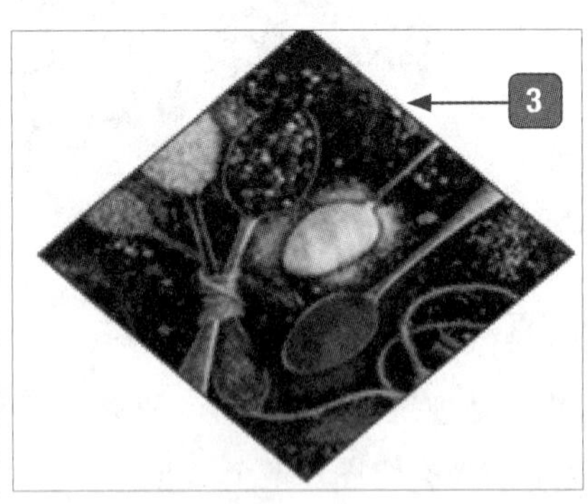


不过这还没有结束，细心的读者一定注意到形状四周有一圈边框，如果不是必须要加边框，为了美观应该把边框去掉。接下来看看怎么去掉边框吧。

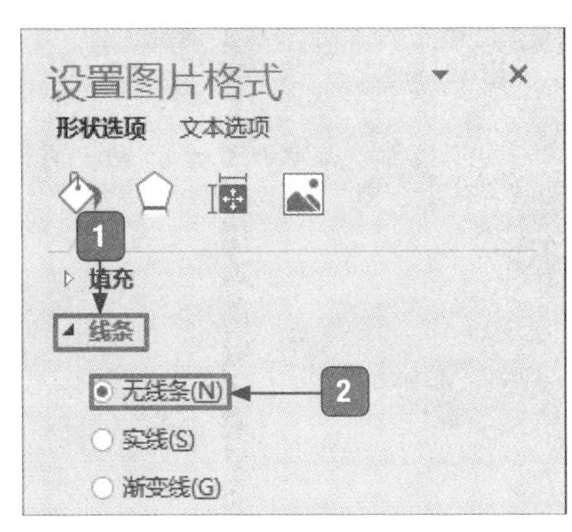


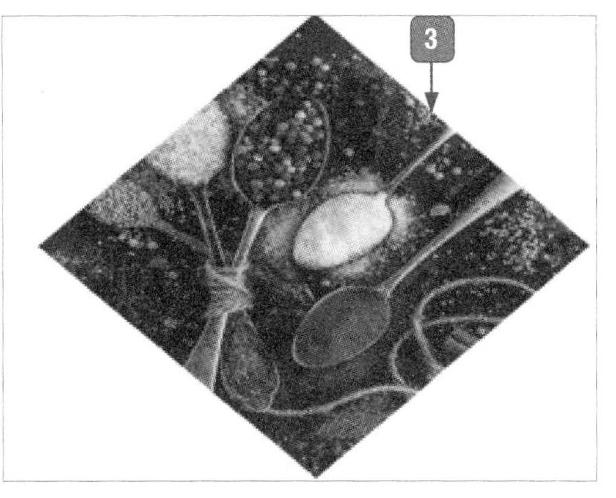


1 在【填充】选项区域中单击【线条】下拉按钮。

2 选中【无线条】单选按钮。

3 这样图标的边框就不见了。

啥？太麻烦。好吧，再教你们一个小技巧。

方法二：裁剪法

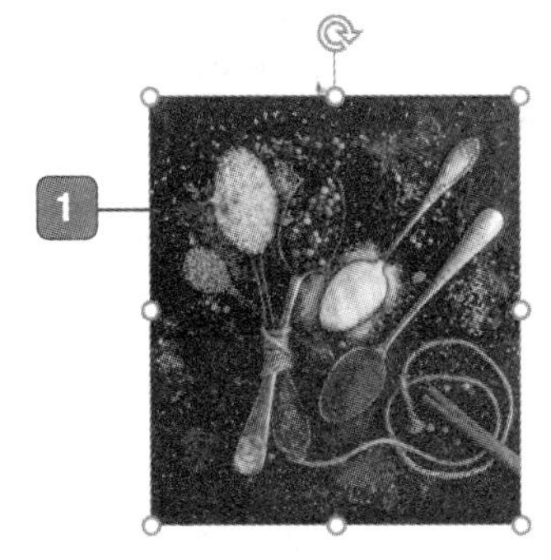


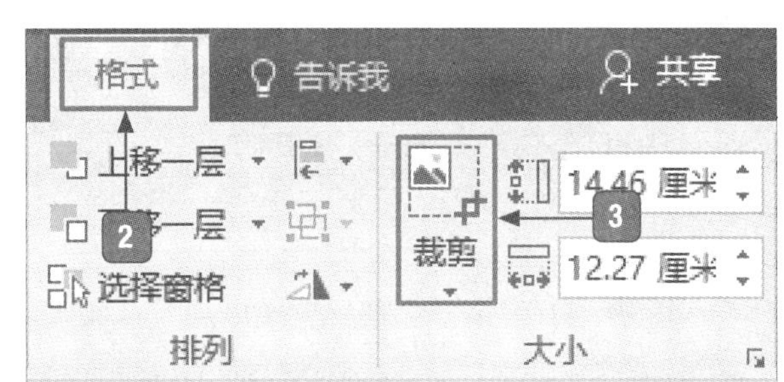


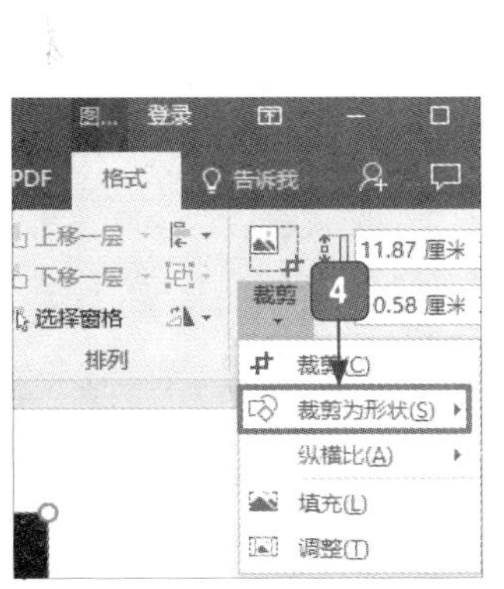


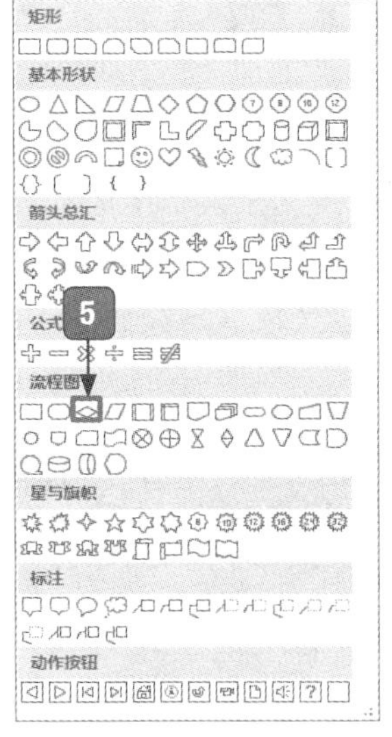


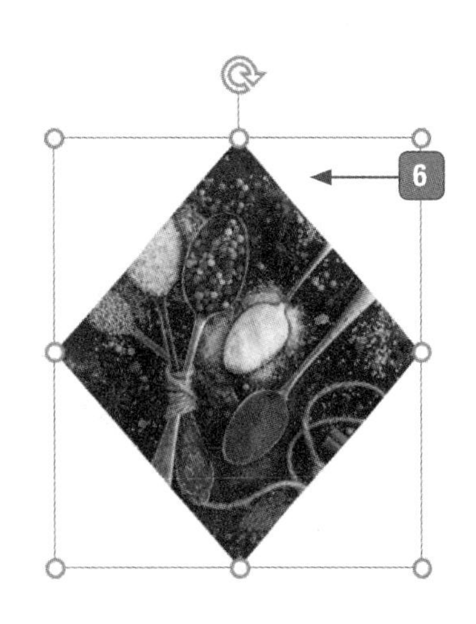

1 老规矩插入所需的图片。

2 选择【格式】选项卡。

3 单击【裁剪】下拉按钮。

4 选择【裁剪为形状】选项。

5 单击所需形状。

6 图标直接就变成所需要的形状了。

哈哈，这个方法是不是简单多了。

## 4.4.4 图片的颜色调整

有了合适的图片，可是色调不够明亮，与 PPT 整体不协调怎么“破”？调整图片颜色就好了。

还是先插入图片，单击【格式】选项卡。

1 单击【颜色】下拉按钮。

2 选择叠加来调整图片颜色。

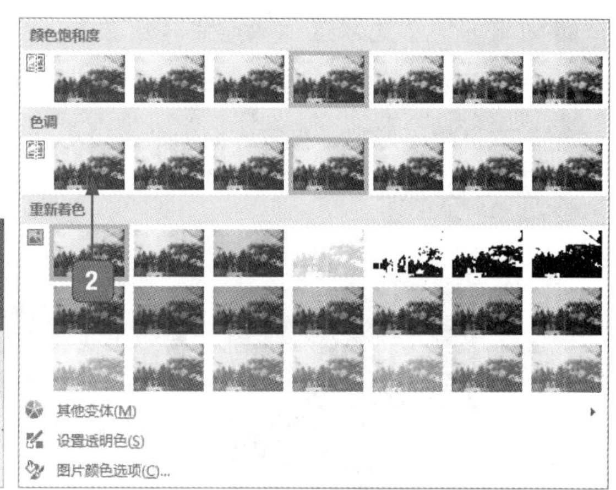


当然，如果你有自己的想法，也可以自定义设置。

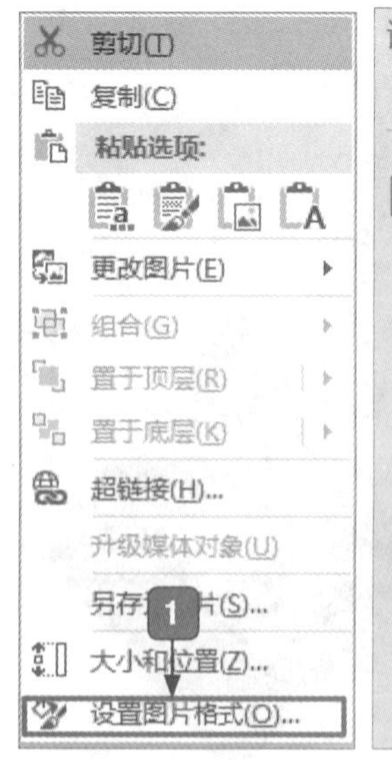


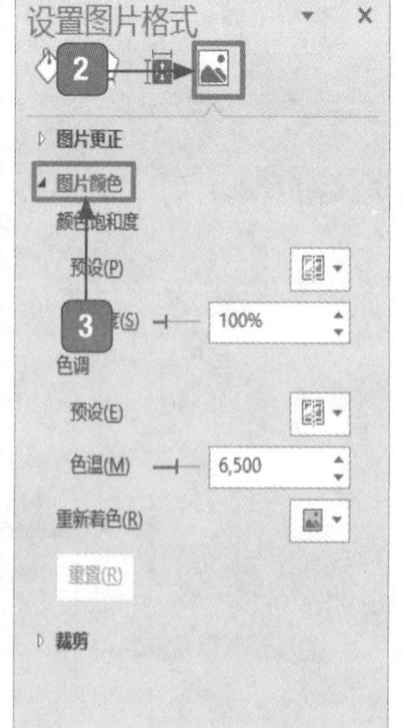


1 右击图片，在弹出的快捷菜单中选择【设置图片格式】命令。

2 单击图片图标。

3 单击【图片颜色】按钮进行自主设置。

### 4.4.5 图片的艺术效果

想让你的图片轻松变成艺术作品吗？下面教你如何实现图片的艺术效果。

插入图片 → 选择【格式】选项卡 → 单击【调整】组中的【艺术效果】按钮 → 选择艺术效果。

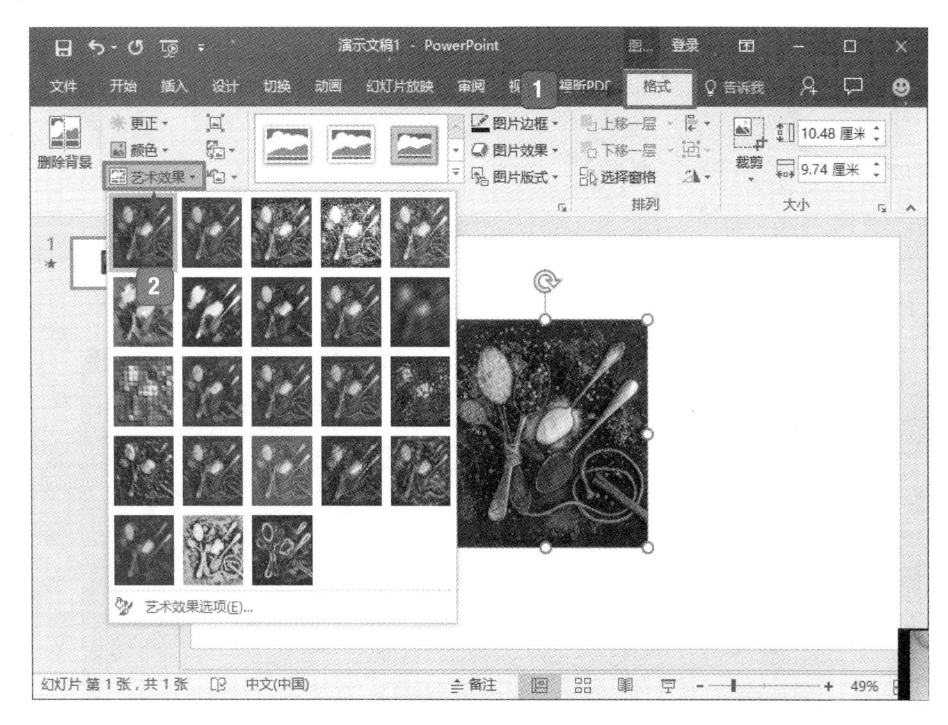


1 选择【格式】选项卡。

2 单击【艺术效果】按钮，选择适合的艺术效果即可。

## 4.5 图文混排技巧

首先要说的是图文的均匀分布，这是我们在排版时最常使用到的一种。将幻灯片按比例划分为两份后图文各占一边，使界面显得更简洁舒服，在视觉方面也能给观众良好的观感。

例如，在封面上使用图文上下分布的排版，再经过大图与大标题搭配可以让封面具有冲击力，如下图所示。

还有就是左右均衡的结构分布，如下图所示。

值得一提的是，这种均衡分布的排版方式，可以不用纠结图文的上下左右关系，随意排版，如下图所示。

单张图排版可以这样排，那如果是多张图呢？多张图时再应用这种上下左右的均衡分布就显得不伦不类，所以这时就要尝试新排法。

如果你有多张大小或形状相同的图片，那么整齐排列是个不错的选择，如下图所示。

记住，一定要整齐有规律，应用到的图片、线条、文字等元素，要么就等大，要么就规律地变化，各元素间的间距也要保证相同。

不过，这种整齐的排法也并不能适用于所有的素材，如图片大小形状不一致时，裁剪和缩拉会破坏美感，这时候就可以用拼图的方式进行排版，如下图所示。

全屏的大图在PPT应用上是最具有冲击力的，这时就可以利用到"所向披靡"的方法——

“视觉焦点”。

我们在拍照时通常都会存在一个拍摄主体，那么有主体就有视觉焦点。怎么发现视觉焦点呢？如果主体是人或者动物，眼睛就是一个视觉焦点，如下图所示。

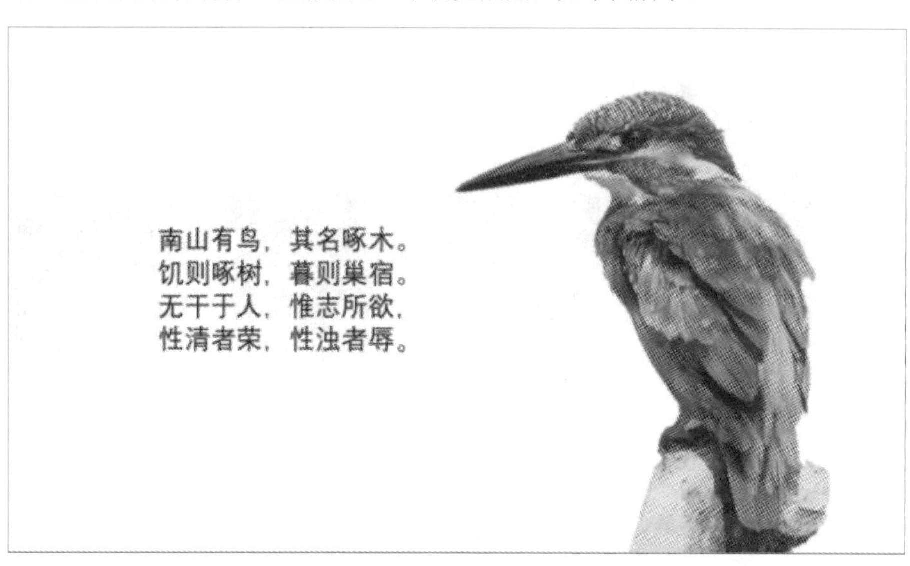
南山有鸟，其名啄木。
饥则啄树，暮则巢宿。
无干于人，惟志所欲，
性清者荣，性浊者辱。

当然，利用动作也是一个不错的选择，如下图所示。

通过图片物体的行为
来引导观众的关注点
就像在说：瞅这啊老铁！

不过，这种主体是人或者动物的情况只是一种特例，毕竟不是所有图片的主体都可以这么凑巧。那么这时怎么找视觉焦点？

尝试将图片的主体转化成一个矩形，中心就是我们要找的视觉焦点。注意，这时文字要保持与视觉焦点间的垂直平行关系，如下图所示。

或是保持文字与主体边缘的平行，如下图所示。

如果我们的主体多且较散的情况下，文字就应该放置在视觉焦点的水平或垂直线的交点，如下图所示。

对于我们主体分布散乱的图片，这时候无论是我们的视觉焦点还是文字都应该排在图片的中心。

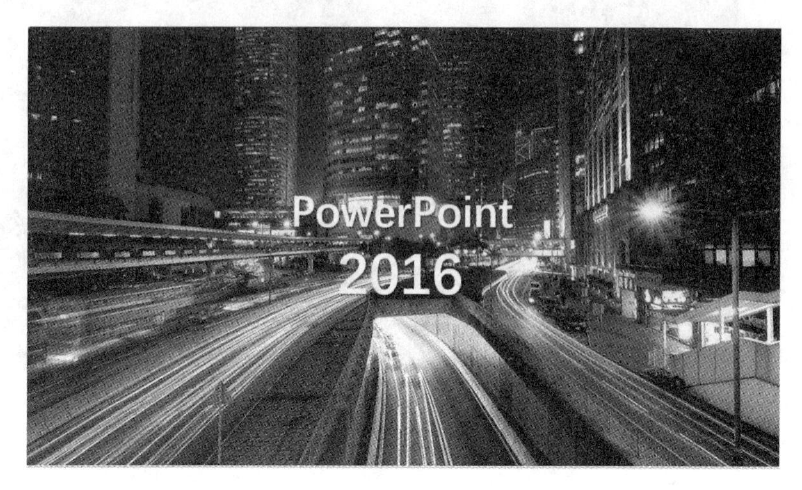


最后强调，图片的清晰度一定要足够高。

## 4.6 综合实例——设计员工在职培训 PPT

在设计制作 PPT 时对主题的要求要有清楚的认识，以员工在职培训为例，这类演示文稿在最终演示时需要让观众能够清楚了解重点内容，所以在制作的时候就应该突出重点，内容也应该尽量客观。当然，同时要兼顾鲜明的个性，这样才能展示自己。话不多说，下面看看该怎么做吧。

首先新建空白的演示文稿，当然如果你有喜欢的或适合的模板可以直接使用，如下图所示。

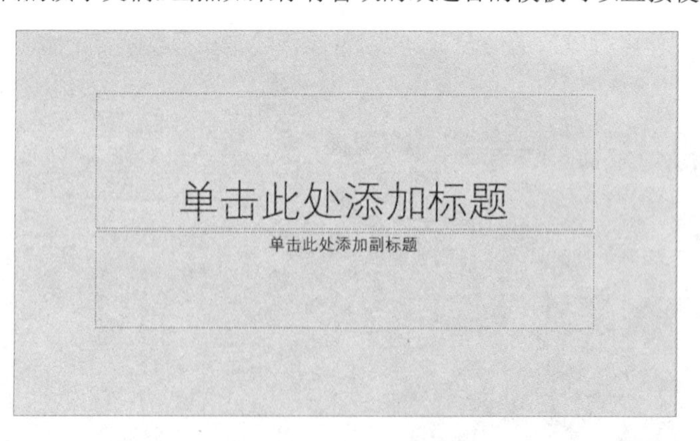




设计 PPT 封面，可以尝试应用大图为封面，既能直接表达主题也能吸引注意力，不过选图时注意与内容相符，如下图所示。

制作完成封面后，就可以开始内容的制作了，要注意文字的排版，如下图所示。

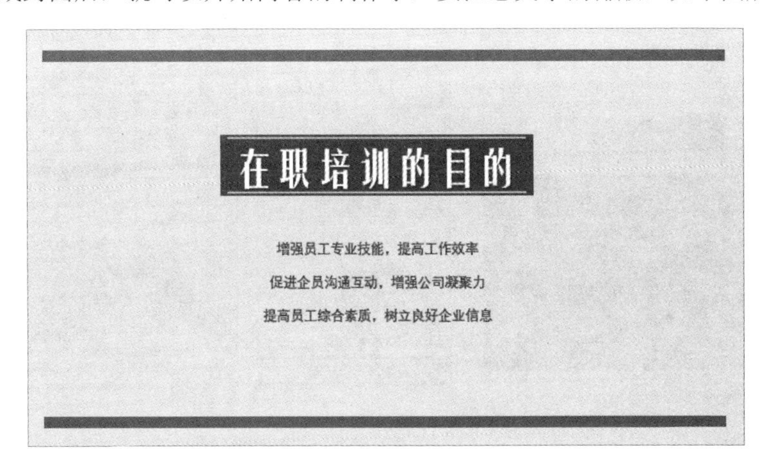


适当应用图片可以提高文稿的观赏性，别忘了对图片进行“变身”，如下图所示。

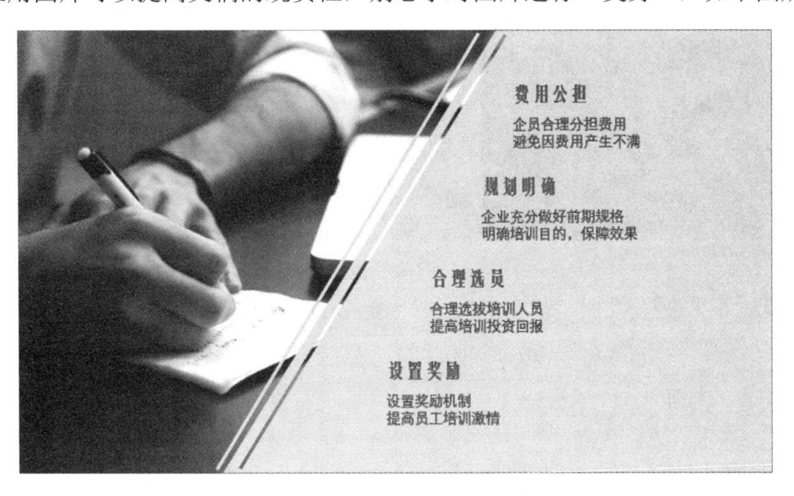


最后，千万要记得保存制作好的文稿。

# 痛点解析

我知道你们在找图片素材的时候一定遇到过这些伤透脑筋的问题，所以我现在教大家遇到这些问题该怎么“破”。

**痛点 1：能否设置图片的透明度**

设置图片的透明度需要一点小技巧。

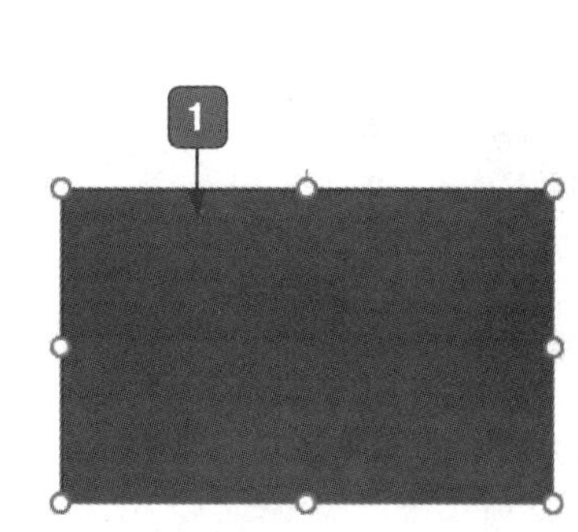

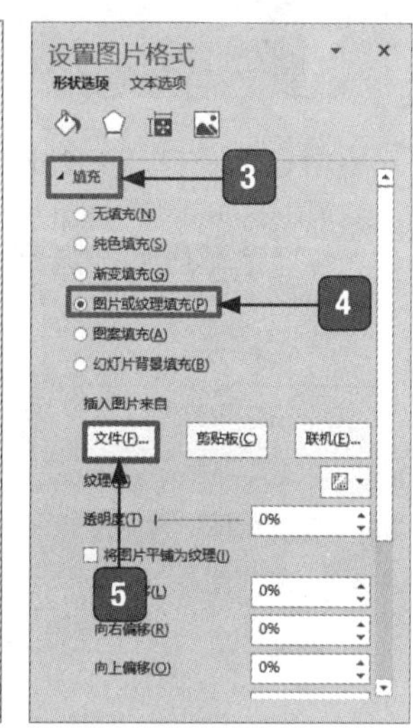


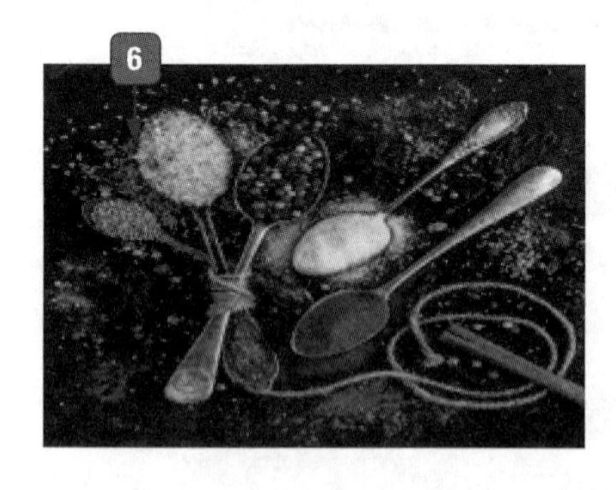


1 插入一个图形。

2 右击图形，在弹出的快捷菜单中选择【设置形状格式】命令。

3 单击【填充】按钮。

4 选中【图片或纹理填充】单选按钮。

5 单击【文件】按钮。

6 插入所需要的图片。

是不是觉得很眼熟？没错，以上就是利用我们之前说的图形填充的方法。不过注意了，下面重点到了。

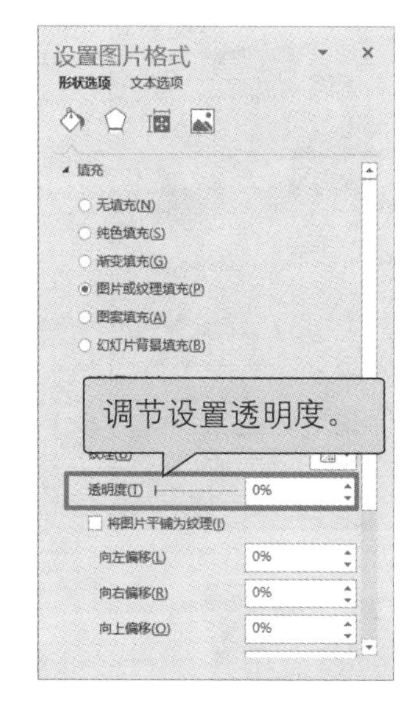


这样就可以设置图片的透明度啦。效果如下图所示。

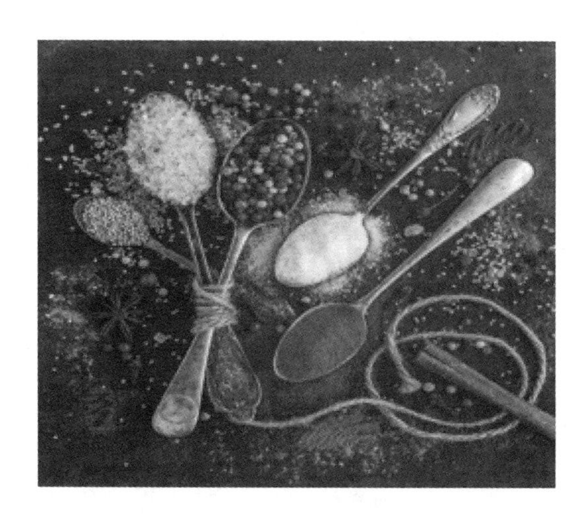

### 痛点 2：如何去除图片上的水印

下载的图片总是有各种水印，怎么办？

如果水印在图片靠近边缘的位置，那就大手一挥直接用自带的截图工具裁掉。

1 插入图片。

2 选择【格式】选项卡。

3 单击【裁剪】按钮。

4 移动鼠标指针至图片边缘，按住鼠标拉动边缘框，确定裁剪大小后单击幻灯片任意空白处。

这样就能把角落的水印去除了。

不过，上述方法简单是简单，但要是水印在图片正中间或者重要位置怎么办？

哈哈，别急，告诉你一个“秘密武器”。那就是我们的水印去除小助手——Inpaint。有多好用呢？你看看就知道了。

首先打开神器 Inpaint，如下图所示。

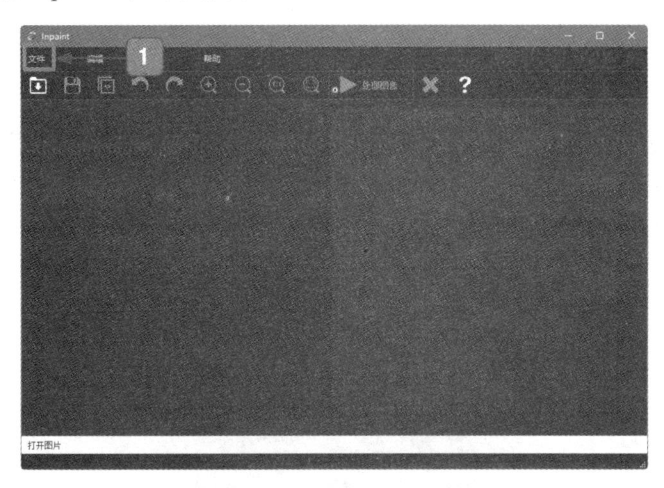


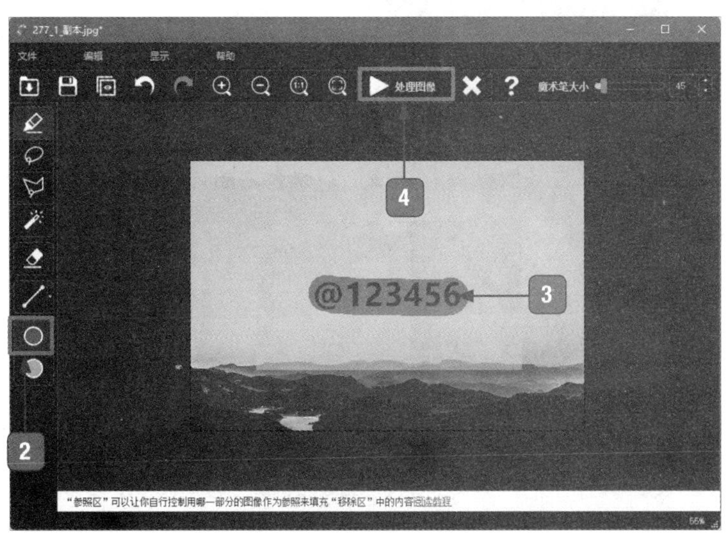


1 选择【文件】选项卡，打开需要去除水印的图片。

2 单击该红色圆圈工具。

3 将要消除的区域涂盖。

4 单击【处理图像】按钮。

这样，水印就不见了。

任何形式的水印都能轻松消除，再也不用担心图片有水印啦。

**痛点 3：图片质量低怎么办**

图片在 PPT 制作中是“王牌”成员，对质量的要求非常的严格。但是你一定遇到这么个问题——哇，这个图好适合，赶紧下载等会儿用。

结果兴致勃勃放 PPT 里一调尺寸，图片却模糊得看不清了？原来是图片质量太差！

既然图片质量太差，那就换一张高质量的图吧。大家在使用搜索引擎的时候一定见过这个图案，没错，这就是用来查找同图片的“神器”。

❶ 打开百度主页，单击输入框后面的相机图标。

❷ 单击【本地上传图片】按钮。

❸ 选择所要查找的图片。

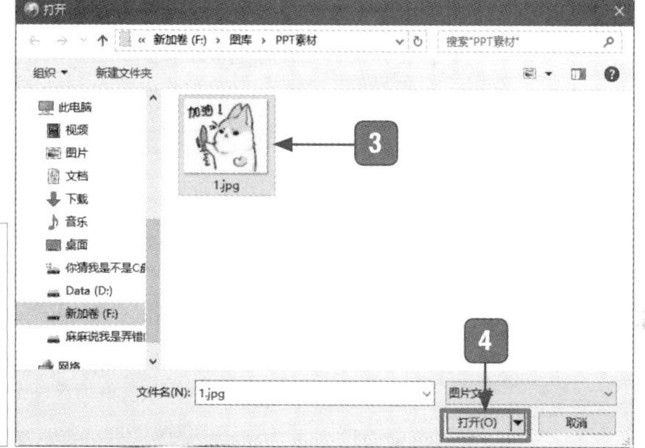


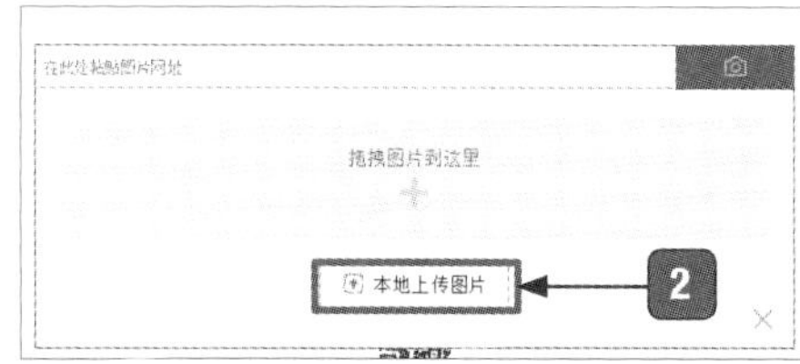

❹ 单击【打开】按钮。

❺ 在下拉页面，就可以看到相同的图片或同系列的图片啦。

找到的也都是质量低的？我还有妙招——PhotoZoom Pro。当然，还是要先下载安装好我们的“神器”。

安装完成后，首先打开 PhotoZoom Pro，如下图所示。

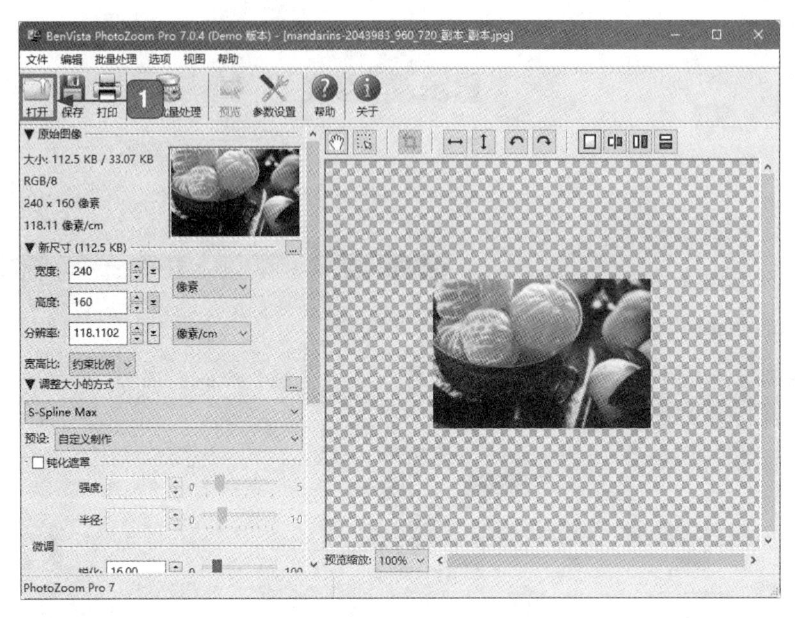

1 单击【打开】按钮，插入图片。

2 调整大小的方式设置为【S-Spline Max】，确保放大的图片没有锯齿又不失真。

3 设置图片新尺寸。

4 单击【保存】按钮。



调整后的图片，重新打开后再放大就不会出现讨人厌的锯齿了，也不会变得模糊，瞬间“变身”高质量图片。

## 大神支招

**问：如何使用手机将重要日程一个不落地记下来？**

日程管理无论对个人还是对企业来说都是很重要的，做好日程管理，个人可以更好地规划自己的工作、生活，企业能确保各项工作及时有效推进，保证在规定时间内完成既定任务。做好日程管理可以借助一些日程管理软件，也可以使用手机自带的软件，如使用手机自带的日历、闹钟、便签等应用进行重要日程提醒。

### 1. 在日历中添加日程提醒

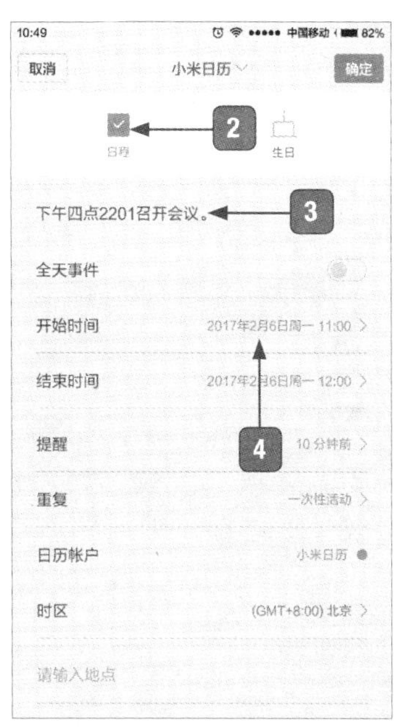

1 打开【日历】应用，点击【添加】按钮。

2 选择【日程】选项。

3 输入日程内容。

4 选择【开始时间】选项。

5 设置日程的开始时间。

6 点击【确定】按钮。

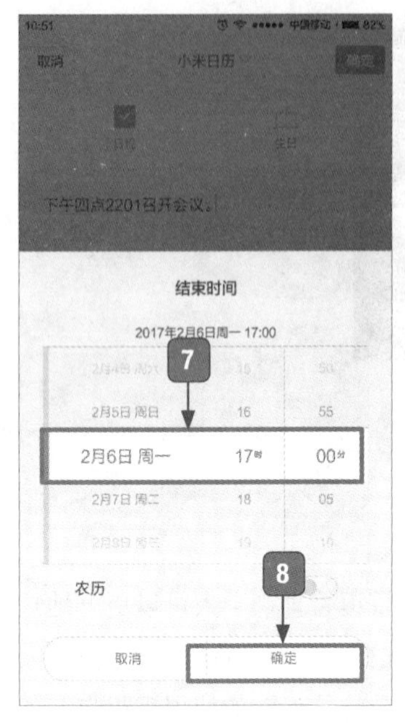


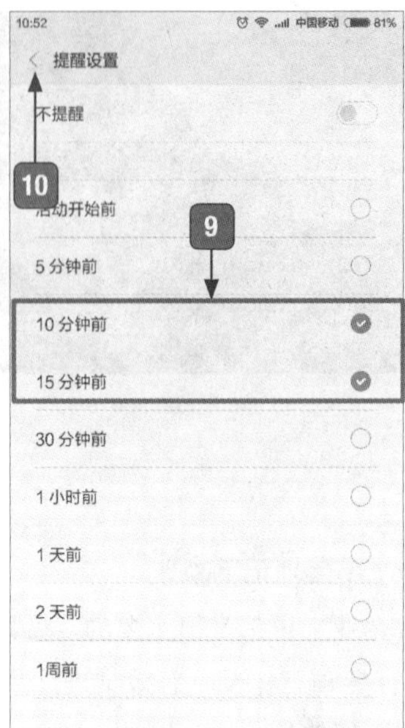

7 选择【结束时间】选项，设置日程的结束时间。

8 点击【确定】按钮。

9 选择【提醒】选项，设置日程的提醒时间。

10 点击【返回】按钮。

11 完成日程提醒的添加，到提醒时间后，将会发出提醒。

2. 创建闹钟进行日程提醒

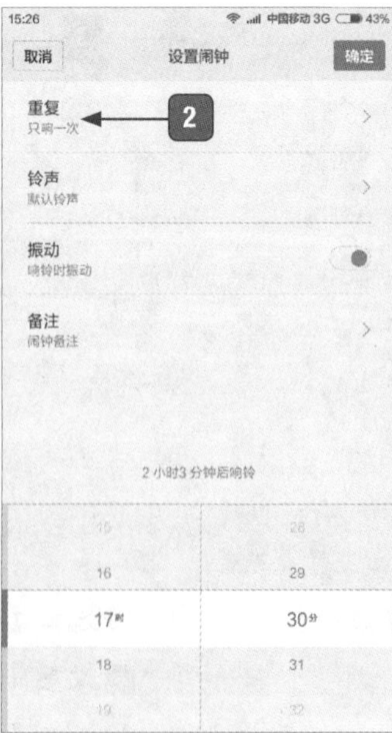


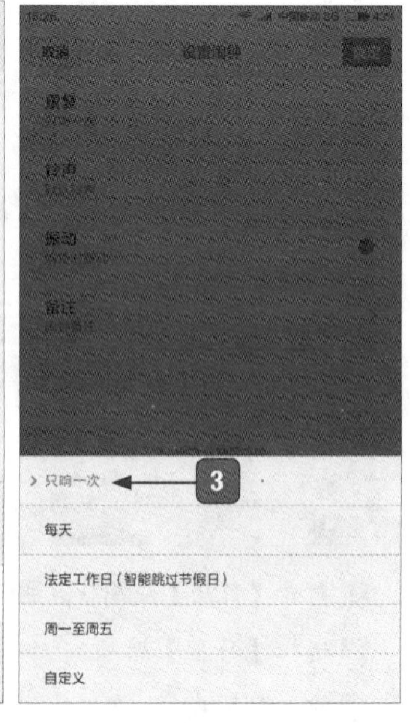

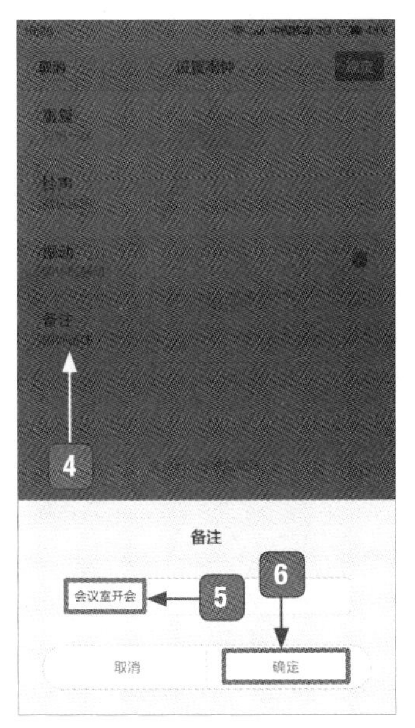

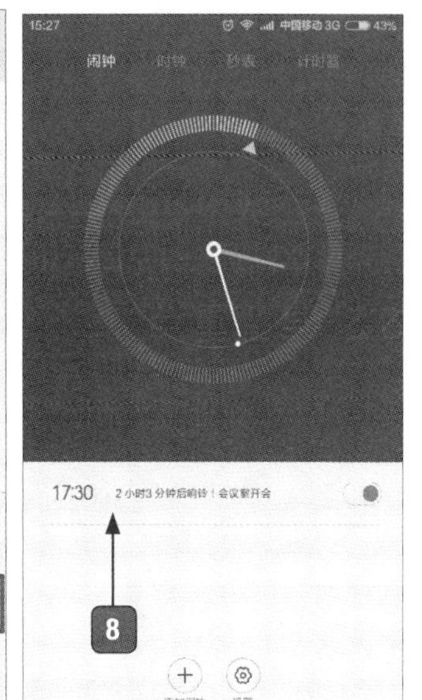


1 打开【闹钟】应用，单击【添加闹钟】按钮。

2 选择【重复】选项。

3 选择【只响一次】选项。

4 选择【备注】选项。

5 输入备注内容。

6 点击【确定】按钮。

7 设置提醒时间。

8 完成使用闹钟设置提醒的创建，到提醒时间后，将会发出提醒。

### 3. 创建便签日程提醒

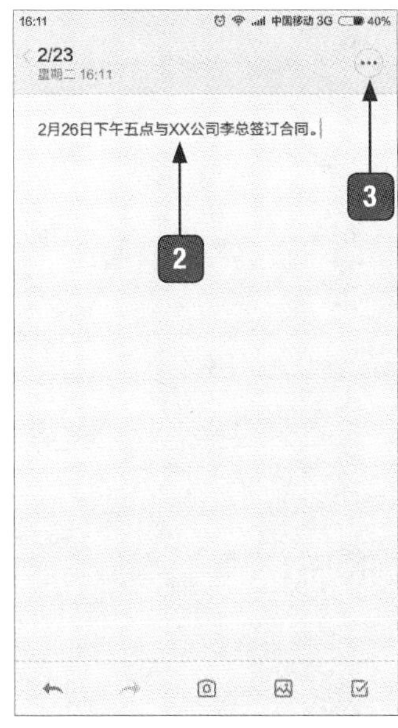

1 打开【便签】应用，点击【新建便签】按钮。

2 输入便签内容。

3 点击【设置】按钮。

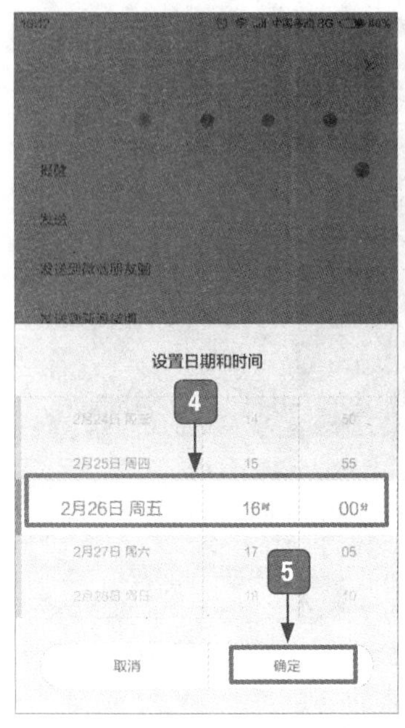


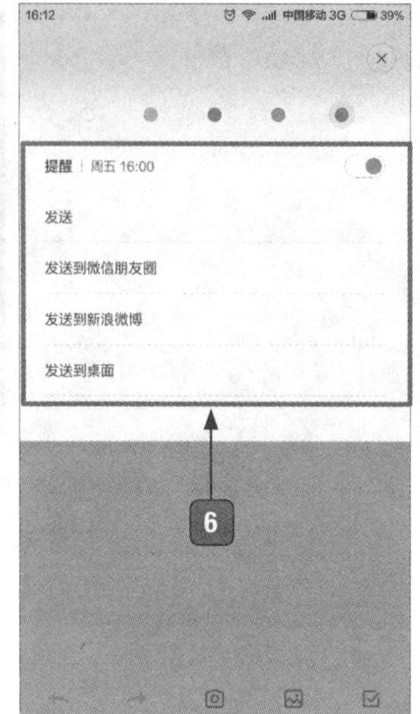

4 设置提醒日期和时间。

5 点击【确定】按钮。

6 根据需要设置颜色或发送便签。

7 完成便签日程的创建。

05

CHAPTER

# 第5章

# 让你的PPT表格会『说话』——产品销售数据页设计

>>> 表格的优势你知道哪些?

>>> 你的表格如何才能与众不同?

>>> 怎样将图片与表格完美结合?

>>> 你的表格会“说话”吗?

带着这些问题，我们来看看，什么才是真正会“说话”的表格。

## 5.1 为什么使用表格

小白：大神，你说为啥 Boss 要让咱做表格啊，做起来好繁琐，又不好看。

**大神**：不好看？那你就错了。你知道表格最大的特点是什么吗？那就是直观性强。也就是好看嘛！在 PPT 中适当地插入表格，可以帮助我们快速地获得传达的信息，而且还能丰富内容。看下面这张 PPT，有没有这种效果，有没有？

第1季度销售表

| 产品＼月份 | 1月 | 2月 | 3月 |
|---|---|---|---|
| yy01 | 80 | 82 | 95 |
| Cyx3 | 67 | 58 | 72 |
| yy02 | 84 | 102 | 159 |
| Cyx2 | 33 | 36 | 58 |
| yy03 | 100 | 190 | 150 |
| 合计 | 364 | 468 | 534 |

- 产品总销量持续增长！
- yy系列的产品销量增长迅速！
- Cyy系列的产品有增长， 但速度有待提升！

小白：我说的好看明明不是这个意思。不过它居然有这么多优点，那我一定好好做表格！

**大神**：这就对了。Come on，让我来帮你。

## 5.2 开始设计表格前要问自己的 3 个问题

说到表格的特点，你能想到哪些？对，就是一目了然！表格的设计应该科学、明确、简洁，具有自明性。那么，问题来了！你见过带有表格的演讲类的 PPT 吗？所以在设计表格前，我们一起来说说表格，“三问”而后行。

### 5.2.1 能否表格化

表格要根据它的必要性进行精选，如果能用一两句话说明的内容，就不必列表了。并不是所有 PPT 中都得加入表格，但是，有时候加入一个创意满满的表格，PPT 就会上升 N 个档次。



### 5.2.2 有无重点

内容要简洁，重点要突出是表格的特点之一。在一个表格中，总有一些数据是我们想表达的重点，我们就得突出重点。那么，在突出重点的同时，我们就得做到隐藏非重点。

| 员工销售业绩分析 | | | |
| --- | --- | --- | --- |
| | 2月 | 3月 | 对比 |
| 李四 | 68000 | 89000 | 31% |
| 张三 | 58000 | 69000 | 19% |
| 赵六 | 80000 | 68000 | -15% |

很明显，看了上图，我们没有一眼看出重点。那让我们来看看什么是“有重点的表格”吧！

| 员工销售业绩分析 | | | |
| --- | --- | --- | --- |
| | 2月 | 3月 | 对比 |
| 李四 | 68000 | 89000 | 31% |
| 张三 | 58000 | 69000 | 19% |
| 赵六 | 80000 | 68000 | -15% |

### 5.2.3 可否归类

创建表格要从管理的角度出发，根据数据信息考虑表格的结构和布局，能否归类决定表格的设计是否规范。

有时我们经常需要将一些信息重新归类组织。下面来说说我们熟悉的职员名单。

| 姓名 | 籍贯 | 民族 |
| --- | --- | --- |
| 晏子 | 江西 | 汉族 |
| 林子 | 北京 | 汉族 |
| 黎仔 | 广西 | 壮族 |
| 李四 | 贵州 | 白族 |
| 张三 | 广西 | 壮族 |
| 赵六 | 广东 | 汉族 |

表格中有姓名、籍贯和民族，那么，我们想重点表达的是什么？假如我们表达的重点是民族，那就可以重新归类成如下图所示的样子。

| 汉族 | 3人 | 晏子 | 江西 |
| --- | --- | --- | --- |
| | | 林子 | 北京 |
| | | 赵六 | 广东 |
| 壮族 | 2人 | 黎仔 | 广西 |
| | | 张三 | 广西 |
| 白族 | 1人 | 李四 | 贵州 |

## 5.3 创建表格的技巧

磨刀不误砍柴工，做好准备工作后，这一节就开始在 PPT 中创建表格。我们先来学习创建表格的技巧。

## 5.3.1 直接创建表格

先来学习在 PPT 中创建表格的最快速的方法。

1. 单击【新建幻灯片】下拉按钮。
2. 选择【标题和内容】选项。
3. 单击幻灯片中间【插入表格】的图标。
4. 输入行数和列数。
5. 单击【确定】按钮。

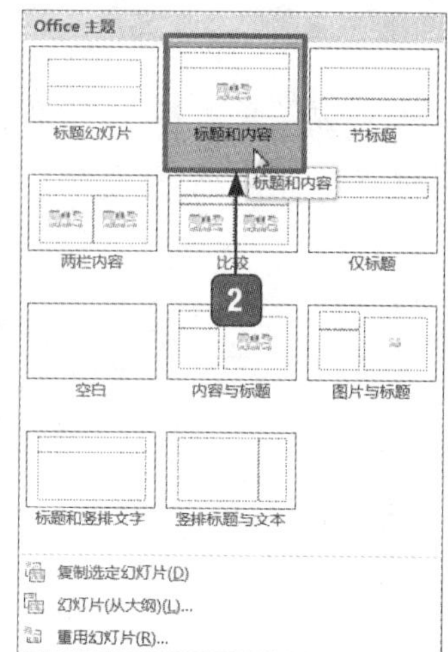


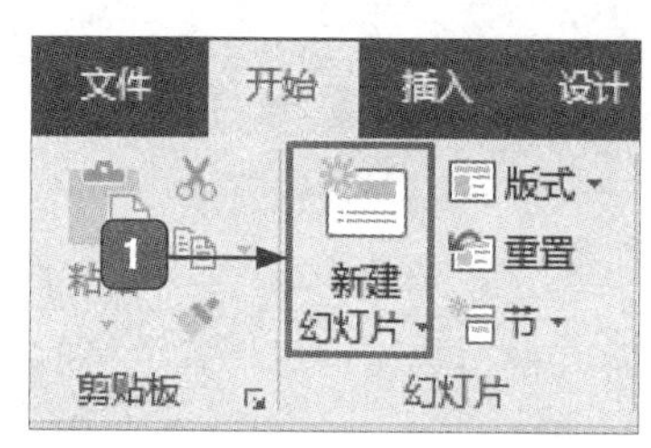


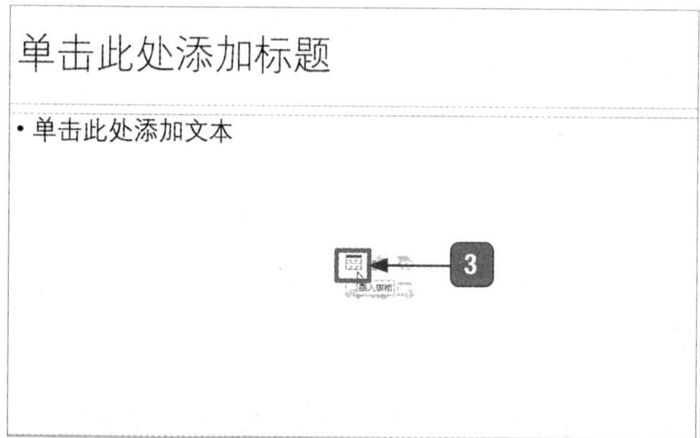


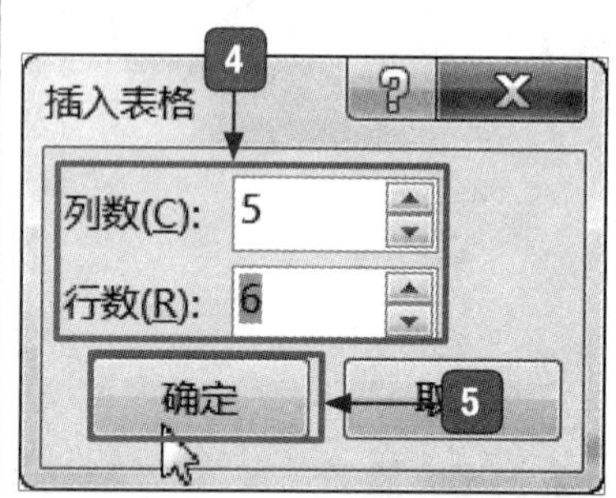


这样就完成了表格的插入，效果如下图所示。

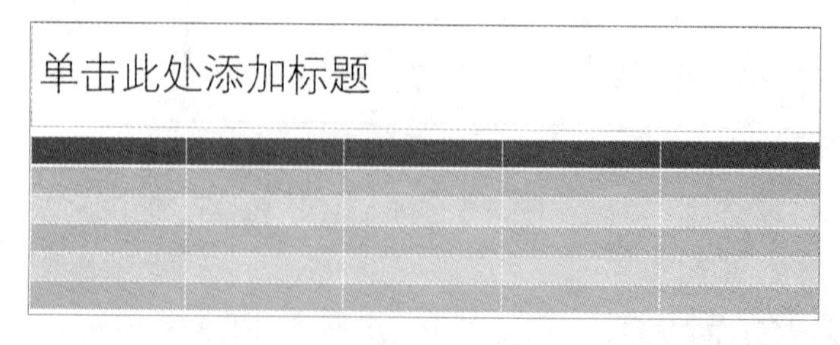




除此之外，还可以利用菜单插入表格、利用对话框插入表格和绘制表格。用哪种效率高呢？它们各有千秋，最重要的是结合实际需要，选择合适的创建方法，才能真正提高效率。其实，这 3 种方法都掌握了以后，选择哪种效率都高！

## 5.3.2 复制其他地方的表格

**大神**：小白，你这是在干嘛呢？我看你忙活半天了。

小白：啊，大神，你来得正好，我在 PPT 上做表格呢！我想从其他地方复制表格到我的 PPT 中，有没有什么技巧啊？一个一个慢慢照搬好麻烦。

**大神**：小技巧？哈哈，那你就问对人了。聪明的人总是有各种偷懒的小技巧，让我来教你。如果你在 Excel 中创建了表格，在做产品销售报告的 PPT 时，可以把表格从 Excel 中复制过来，达到事半功倍的效果。有现成的干嘛不用呢？嘿嘿……

让我们先打开 Excel。

1. 选择【文件】选项卡。
2. 选择【打开】选项。
3. 选择所要复制的表格单击打开。
4. 单击图标，并右击。
5. 在弹出的快捷菜单中选择【复制】命令。

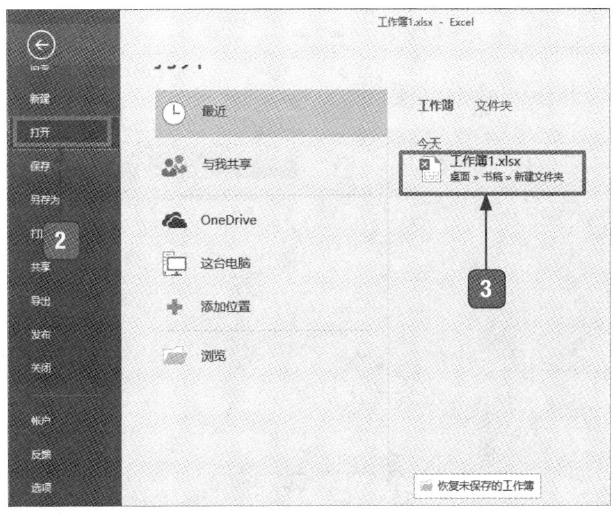

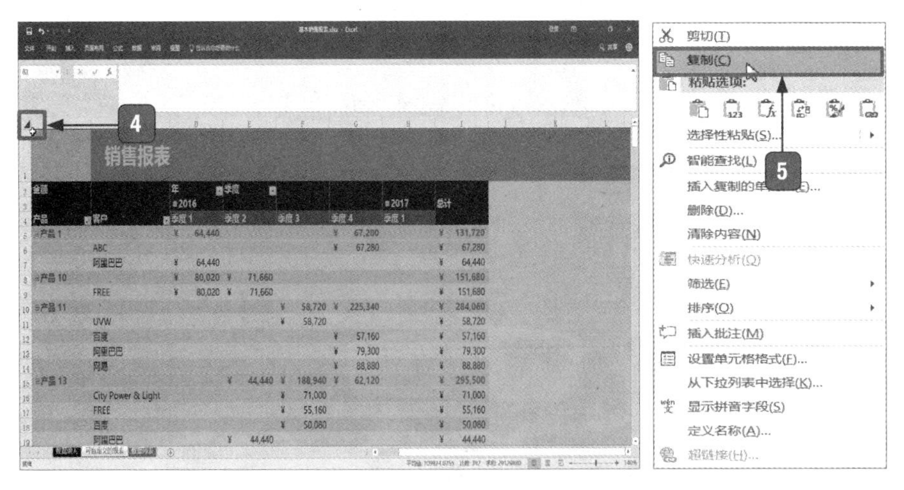


打开需要插入表格的幻灯片，并右击，在弹出的快捷菜单中单击【粘贴选项】下的【保留源格式】图标。注意，一定要选择源格式，不然表格格式就会变了！

这样表格就被复制到 PPT 中了，效果如下图所示。

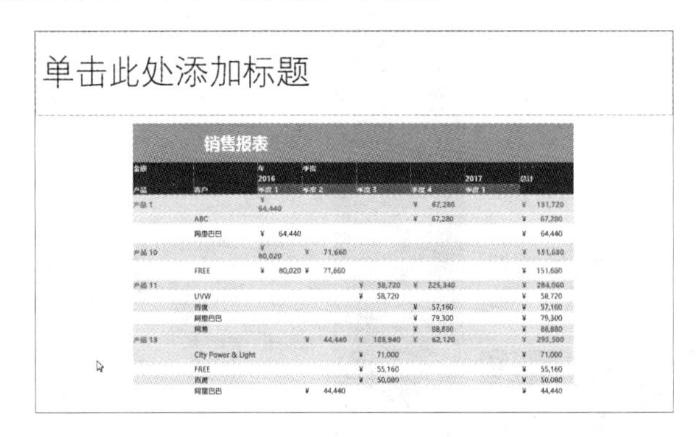


然后再微调表格。

## 5.3.3 创建复杂的表格

不过有些复杂的表格就没办法直接创建了，那要怎么办呢？别急，既然不能用普通的方法，那就让我们直接手动绘制一个吧！

首先新建一张空白的幻灯片，然后就可以手动绘制表格了。

1. 选择【插入】选项卡。
2. 单击【表格】按钮。
3. 选择【绘制表格】选项。
4. 用鼠标在幻灯片上绘制出表格外边框。

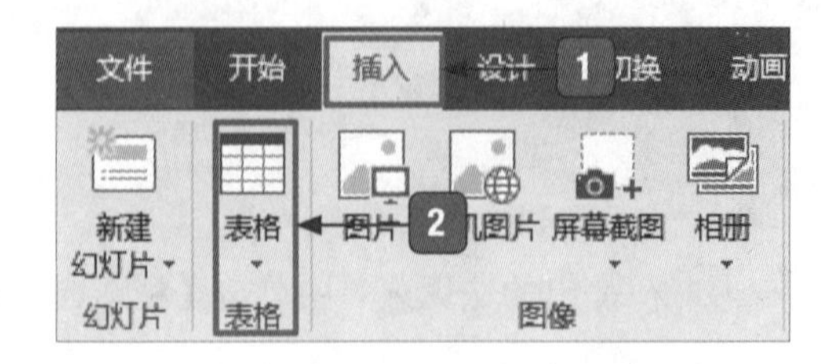

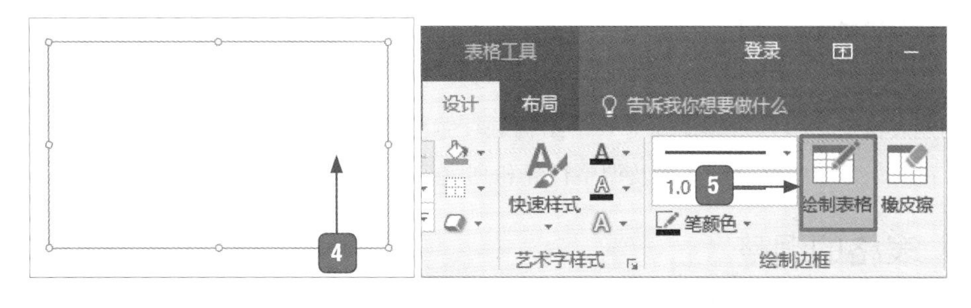


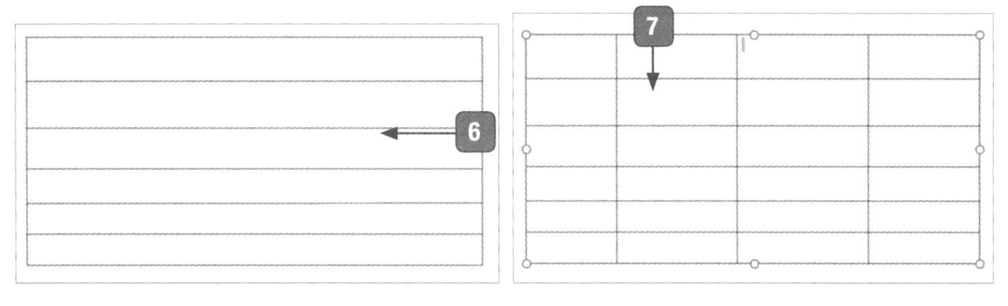


5 单击【设计】选项卡下【绘制边框】组中的【绘制表格】按钮。

6 水平拖曳鼠标，绘制表格行。

7 垂直拖曳鼠标，绘制表格列。

此时，表格就基本绘制完成，那么问题来了，要是想合并单元格，怎么办？没关系，只要删除线条就可以了。还有拆分单元格和添加斜线表头呢？

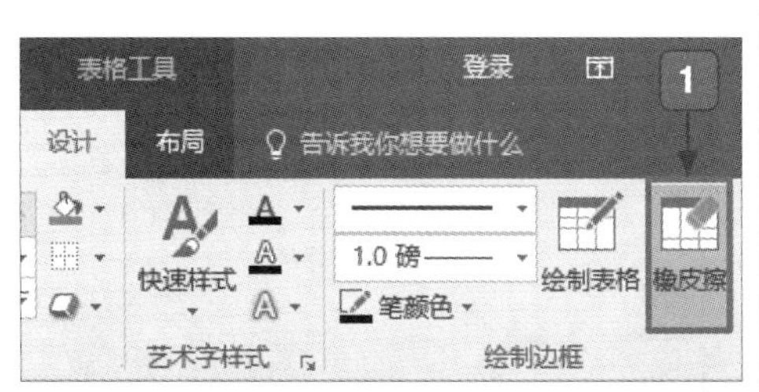


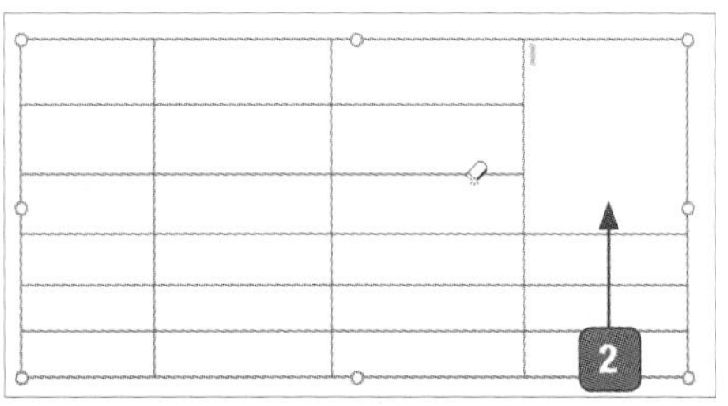

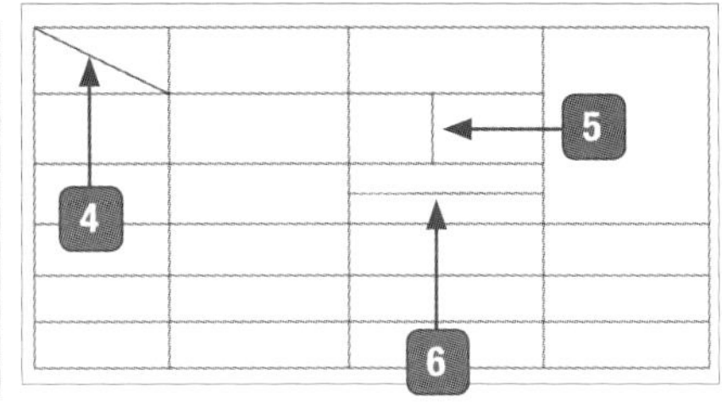


1 单击【设计】选项卡下【绘制边框】组中的【橡皮擦】按钮。

2 在要删除的线条上单击，即可完成单元格合并。

3 单击【设计】选项卡下【绘制边框】组中的【绘制表格】按钮。

4 从左上向右下拖曳鼠标可绘制斜线表头。

5 垂直拖曳鼠标可将单元格拆分为两列。

6 水平拖曳鼠标可将单元格拆分为两行。

# 5.4 编辑和设置表格

创建表格后，可以根据需要对表格结构进行编辑操作，最基本的有添加/删除行和列、合并和拆分单元格及调整行高和列宽等。

## 5.4.1 表格的调整

拆、合、添、删是最基本的单元格操作，它们可以满足表格的设计需求，同时可以美化表格。

### 1. 拆分单元格

一说到拆分单元格，你有没有觉得很熟悉？对，入职登记表中的“身份证号码”处就需要拆分单元格。事不宜迟，我们马上来说说是怎么设置的吧。

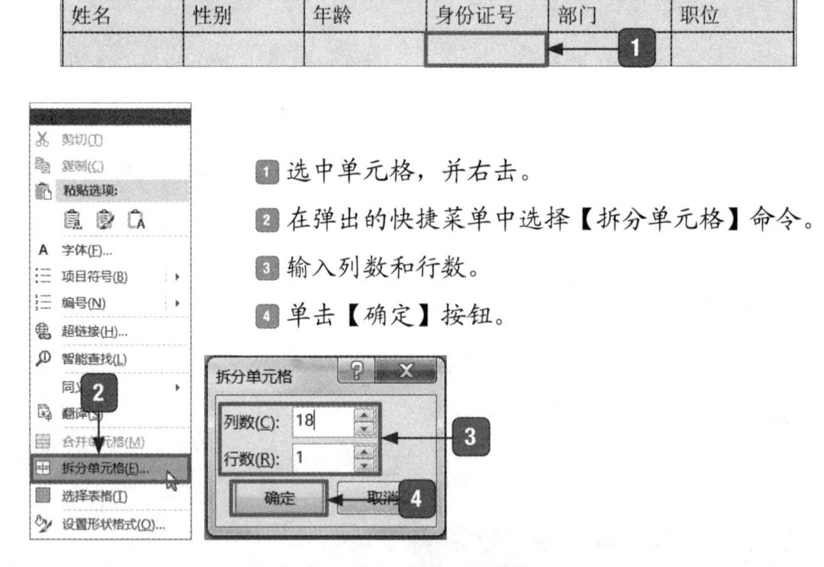


1 选中单元格，并右击。

2 在弹出的快捷菜单中选择【拆分单元格】命令。

3 输入列数和行数。

4 单击【确定】按钮。

这样就能把单元格拆分成小格格了，效果如下图所示。

| 姓名 | 性别 | 年龄 | 身份证号 | 部门 | 职位 |
| --- | --- | --- | --- | --- | --- |
| | | | | | |

### 2. 合并单元格



我们还是继续说“入职登记表”吧，你有没有发现，贴照片的单元格比较大？其实，这就是“合并单元格”的功劳了。

合并单元格和拆分单元格的操作方法差不多，可以像上述拆分单元格那样利用快捷菜单合并单元格，也可以按照下面即将介绍的方法操作。

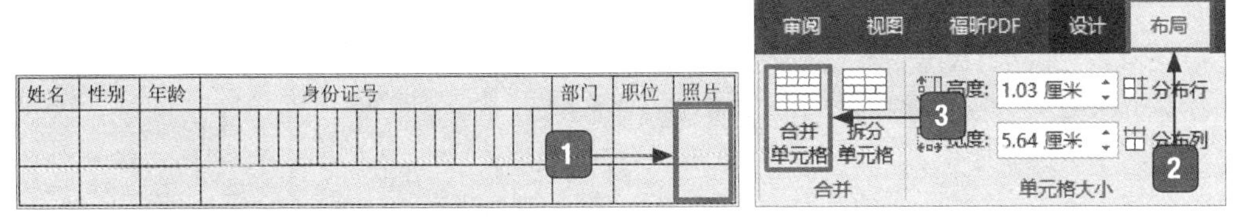


| 姓名 | 性别 | 年龄 | 身份证号 | 部门 | 职位 | 照片 |
| --- | --- | --- | --- | --- | --- | --- |
| | | | | | | |
| | | | | | | |

❶ 选中多个单元格。

❷ 选择【布局】选项卡。

❸ 单击【合并单元格】按钮。

❹ 合并单元格后的效果。

### 3. 添加单元格

添加单元格就是往表格里添加一行或一列。

例如，往第 5 列单元格的左边插入一列，具体的操作方法如下。

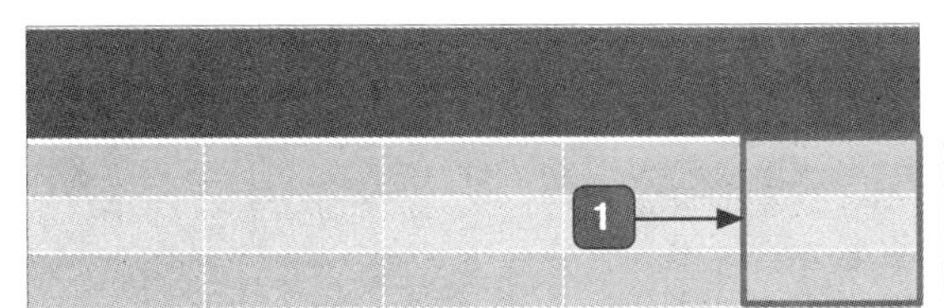

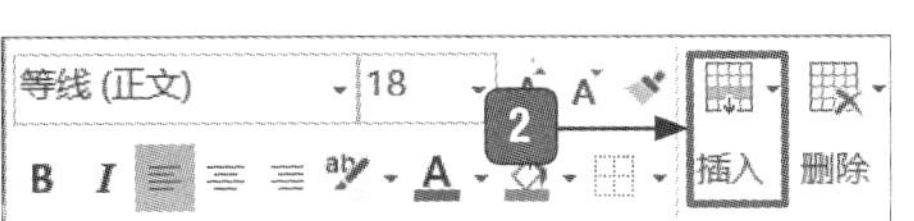


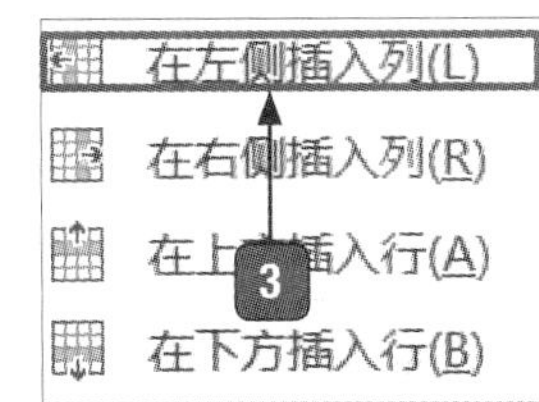


❶ 单击第 5 列中任意单元格，并右击。

❷ 在出现的工具栏中单击【插入】按钮。

❸ 在弹出的下拉列表中选择【在左侧插入列】选项。

然后表格就变成 6 列了。

如果要在表格末尾添加行，让大神来教你一个妙招。

单击表格的最后一个单元格，然后按【Tab】键。

| 季度<br>产品 | 第一季度 | 第二季度 | 第三季度 | 第四季度 |
|---|---|---|---|---|
| xty001 | ¥22222 | ¥66666 | ¥99999 | ¥100000 |
| qqw230 | ¥33333 | ¥88888 | ¥55555 | ¥100000 |

这样就可以在表格末端添加一行，如果重复这个操作，可以添加很多行，效果如下图所示。

| 季度<br>产品 | 第一季度 | 第二季度 | 第三季度 | 第四季度 |
|---|---|---|---|---|
| xty001 | ¥22222 | ¥66666 | ¥99999 | ¥100000 |
| qqw230 | ¥33333 | ¥88888 | ¥55555 | ¥100000 |
| | | | | |

4. 删除单元格

你有没有遇到过一种很尴尬的情况：你想删除某行或某列单元格时，按【Backspace】键，却只能删除单元格内的文字。让大神来略显身手给你瞧瞧吧！

首先单击所要删除的单元格中的任意单元格。

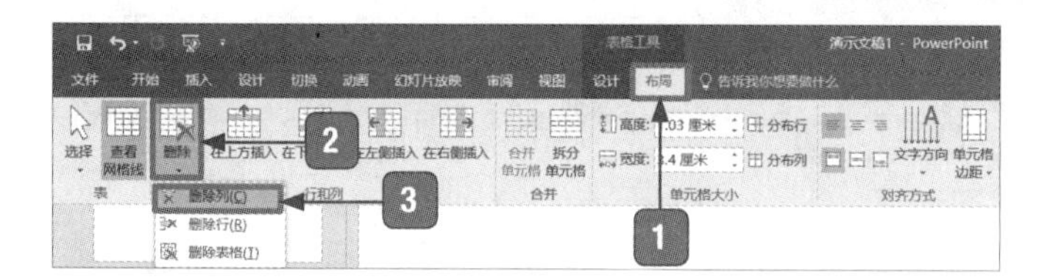


1 选择【布局】选项卡。

2 单击【删除】下拉按钮。

3 选择【删除列】命令。

还有一种比较简单的方法：选中要删除的行或列，记住，是完整的行或列，而不是一些文字，然后按【Backspace】键就可以了！

## 5.4.2 表格样式的套用

一般表格做出来是默认的表格样式，单调乏味，如果套用了表格样式，表格就会上升一个档次了，看起来更美观。让我们来把表格美化一下吧。

| 销售报表 | | | | | | | |
|---|---|---|---|---|---|---|---|
| 金额 | | 年 | 季度 | | | | |
| | | 2016年 | | | | 2017年 | 总计 |
| 产品 | 客户 | 季度 1 | 季度 2 | 季度 3 | 季度 4 | 季度 1 | |
| 产品 1 | | ¥ 64,440 | | | ¥ 67,280 | | ¥ 131,720 |
| | ABC | | | | ¥ 67,280 | | ¥ 67,280 |
| | 阿里巴巴 | ¥ 64,440 | | | | | ¥ 64,440 |
| 产品 10 | | ¥ 80,020 | ¥ 71,660 | | | | ¥ 151,680 |
| | FREE | ¥ 80,020 | ¥ 71,660 | | | | ¥ 151,680 |
| 产品 11 | | | | ¥ 58,720 | ¥ 225,340 | | ¥ 284,060 |
| | UVW | | | ¥ 58,720 | | | ¥ 58,720 |
| | 百度 | | | | ¥ 57,160 | | ¥ 57,160 |
| | 阿里巴巴 | | | | ¥ 79,300 | | ¥ 79,300 |
| | 网易 | | | | ¥ 88,880 | | ¥ 88,880 |

首先选中表格。

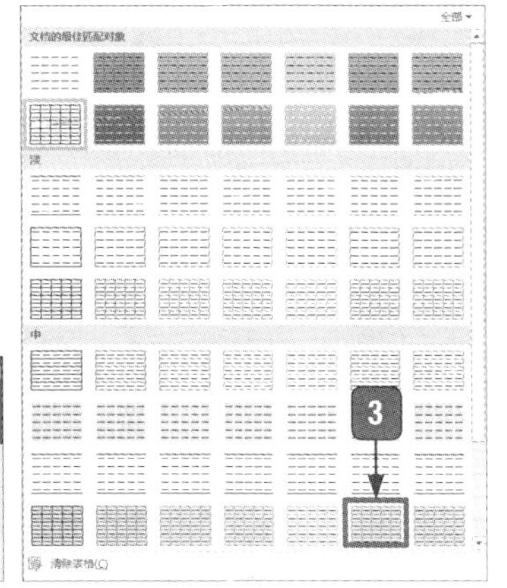


1. 选择【设计】选项卡。
2. 单击【表格样式】下拉按钮 ▼。
3. 单击要选择的样式。

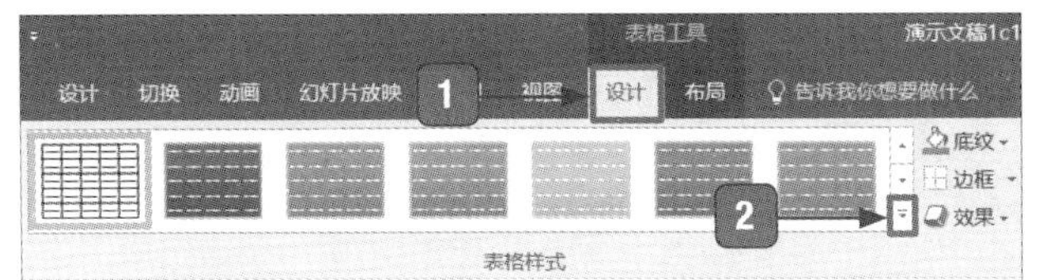


然后表格的样式就改变了，如下图所示，看着比之前的舒服多了。

销售报表

| 金额 | | 年 | 季度 | | | | |
|---|---|---|---|---|---|---|---|
| | | 2016年 | | | | 2017年 | 总计 |
| 产品 | 客户 | 季度 1 | 季度 2 | 季度 3 | 季度 4 | 季度 1 | |
| 产品 1 | | ¥ 64,440 | | | ¥ 67,280 | | ¥ 131,720 |
| | ABC | | | | ¥ 67,280 | | ¥ 67,280 |
| | 阿里巴巴 | ¥ 64,440 | | | | | ¥ 64,440 |
| 产品 10 | | ¥ 80,020 | ¥ 71,660 | | | | ¥ 151,680 |
| | FREE | ¥ 80,020 | ¥ 71,660 | | | | ¥ 151,680 |
| 产品 11 | | | | ¥ 58,720 | ¥ 225,340 | | ¥ 284,060 |
| | UVW | | | ¥ 58,720 | | | ¥ 58,720 |
| | 百度 | | | | ¥ 57,160 | | ¥ 57,160 |
| | 阿里巴巴 | | | | ¥ 79,300 | | ¥ 79,300 |
| | 网易 | | | | ¥ 88,880 | | ¥ 88,880 |

## 5.4.3 改变表格底纹

表格默认的底纹是蓝白相间，如果你想让表格的背景看起来更舒服，让自己的表格更具个性，可以改变表格的底纹。

选中单元格，这里我们选中整个表格。

| 季度 / 产品 | 第1季度 | 第2季度 | 第3季度 | 第4季度 |
|---|---|---|---|---|
| 产品A | ¥ 88,070 | ¥ 33,890 | ¥ 456,890 | ¥ 78,906 |
| 产品B | ¥ 66,900 | ¥ 45,890 | ¥ 67,890 | ¥ 66,666 |
| 产品C | ¥ 55,448 | ¥ 55,550 | ¥ 88,790 | ¥ 55,555 |
| 产品D | ¥ 88,760 | ¥ 88,900 | ¥ 88,908 | ¥ 88,888 |

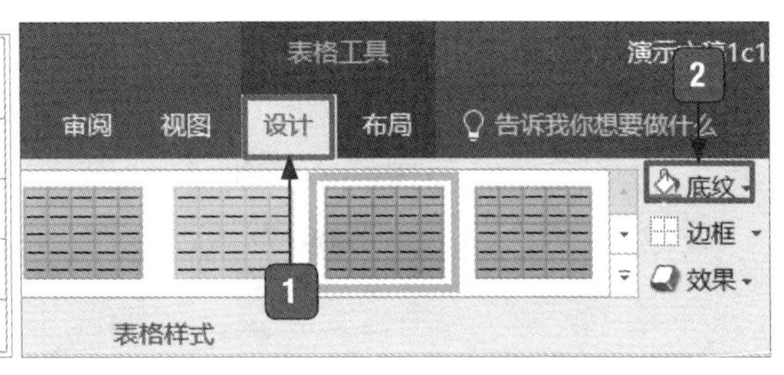

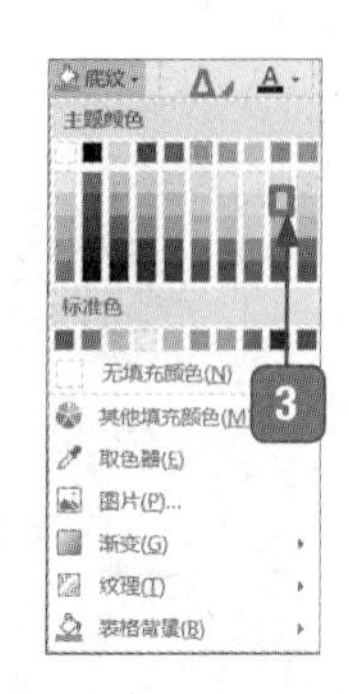


1 选择【设计】选项卡。

2 单击【底纹】按钮。

3 选择颜色。

有底纹比没有底纹好看一点吧！

| 季度 / 产品 | 第1季度 | 第2季度 | 第3季度 | 第4季度 |
|---|---|---|---|---|
| 产品A | ¥ 88,070 | ¥ 33,890 | ¥ 456,890 | ¥ 78,906 |
| 产品B | ¥ 66,900 | ¥ 45,890 | ¥ 67,890 | ¥ 66,666 |
| 产品C | ¥ 55,448 | ¥ 55,550 | ¥ 88,790 | ¥ 55,555 |
| 产品D | ¥ 88,760 | ¥ 88,900 | ¥ 88,908 | ¥ 88,888 |

如果主题颜色满足不了你的审美观，那我们按照下面的操作方法继续设置。

1 选择【设计】选项卡。

2 单击【底纹】按钮。

3 选择【其他填充颜色】选项。

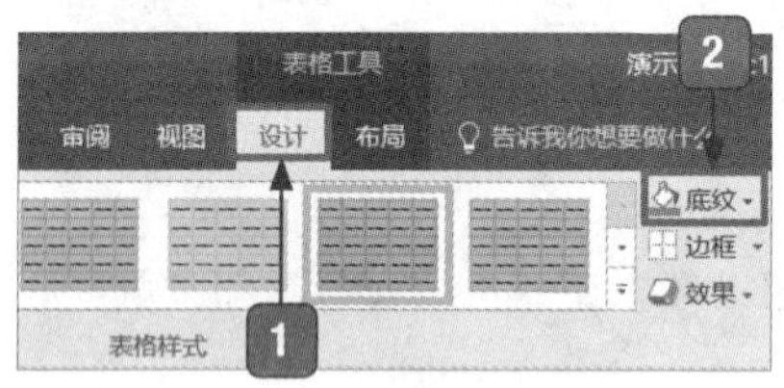


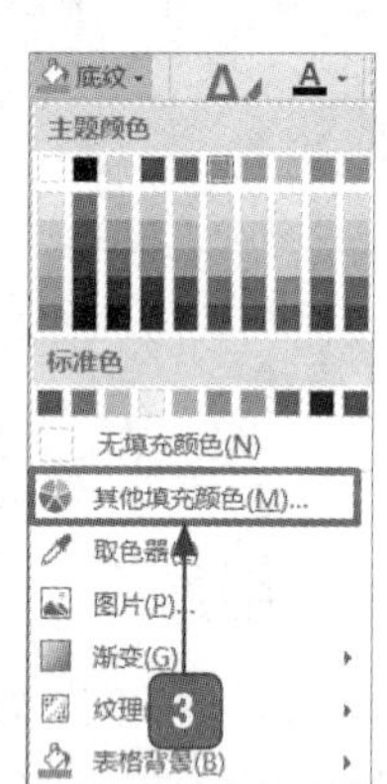


调整颜色的过程中注意看右下角【当前】和【新增】的颜色。

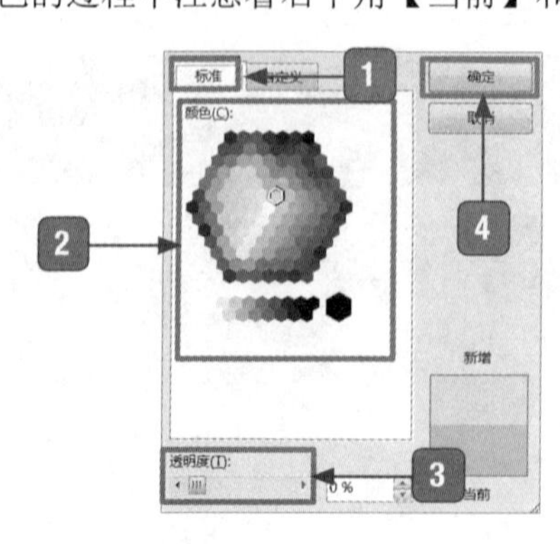


1 选择【标准】选项卡。

2 单击要选择的颜色。

3 微调透明度。

4 单击【确定】按钮。

或者，你也可以选择【自定义】选项卡，选择颜色，如下图所示。

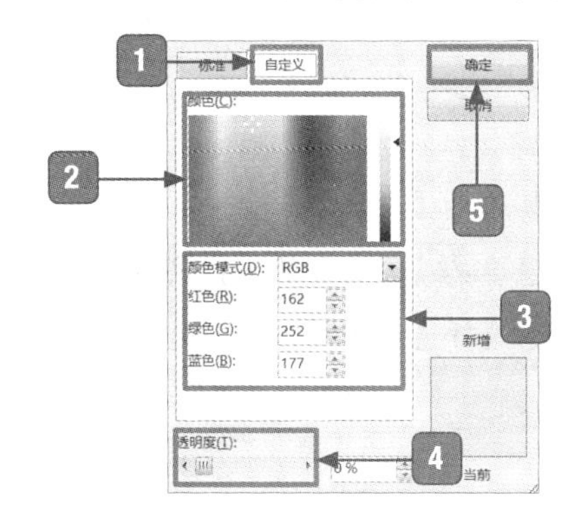


1 选择【自定义】选项卡。

2 单击要选择的颜色。

3 选择颜色模式，微调各颜色。

4 微调透明度。

5 单击【确定】按钮。

然后底纹就变成如下图所示的样子。

| 季度 / 产品 | 第1季度 | 第2季度 | 第3季度 | 第4季度 |
|---|---|---|---|---|
| 产品A | ¥ 88,070 | ¥ 33,890 | ¥ 456,890 | ¥ 78,906 |
| 产品B | ¥ 66,900 | ¥ 45,890 | ¥ 67,890 | ¥ 66,666 |
| 产品C | ¥ 55,448 | ¥ 55,550 | ¥ 88,790 | ¥ 55,555 |
| 产品D | ¥ 88,760 | ¥ 88,900 | ¥ 88,908 | ¥ 88,888 |

## 5.4.4 变封闭为开放式表格

如果你不喜欢中规中矩的表格，不喜欢被束缚的感觉，没关系，你可以变封闭表格为开放式表格。开放式表格是指三线式表格，左右两边都不画边框，数字之间也没有线的表格。

我们一起来把下面这个封闭式表格变为开放式表格吧！

| 月份 / 产品 | 1月 | 2月 | 3月 |
|---|---|---|---|
| yy01 | 80 | 82 | 95 |
| Cyx3 | 67 | 58 | 72 |
| yy02 | 84 | 102 | 159 |
| Cyx2 | 33 | 36 | 58 |
| yy03 | 100 | 190 | 150 |
| 合计 | 364 | 468 | 534 |

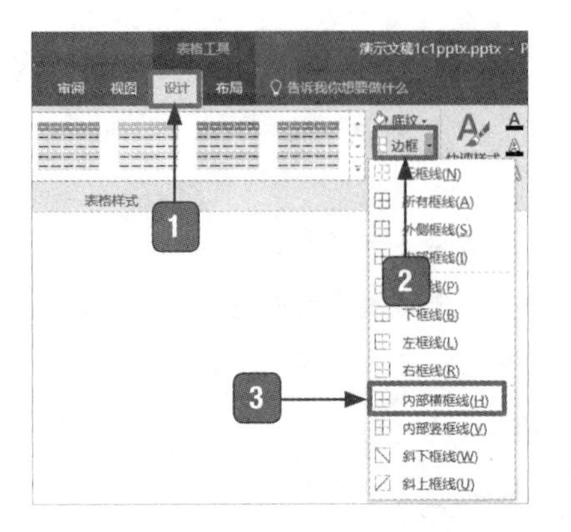

1 选择【设计】选项卡。

2 单击【边框】的下拉按钮。

3 选择【内部横框线】选项。

这样，表格就成了开放式表格，效果如下图所示。

| 月份 / 产品 | 1月 | 2月 | 3月 |
| --- | --- | --- | --- |
| yy01 | 80 | 82 | 95 |
| Cyx3 | 67 | 58 | 72 |
| yy02 | 84 | 102 | 159 |
| Cyx2 | 33 | 36 | 58 |
| yy03 | 100 | 190 | 150 |
| 合计 | 364 | 468 | 534 |

## 5.4.5 改变线条颜色

根据需要设置不同颜色的表格线条，可以借助边框的颜色来划分单元格内容的属性或者比较同一行或同一列的数据。

例如，下面这个表格，我们可以这样设置线条颜色。

| 销售报表 | | | | | | | |
| --- | --- | --- | --- | --- | --- | --- | --- |
| 金额 | | 年 | 季度 | | | | 总 计 |
| | | 2016 | | | | 2017 | |
| 产品 | 客户 | 季度 1 | 季度 2 | 季度 3 | 季度 4 | 季度 1 | |
| 产品 1 | | ¥ 64,440 | | | ¥ 67,280 | | ¥ 131,720 |
| | ABC | | | | ¥ 67,280 | | ¥ 67,280 |
| | 阿里巴巴 | ¥ 64,440 | | | | | ¥ 64,440 |
| 产品 10 | | ¥ 80,020 | ¥ 71,660 | | | | ¥ 151,680 |
| | FREE | ¥ 80,020 | ¥ 71,660 | | | | ¥ 151,680 |

| 销售报表 | | | | | | | |
| --- | --- | --- | --- | --- | --- | --- | --- |
| 金额 | | 年 | 季度 | | | | 总 计 |
| | | 2016 | | | | 2017 | |
| 产品 | 客户 | 季度 1 | 季度 2 | 季度 3 | 季度 4 | 季度 1 | |
| 产品 1 | | ¥ 64,440 | | | ¥ 67,280 | | ¥ 131,720 |
| | ABC | | | | ¥ | | ¥ 67,280 |
| | 阿里巴巴 | ¥ 64,440 | | | | | ¥ 64,440 |
| 产品 10 | | ¥ 80,020 | ¥ 71,660 | | | | ¥ 151,680 |
| | FREE | ¥ 80,020 | ¥ 71,660 | | | | ¥ 151,680 |

1 选中范围。

2 选择【设计】选项卡。

3 单击【笔颜色】的下拉按钮。

4 单击要选择的颜色。

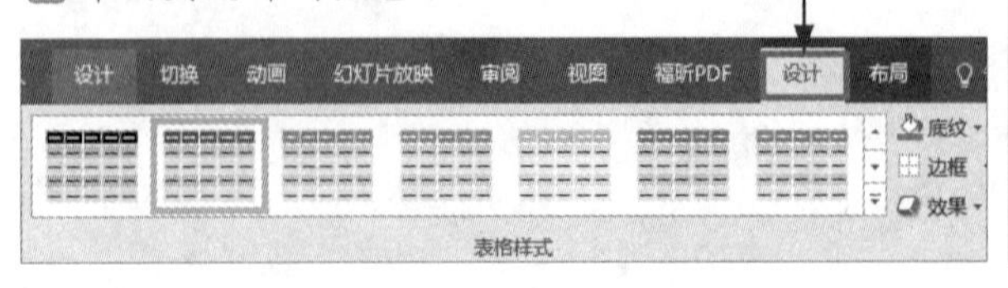


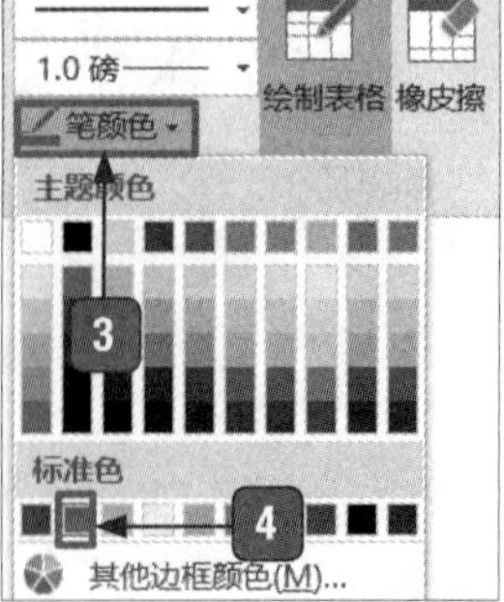

5 单击【边框】的下拉按钮。

6 在弹出的下拉列表中选择【外侧框线】选项。

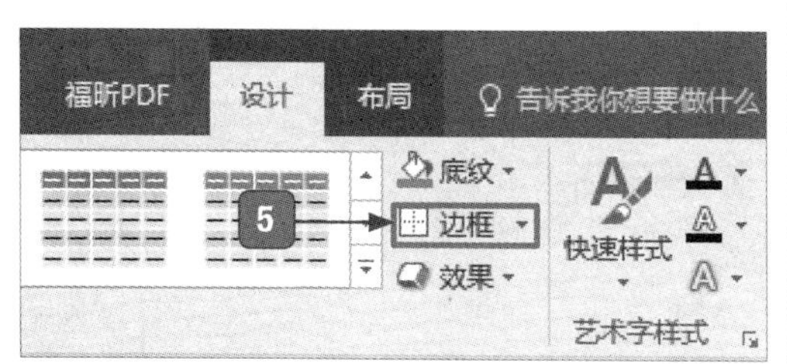

这样选中区域的外边框颜色就改变了，如下图所示。

| 销售报表 | | | | | | | |
|---|---|---|---|---|---|---|---|
| 金额 | | 年 | 季度 | | | | 总 计 |
| | | 2016 | | | | 2017 | |
| 产品 | 客户 | 季度 1 | 季度 2 | 季度 3 | 季度 4 | 季度 1 | |
| 产品 1 | | ¥ 64,440 | | | ¥ 67,280 | | ¥ 131,720 |
| | ABC | | | | ¥ 67,280 | | ¥ 67,280 |
| | 阿里巴巴 | ¥ 64,440 | | | | | ¥ 64,440 |
| 产品 10 | | ¥ 80,020 | ¥ 71,660 | | | | ¥ 151,680 |
| | FREE | ¥ 80,020 | ¥ 71,660 | | | | ¥ 151,680 |

## 5.4.6 改变线条类型

你可以改变表格线条的类型，让表格看起来既具个性又很沉稳。

| 销售报表 | | | | | | | |
|---|---|---|---|---|---|---|---|
| 金额 | | 年 | 季度 | | | | |
| | | 2016年 | | | | 2017年 | 总计 |
| 产品 | 客户 | 季度 1 | 季度 2 | 季度 3 | 季度 4 | 季度 1 | |
| 产品 1 | | ¥ 64,440 | | | ¥ 67,280 | | ¥ 131,720 |
| | ABC | | | | ¥ 67,280 | | ¥ 67,280 |
| | 阿里巴巴 | ¥ 64,440 | | | | | ¥ 64,440 |
| 产品 10 | | ¥ 80,020 | ¥ 71,660 | | | | ¥ 151,680 |
| | FREE | ¥ 80,020 | ¥ 71,660 | | | | ¥ 151,680 |
| 产品 11 | | | | ¥ 58,720 | ¥ 225,340 | | ¥ 284,060 |
| | UVW | | | ¥ 58,720 | | | ¥ 58,720 |
| | 百度 | | | | ¥ 57,160 | | ¥ 57,160 |
| | 阿里巴巴 | | | | ¥ 79,300 | | ¥ 79,300 |
| | 网易 | | | | ¥ 88,880 | | ¥ 88,880 |

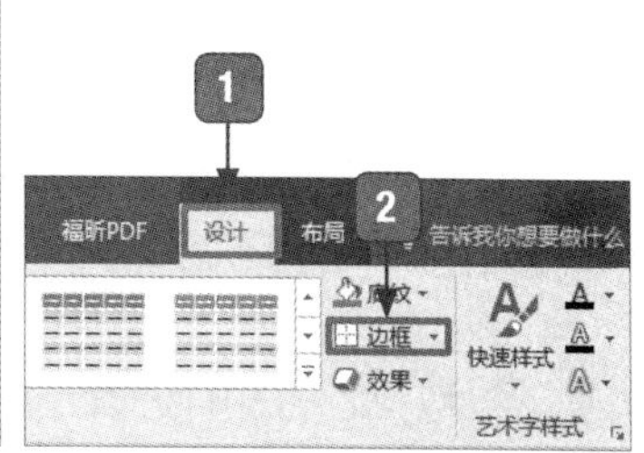


1 选择【设计】选项卡。

2 单击【边框】的下拉按钮。

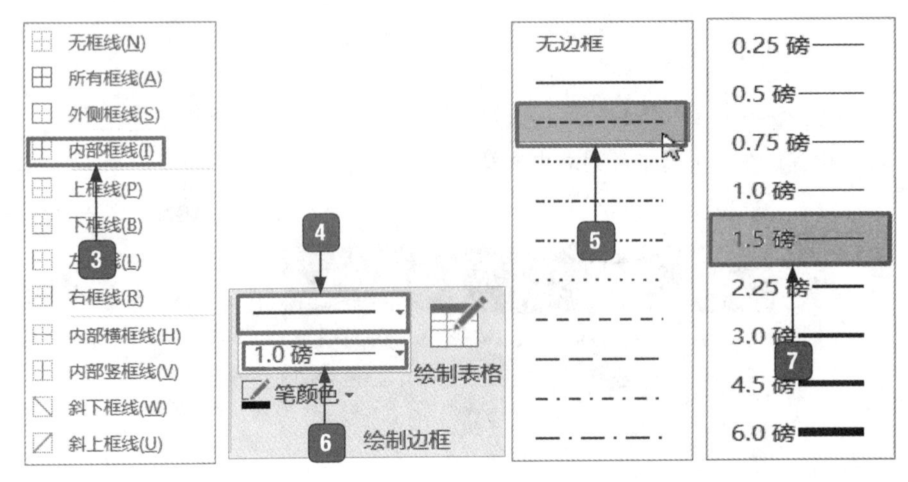


3 在弹出的下拉列表中选择【内部框线】选项。

4 单击该下拉按钮。

5 选择框线类型。

6 单击该下拉按钮。

7 单击要选择的框线的粗细。

设置好之后，表格如下图所示。

| 销售报表 | | | | | | | |
|---|---|---|---|---|---|---|---|
| 金额 | | 年 | 季度 | | | | |
| | | 2016年 | | | | 2017年 | 总计 |
| 产品 | 客户 | 季度 1 | 季度 2 | 季度 3 | 季度 4 | 季度 1 | |
| 产品 1 | | ¥ 64,440 | | | ¥ 67,280 | | ¥ 131,720 |
| | ABC | | | | ¥ 67,280 | | ¥ 67,280 |
| | 阿里巴巴 | ¥ 64,440 | | | | | ¥ 64,440 |
| 产品 10 | | ¥ 80,020 | ¥ 71,660 | | | | ¥ 151,680 |
| | FREE | ¥ 80,020 | ¥ 71,660 | | | | ¥ 151,680 |
| 产品 11 | | | | ¥ 58,720 | ¥ 225,340 | | ¥ 284,060 |
| | UVW | | | ¥ 58,720 | | | ¥ 58,720 |
| | 百度 | | | | ¥ 57,160 | | ¥ 57,160 |
| | 阿里巴巴 | | | | ¥ 79,300 | | ¥ 79,300 |
| | 网易 | | | | ¥ 88,880 | | ¥ 88,880 |

## 5.5 表格的排版美化

只会制作表格还是不够的，再好的表格没有一个好的排版也不可以。现在就让我们来看看怎么对表格进行排版美化吧。



### 5.5.1 常规表格的设计

都说文不如表，想要设计出会“说话”的PPT表格，除了要做到内容简洁、重点突出之外，还要学会美化表格。关于美化表格，最基本的是要让别人一眼就能看出行列的规律和行列之间的内容与关系。如下图所示，表格简单大气！

| | 第1季度 | 第2季度 | 第3季度 | 第4季度 |
|---|---|---|---|---|
| 产品A | ¥ 88,070 | ¥ 33,890 | ¥ 456,890 | ¥ 78,906 |
| 产品B | ¥ 66,900 | ¥ 45,890 | ¥ 67,890 | ¥ 66,666 |
| 产品C | ¥ 55,448 | ¥ 55,550 | ¥ 88,790 | ¥ 55,555 |
| 产品D | ¥ 88,760 | ¥ 88,900 | ¥ 78,908 | ¥ 88,888 |

这只是改变了不同行单元格的底纹颜色，改变了边框和设置了表格的效果。改变单元格的底纹就按照前面所讲的方法去操作，设置表格的效果方法如下。

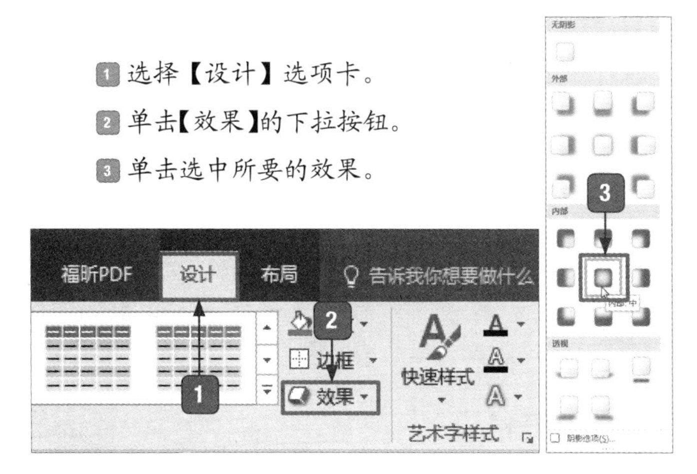


这样，我们的表格就变成开头的样子了。

## 5.5.2 摆脱表格样式：看不见的表格设计

横行竖列的列表就是表格，如果想让 PPT 展示的内容很整齐，但又不喜欢看到表格框线的束缚，那么我们可以设计“看不见的表格”。

| | 第1季度 | 第2季度 | 第3季度 | 第4季度 |
|---|---|---|---|---|
| 产品A | ¥ 88,070 | ¥ 33,890 | ¥ 456,890 | ¥ 78,906 |
| 产品B | ¥ 66,900 | ¥ 45,890 | ¥ 67,890 | ¥ 66,666 |
| 产品C | ¥ 55,448 | ¥ 55,550 | ¥ 88,790 | ¥ 55,555 |
| 产品D | ¥ 88,760 | ¥ 88,900 | ¥ 78,908 | ¥ 88,888 |

看看应该怎么操作吧！

| | 第1季度 | 第2季度 | 第3季度 | 第4季度 |
|---|---|---|---|---|
| 产品A | ¥ 88,070 | ¥ 33,890 | ¥ 456,890 | ¥ 78,906 |
| 产品B | ¥ 66,900 | ¥ 45,890 | ¥ 67,890 | ¥ 66,666 |
| 产品C | ¥ 55,448 | ¥ 55,550 | ¥ 88,790 | ¥ 55,555 |
| 产品D | ¥ 88,760 | ¥ 88,900 | ¥ 78,908 | ¥ 88,888 |

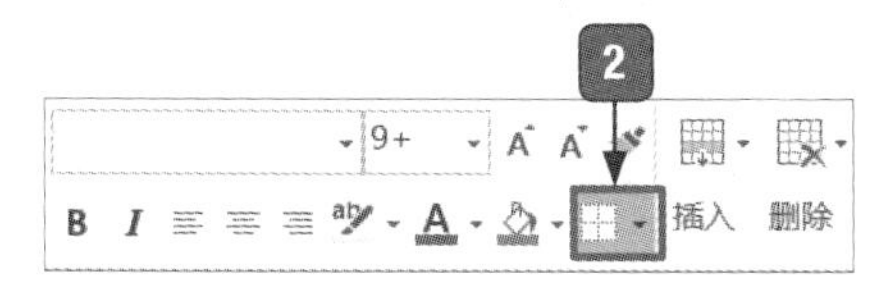

1 选中表格，并右击。

2 单击田·下拉按钮。

3 在弹出的下拉列表中选择【无框线】选项。

这样表格就变成“看不见的表格”了。

| | 第1季度 | 第2季度 | 第3季度 | 第4季度 |
|---|---|---|---|---|
| 产品A | ¥ 88,070 | ¥ 33,890 | ¥ 456,890 | ¥ 78,906 |
| 产品B | ¥ 66,900 | ¥ 45,890 | ¥ 67,890 | ¥ 66,666 |
| 产品C | ¥ 55,448 | ¥ 55,550 | ¥ 88,790 | ¥ 55,555 |
| 产品D | ¥ 88,760 | ¥ 88,900 | ¥ 78,908 | ¥ 88,888 |

## 5.5.3 突出行或列的表格设计

在产品销售报告中，常常需要使用对比的手法突出显示信息，起到强调信息和吸引注意力的作用。最常见的强调数据的方法是给某行或某列添加一个突出的底色，使该行或该列更突出。

例如，我想强调说明 D 产品的销售额比较稳定。

1 选中 D 产品行所有单元格，并右击。

2 单击下拉按钮。

3 单击要选择的颜色。

| | 第1季度 | 第2季度 | 第3季度 | 第4季度 |
|---|---|---|---|---|
| 产品A | ¥ 88.070 | ¥ [illegible]890 | ¥ 456.890 | ¥ 78.906 |
| 产品B | ¥ 66.900 | [illegible]890 | ¥ 67.890 | ¥ 66.666 |
| 产品C | ¥ 55.448 | ¥ [illegible]5.550 | ¥ 88.790 | ¥ 55.555 |
| 产品D | ¥ 88.760 | ¥ 88.900 | ¥ 78.908 | ¥ 88.888 |

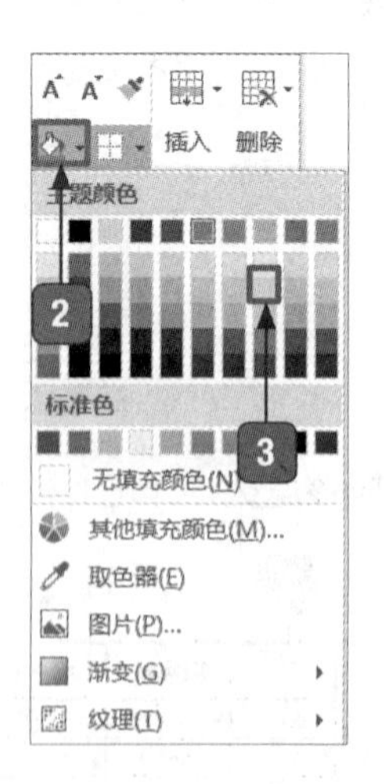


这样就格外地吸引注意力了。

| | 第1季度 | 第2季度 | 第3季度 | 第4季度 |
|---|---|---|---|---|
| 产品A | ¥ 88,070 | ¥ 33,890 | ¥ 456,890 | ¥ 78,906 |
| 产品B | ¥ 66,900 | ¥ 45,890 | ¥ 67,890 | ¥ 66,666 |
| 产品C | ¥ 55,448 | ¥ 55,550 | ¥ 88,790 | ¥ 55,555 |
| 产品D | ¥ 88,760 | ¥ 88,900 | ¥ 78,908 | ¥ 88,888 |

如果我想强调第 2 季度各产品中产品 D 的销售额最高。

选中第 2 季度那一列的所有单元格，单击【表格工具】→【设计】选项卡下【表格样式】组中的【底纹】下拉按钮，选择【主题颜色】中的橙色。

然后第 2 季度所在的列就格外突出了。

| | 第1季度 | 第2季度 | 第3季度 | 第4季度 |
|---|---|---|---|---|
| 产品A | ¥ 88,070 | ¥ 33,890 | ¥ 456,890 | ¥ 78,906 |
| 产品B | ¥ 66,900 | ¥ 45,890 | ¥ 67,890 | ¥ 66,666 |
| 产品C | ¥ 55,448 | ¥ 55,550 | ¥ 88,790 | ¥ 55,555 |
| 产品D | ¥ 88,760 | ¥ 88,900 | ¥ 78,908 | ¥ 88,888 |

## 5.5.4 图片和表格结合设计

用图片做表格的背景，是一种很好的美化表格的方法，操作非常简单。

客户利润分析

| 客户活动 | 客户 1 | 客户 2 | 客户 3 | 总体 |
|---|---|---|---|---|
| 活动客户数 - 期初 | 5 | 18 | 28 | 21 |
| 增加的客户数 | 12 | 4 | 4 | 10 |
| 丧失/终止的客户数 | -1 | -2 | -2 | -5 |
| 活动客户数 - 期末 | 16 | 20 | 30 | 26 |

1. 选择【插入】选项卡。
2. 单击【图片】按钮。
3. 单击选中要插入的图片。
4. 单击【插入】按钮。

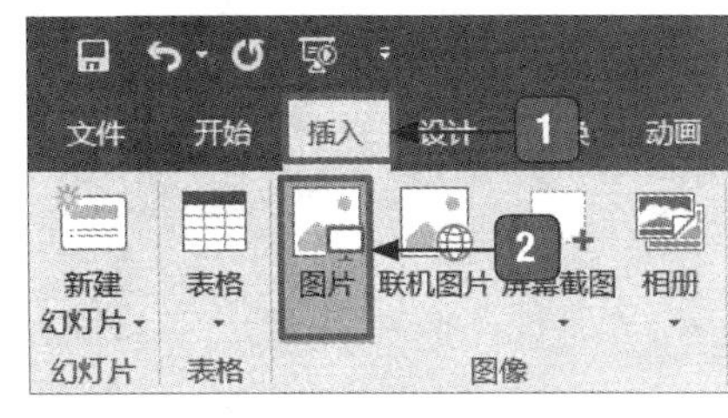


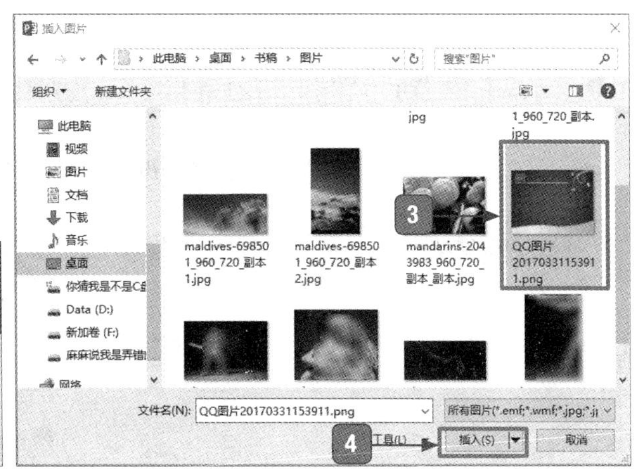

当然，图片不是插入就能用的，别忘了还要调整一下哦。

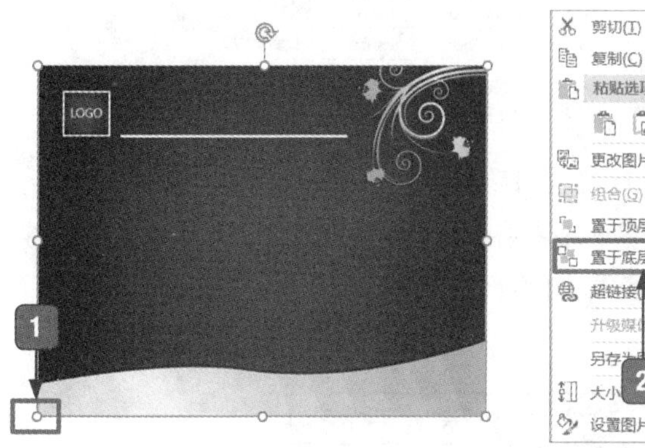


1 单击选中图片，调节图片大小并右击。

2 在弹出的快捷菜单中选择【置于底层】命令。

设置一下字体的颜色， 图片与表格的完美结合就完成了，如下图所示。

| 客户活动 | 客户 1 | 客户 2 | 客户 3 | 总体 |
|---|---|---|---|---|
| 活动客户数 (月初) | 5 | 18 | 28 | 21 |
| 增加的客户数 | 12 | 4 | 4 | 10 |
| 丧失/终止的客户数 | -1 | -2 | -2 | -5 |
| 活动客户数 (月末) | 16 | 20 | 30 | 26 |

## 5.6 综合实例——产品销售数据页设计

说了这么多，现在让我们来个实战：设计产品销售数据页。

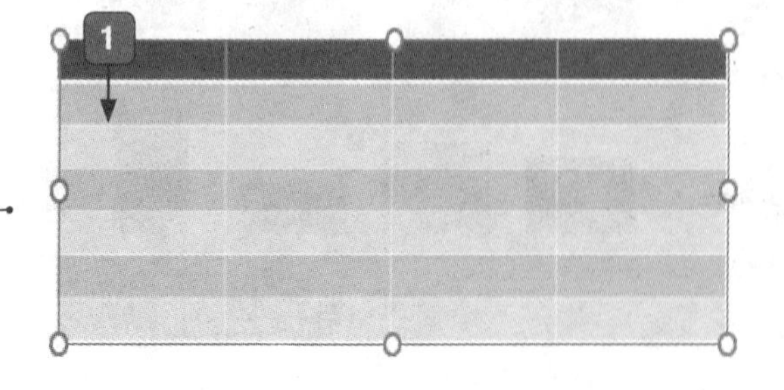


| 月份 / 产品 | 1月 | 2月 | 3月 |
|---|---|---|---|
| yy01 | 80 | 82 | 95 |
| Cyx3 | 67 | 58 | 72 |
| yy02 | 84 | 102 | 159 |
| Cyx2 | 33 | 36 | 58 |
| yy03 | 100 | 190 | 150 |
| 合计 | 364 | 468 | 534 |

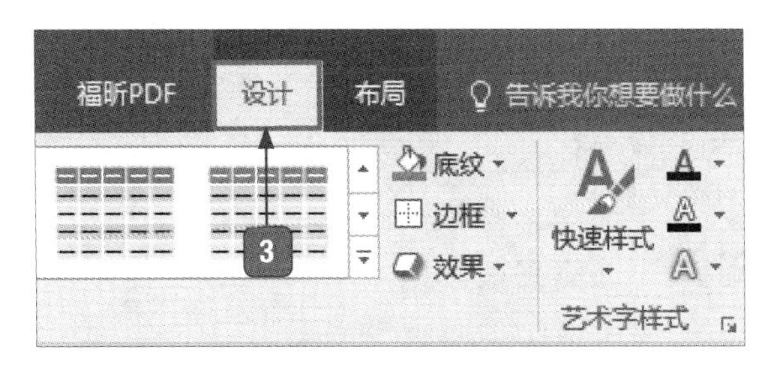


1. 根据需求绘制一个表格。
2. 调整表格大小，并输入内容。
3. 选择【设计】选项卡，在【设计】选项卡下对表格进行【底纹】【边框】等格式设计。

这样我们就完成了产品销售数据页设计的第一步——表格设计。

| 产品 \ 月份 | 1月 | 2月 | 3月 |
|---|---|---|---|
| yy01 | 80 | 82 | 95 |
| Cyx3 | 67 | 58 | 72 |
| yy02 | 84 | 102 | 159 |
| Cyx2 | 33 | 36 | 58 |
| yy03 | 100 | 190 | 150 |
| 合计 | 364 | 468 | 534 |

现在就可以开始对页面进行设计排版了。

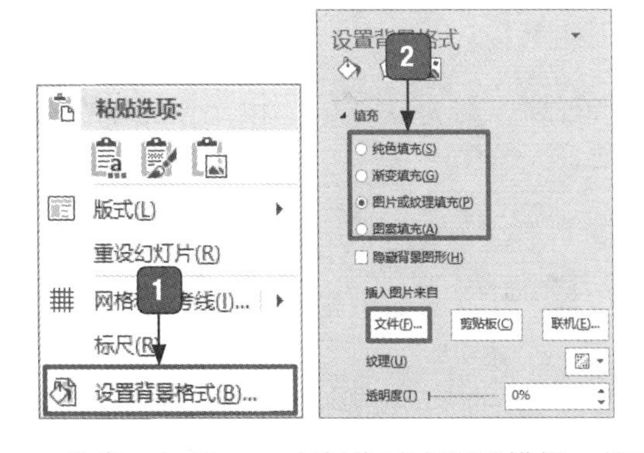


1. 右击幻灯片空白处，在弹出的快捷菜单中选择【设置背景格式】命令。
2. 在【填充】区域中选中【图片或纹理填充】单选按钮。

注意，如果PPT在制作时应用了模板，就不用再额外进行背景的设置了。

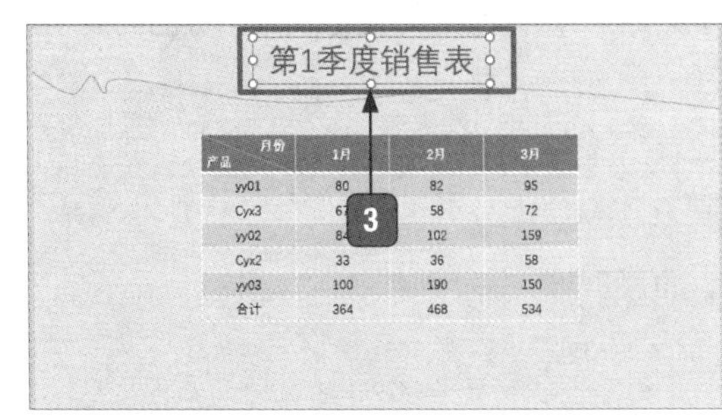


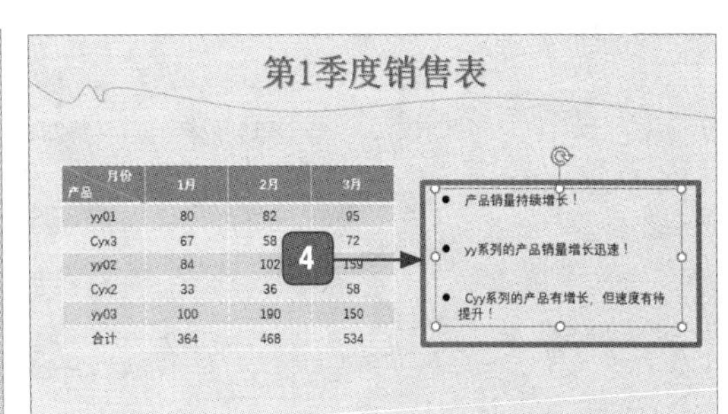


3. 插入一个文本框，输入标题，并设计标题的格式与位置。
4. 插入一个文本框，输入内容对表格进行简要的分析，并对其进行排版。

这样我们就完成了一个简洁的产品销售数据页的设计，如下图所示。

第1季度销售表

| 月份<br>产品 | 1月 | 2月 | 3月 |
|---|---|---|---|
| yy01 | 80 | 82 | 95 |
| Cyx3 | 67 | 58 | 72 |
| yy02 | 84 | 102 | 159 |
| Cyx2 | 33 | 36 | 58 |
| yy03 | 100 | 190 | 150 |
| 合计 | 364 | 468 | 534 |

- 产品销量持续增长！
- yy系列的产品销量增长迅速！
- Cyy系列的产品有增长，但速度有待提升！

## 痛点解析

### 痛点 1：为什么 PPT 中表格的行距不能调整

小白：哎呀，我折腾了半天，表格的行距还是不能调整，难道 PPT 中表格的行距不能调整吗？可是我插入的另一个表格可以调整行距啊！

**大神**：淡定！ PPT 表格的行距是可以调整的，你调不了，是文字的字号问题。

小白：可是我的是空白表格，还没输入文字呢！

**大神**：噢，默认字号的问题！虽然还没输入文字，但你把光标定位到表格中能看到光标的高度，右击可以看到字号的大小。

小白：那我要怎么做才可以调整呢？

**大神**：你可以改变单元格内文字的字号大小或移动光标。

我们先来说说默认字号的问题这种情况吧。

如下图所示，当你看到第一行的行距明显比其他行的大，很想调整，把鼠标指针移动到第一行的底线处，当鼠标指针变成÷形状时，单击的同时向上拖曳鼠标，但行距始终不能调整。然而当你往下拖曳鼠标，加大行距时，它是可以实现的。那么这时就是默认字号的问题了。

| | 第1季度 | 第2季度 | 第3季度 | 第4季度 |
|---|---|---|---|---|
| 产品A | ¥ 88,070 | ¥ 33,890 | ¥ 456,890 | ¥ 78,906 |
| 产品B | ¥ 66,900 | ¥ 45,890 | ¥ 67,890 | ¥ 66,666 |
| 产品C | ¥ 55,448 | ¥ 55,550 | ¥ 88,790 | ¥ 55,555 |
| 产品D | ¥ 88,760 | ¥ 88,900 | ¥ 78,908 | ¥ 88,888 |

选中第一行的所有单元格，切记，是选中第一行所有的单元格！如果你因为第一个单元格没有文字，就不选它，那是不行的。接着右击，我们看到字号是20，现在单击【字号】下拉按钮▾，然后选择【10.5】的字号，当然你可以根据实际情况来选择字号。

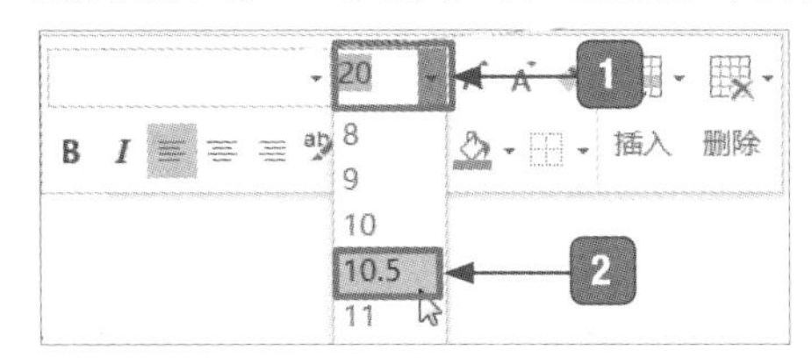


1 单击该下拉按钮▾。

2 选择【10.5】选项。

然后再调整行距，就可以了，效果如下图所示。

| | 第1季度 | 第2季度 | 第3季度 | 第4季度 |
|---|---|---|---|---|
| 产品A | ¥ 88,070 | ¥ 33,890 | ¥ 456,890 | ¥ 78,906 |
| 产品B | ¥ 66,900 | ¥ 45,890 | ¥ 67,890 | ¥ 66,666 |
| 产品C | ¥ 55,448 | ¥ 55,550 | ¥ 88,790 | ¥ 55,555 |
| 产品D | ¥ 88,760 | ¥ 88,900 | ¥ 78,908 | ¥ 88,888 |

另外一种情况就是光标的位置问题了。如果光标的位置像下图这种情况，鼠标再怎么往上拖曳，也无济于事。

| 季度 产品 | 第1季度 | 第2季度 | 第3季度 | 第4季度 |
|---|---|---|---|---|
| 产品A | ¥ 88,070 | ¥ 33,890 | ¥ 456,890 | ¥ 78,906 |
| 产品B | ¥ 66,900 | ¥ 45,890 | ¥ 67,890 | ¥ 66,666 |
| 产品C | ¥ 55,448 | ¥ 55,550 | ¥ 88,790 | ¥ 55,555 |
| 产品D | ¥ 88,760 | ¥ 88,900 | ¥ 78,908 | ¥ 88,888 |

1 光标的位置。

2 鼠标指针的位置。

这时我们只需按【Backspace】键，行距就会自动调整到和字号相符的行距了。

| | 第1季度 | 第2季度 | 第3季度 | 第4季度 |
|---|---|---|---|---|
| 产品A | ¥ 88,070 | ¥ 33,890 | ¥ 456,890 | ¥ 78,906 |
| 产品B | ¥ 66,900 | ¥ 45,890 | ¥ 67,890 | ¥ 66,666 |
| 产品C | ¥ 55,448 | ¥ 55,550 | ¥ 88,790 | ¥ 55,555 |
| 产品D | ¥ 88,760 | ¥ 88,900 | ¥ 78,908 | ¥ 88,888 |

**痛点 2：斜线表格如何输入表头**

有没有发现没有斜线表头的表格看起来很别扭？跟着我来学习在斜线表格中输入表头吧。

1 选中第一个单元格，然后右击。

2 单击【边框】的下拉按钮。

3 在弹出的下拉列表中选择【斜下框线】选项。

| | 第1季度 | 第2季度 | 第3季度 | 第4季度 |
|---|---|---|---|---|
| 产品A | ¥ 88,070 | ¥ 33,890 | ¥ 456,890 | ¥ 78,906 |
| 产品B | ¥ 66,900 | ¥ 45,890 | ¥ 67,890 | ¥ 66,666 |
| 产品C | ¥ 55,448 | ¥ 55,550 | ¥ 88,790 | ¥ 55,555 |
| 产品D | ¥ 88,760 | ¥ 88,900 | ¥ 78,908 | ¥ 88,888 |

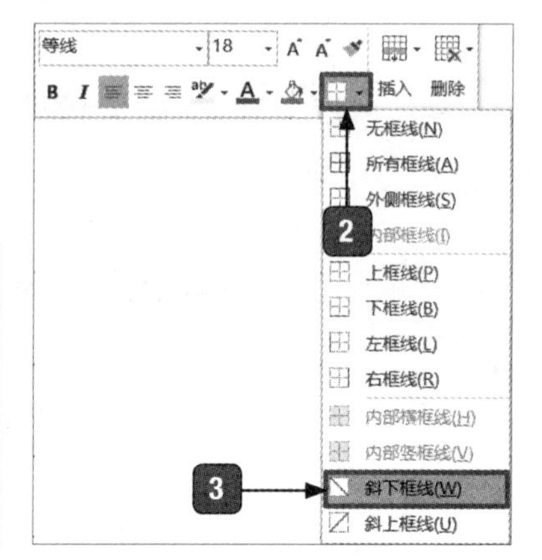


然后在单元格内输入文字，接着可以通过空格键或【Enter】键将文字移动到合适的位置，效果如下图所示。

| 季度<br>产品 | 第1季度 | 第2季度 | 第3季度 | 第4季度 |
|---|---|---|---|---|
| 产品A | ¥ 88,070 | ¥ 33,890 | ¥ 456,890 | ¥ 78,906 |
| 产品B | ¥ 66,900 | ¥ 45,890 | ¥ 67,890 | ¥ 66,666 |
| 产品C | ¥ 55,448 | ¥ 55,550 | ¥ 88,790 | ¥ 55,555 |
| 产品D | ¥ 88,760 | ¥ 88,900 | ¥ 78,908 | ¥ 88,888 |

有时候你会发现空格键和【Enter】键不能很好地调整文字位置，那么这时候，文本框就可以助我们一臂之力了。

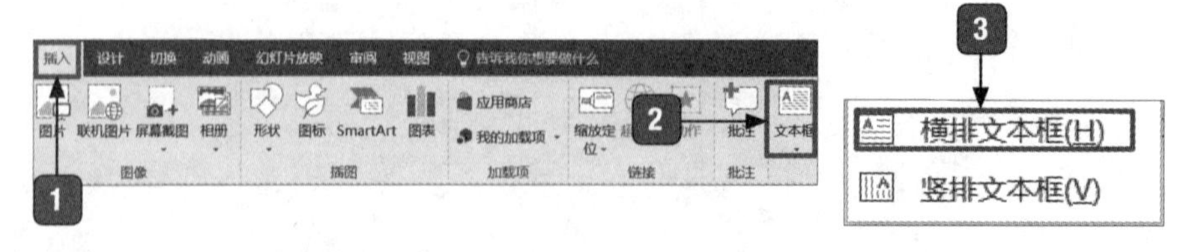




1 选择【插入】选项卡。

2 单击【文本框】的下拉按钮 。

3 在弹出的下拉列表中选择【横排文本框】选项。

然后在文本框里输入文字，如下图所示。

| 季度<br>产品 | 第1季度 | 第2季度 | 第3季度 | 第4季度 |
|---|---|---|---|---|
| 产品A | ¥ 88,070 | ¥ 33,890 | ¥ 456,890 | ¥ 78,906 |
| 产品B | ¥ 66,900 | ¥ 45,890 | ¥ 67,890 | ¥ 66,666 |
| 产品C | ¥ 55,448 | ¥ 55,550 | ¥ 88,790 | ¥ 55,555 |
| 产品D | ¥ 88,760 | ¥ 88,900 | ¥ 78,908 | ¥ 88,888 |

拖曳鼠标，调整文字的位置。不过我们应当知道，移动整个表格时，文本框里的文字不会像别的单元格里的文字一样跟着表格移动，这时就需要我们通过拖曳鼠标来调整文字的位置。

| 季度<br>产品 | 第1季度 | 第2季度 | 第3季度 | 第4季度 |
|---|---|---|---|---|
| 产品A | ¥ 88,070 | ¥ 33,890 | ¥ 456,890 | ¥ 78,906 |
| 产品B | ¥ 66,900 | ¥ 45,890 | ¥ 67,890 | ¥ 66,666 |
| 产品C | ¥ 55,448 | ¥ 55,550 | ¥ 88,790 | ¥ 55,555 |
| 产品D | ¥ 88,760 | ¥ 88,900 | ¥ 78,908 | ¥ 88,888 |

**问：打电话或听报告时有重要讲话内容，怎样才能快速、高效地记录？**

在打电话或听报告时，用纸和笔记录的速度比较慢，都会导致重要信息记录不完整。随着智能手机的普及，人们有越来越多的方式对信息进行记录，可以轻松甩掉纸和笔，一字不差地高效速记。

### 1. 在通话中，使用电话录音功能

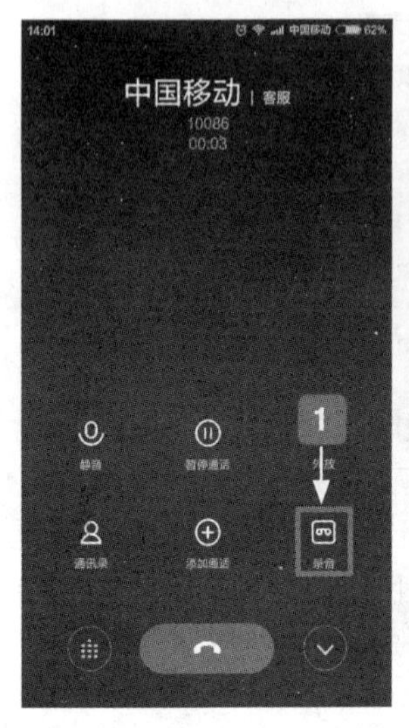

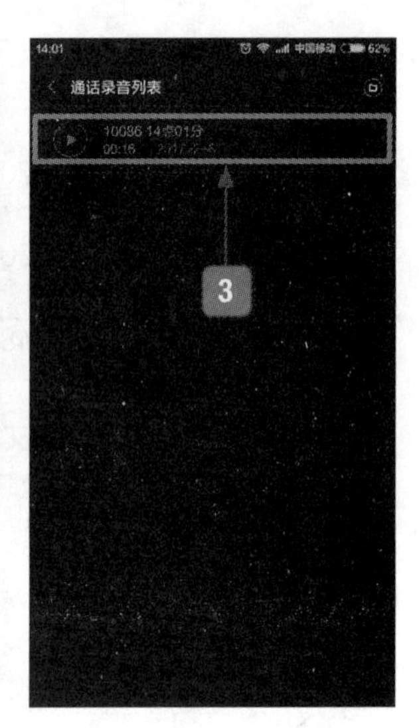


1 在通话过程中，点击【录音】按钮。

2 即可开始录音，并显示录制时间。

3 结束通话后，在【通话录音列表】中即可看到录制的声音文件，并能够播放录音。

### 2. 在会议中，使用手机录音功能

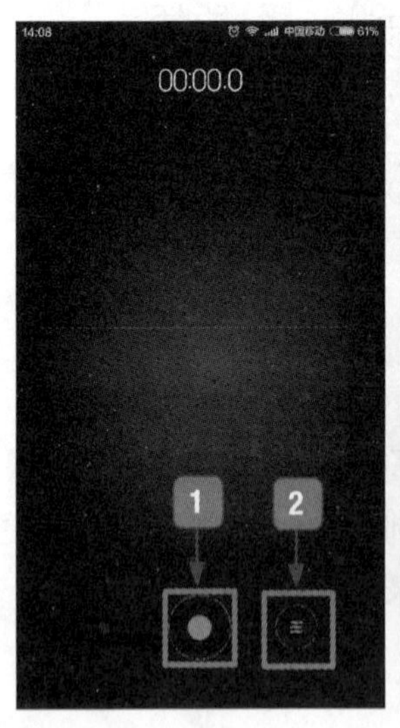


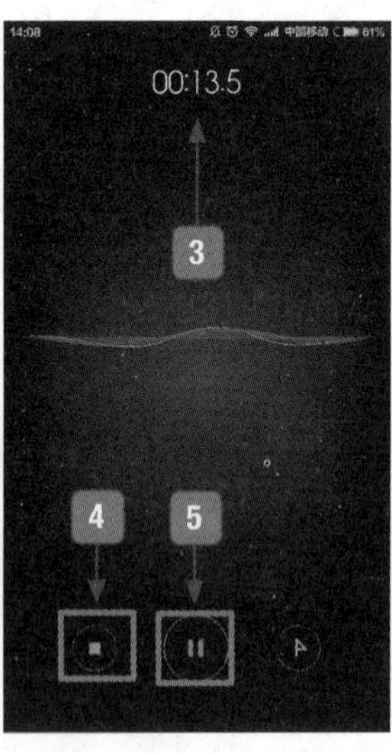


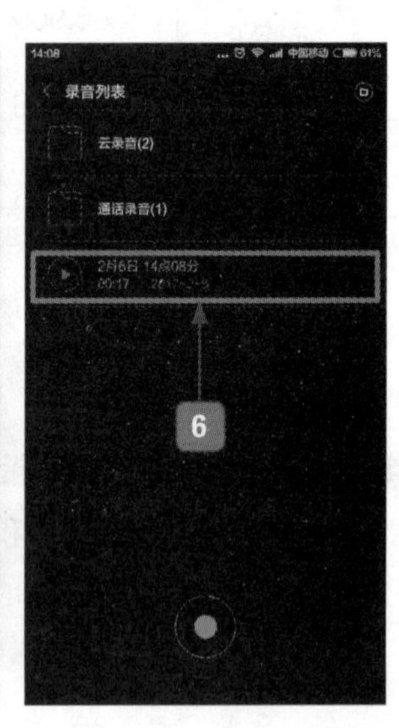


1 打开【录音机】应用，点击【录音】按钮。

2 点击该按钮，可打开【录音列表】界面。

3 即可开始录音。

4 点击【暂停】按钮，暂停声音录制。

5 点击【结束】按钮，结束声音录制。

6 自动打开【录音列表】界面，点击录音文件即可播放。

06

CHAPTER

# 第6章

# PPT图表化处理——产品市场份额分析页设计

>>> 怎样选择合适的图表类型来突出数据？

>>> 图表设计有什么原则？

>>> 图表要怎么布局才更合理？

>>> 强调重要数据要怎么处理？

没关系，我相信你马上就会都知道。

# 6.1 认识 PPT 中的图表

日常生活中我们会遇到多种多样的图表，不管是在学习还是生活中，图表可以直观、生动、清楚地展示出我们想要了解的数据，在 PPT 中也包含着图表，大致分为两类，数据型和概念型。目的就是让我们在设计、分析、演讲时表达得更清楚、更通俗易懂，毕竟文字再多，说得再多，也没有眼睛看得清楚，眼睛看到的才是最直接的。

图表分为数据型和概念型两大类，数据型是以数据等大量数字作为基础的图表，而概念型图表是以讲大道理为主的图表。

## 6.1.1 数据型图表

数据型图表是我们在日常生活中最常见的图表，也是 PPT 中最常见的一种表达方式。简而言之，它就是将最原始的数据转化为了图表来用，从目的上来讲，能更清楚地让大家了解要表达什么，清晰明了，生动形象。那么，最常见的数据型图表都有哪些呢？

### 1. 饼图

饼图常用来显示比例关系，突出重点，看似简单，但是要用好却很难，需要注意的地方很多，否则根本无法引起别人欣赏的兴趣。绘制饼图时要注意以下几点。

（1）只有一个要绘制的数据系列。

（2）要绘制的数值不能含有负值。

（3）各个类别都必须是整体的一部分。

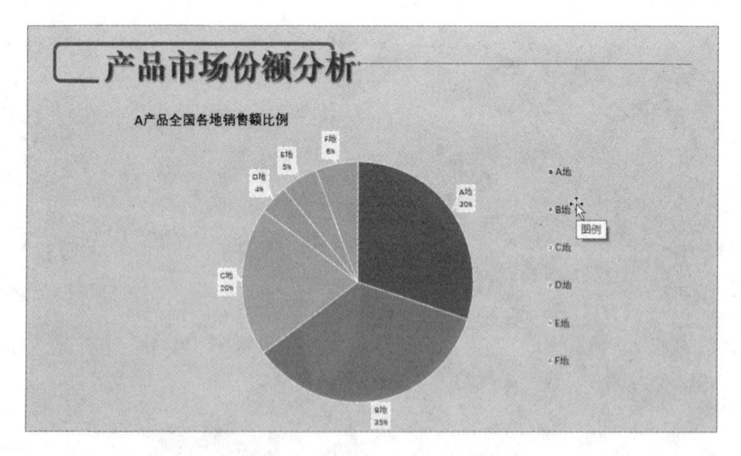


如上图所示，为了突出数据的重点，说明产品在 A、B、C 三地的重要性，我们对图表进行修改，把不重要的数据合并，把图表简化，来突出重点。

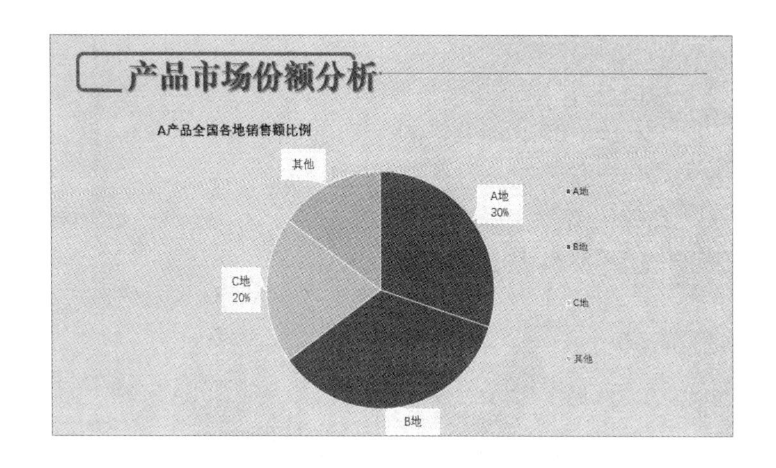


2. 条形图

条形图用来突出排名，显示数据中最好的一个或者多个。

例如，我们做一个关于数学考试成绩的图表，来显示小明在本次数学考试中成绩最好，值得表扬。

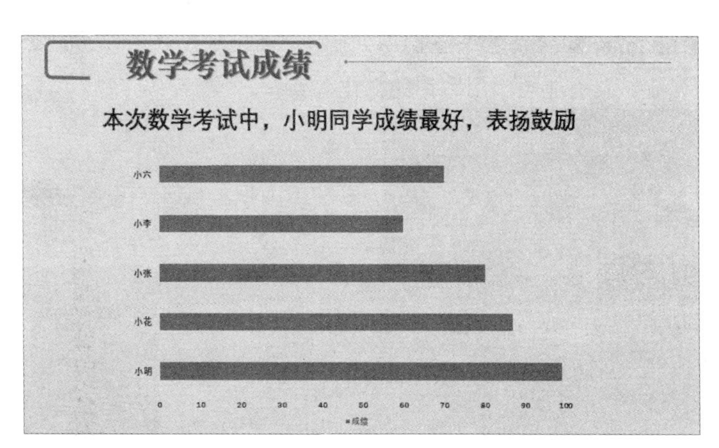


这样表示不够明显，我们把小明的数据改变颜色，来突出重点。

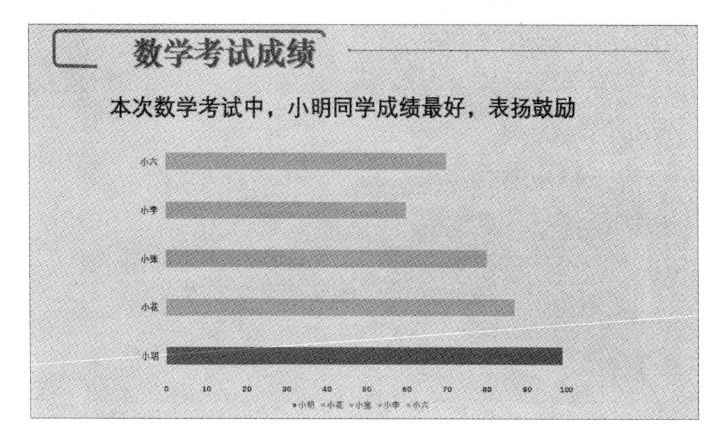

### 3. 柱状图

柱状图是用来比较两个或两个以上的价值（不同时间或者不同条件），只有一个变量，通常用于较小的数据集分析。分析一个公司的销售额，把销售量最好的 3 个月用特殊颜色标注出来，比较醒目。

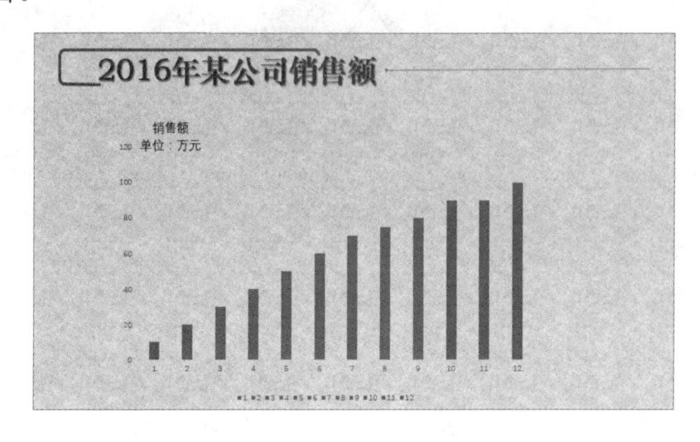


### 4. 折线图

折线图是用线段将各数据点连接起来组成的，以折线方式显示数据的变化趋势。折线图可以显示一段连续数据，更能表示出数据的变化趋势。

### 5. 散点图

散点图多用于数学统计，突出数据的分布规律，数据越多，表现出来的效果就越好。

## 6.1.2 概念型图表

概念型图表是某个主题或者是某种关系的图形化。这种图表对于学习，或总结知识有很大的帮助。方便记忆这种方法从古就有，最常见的有以下几种。

### 1. 结构图

结构图即我们制作 PPT 时经常用到的大纲，列表显示出来的大纲。例如，今日议题，概述了我们今天的所有任务，如下图所示。

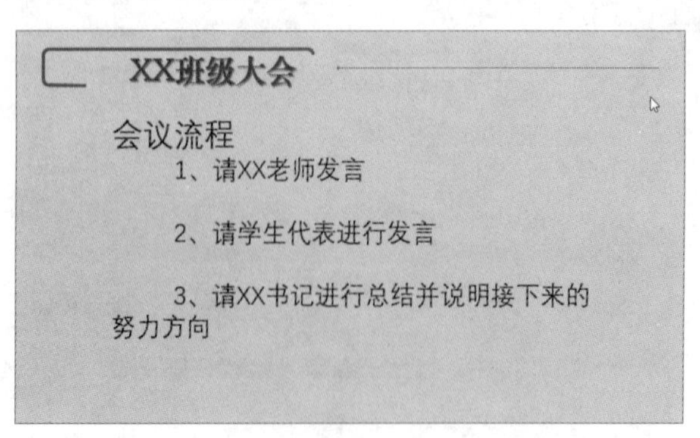

2. 推导图

什么是推导图？就是用文字来叙述，一部分的因引出一部分的果，讲究因果关系，由一部分推出另一部分。

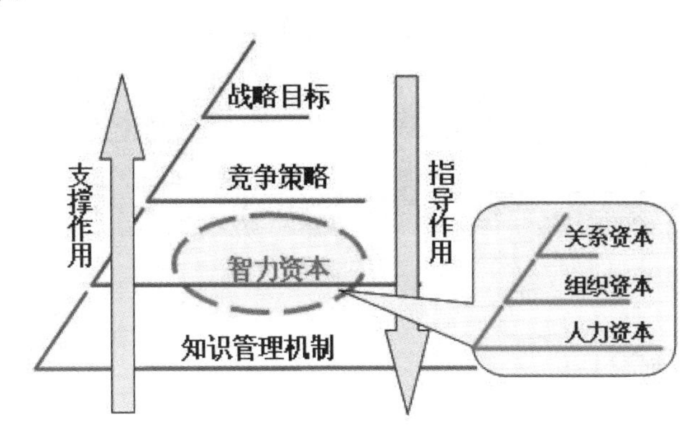


以上列举出来的只是我们常用的几种图表，当然，图表还是有很多的，学会常用的以后可以尝试其他的。

## 6.2 图表设计的原则

图表的设计一定要简洁明了，精练的同时要抓住重点，越是简洁，才越能使观者清晰地了解你所表达的信息。

### 6.2.1 数据决定图表类型

说数据决定着图表的类型，是有一定依据的，接下来，给大家举例说明。

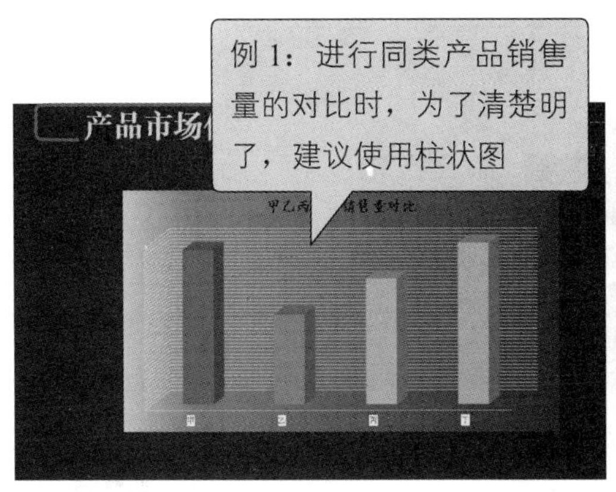

例 1：进行同类产品销售量的对比时，为了清楚明了，建议使用柱状图
产品市场


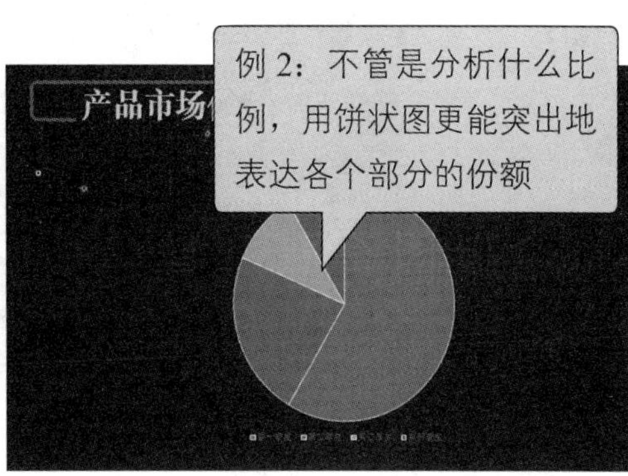

例 2：不管是分析什么比例，用饼状图更能突出地表达各个部分的份额
产品市场

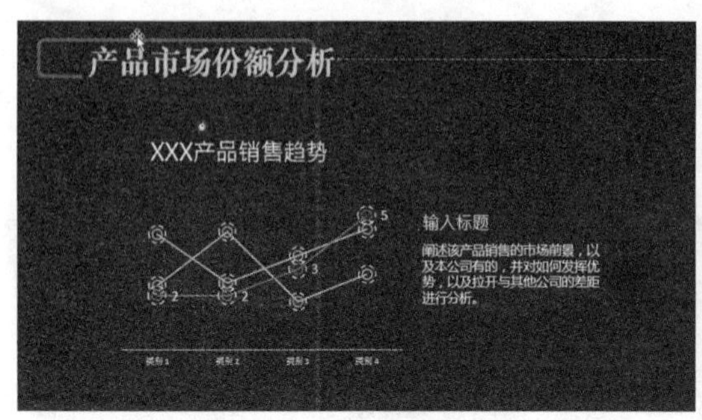


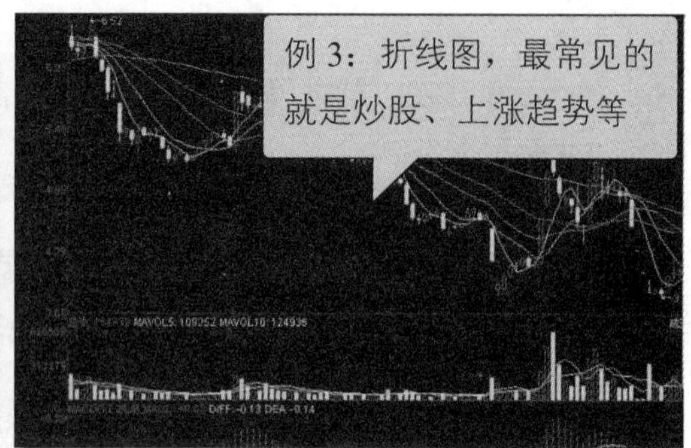


不同的数据对应的图表表达方式不同，我们要选择合适的图表来表达自己的数据。

### 6.2.2 服务于文稿内容

图表服务于文稿内容，当你在制作文稿时，面对的是通篇文字，而图表就仿佛是文稿中的留白。简洁美观的图表往往更能吸引读者的注意力，所以图表的作用就体现出来了。

### 6.2.3 表达信息要明确

在创建图表时，一定要注意表达的视觉效果和图表的内容，要突出重点，表达的信息一定要简单明确。

### 6.2.4 控制图表的数量

在创建图表时，千万不要为了制作图表而制作图表，而是要把握重点。用一个图表表达一个观点时，不能让图表太大；当阐述的观点很多时，也不要运用很多的图表，要适可而止，太多的图表只会让人反感。

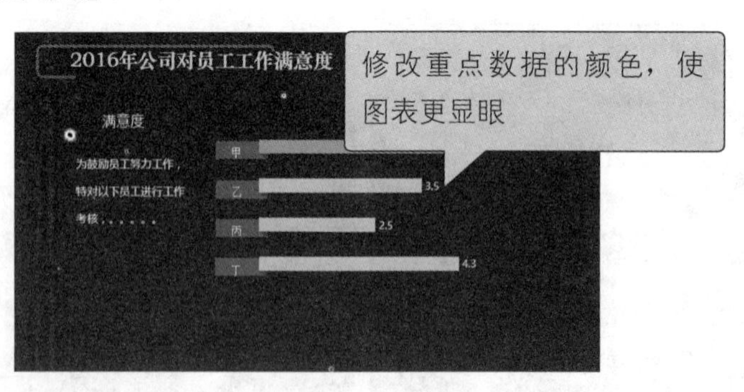




## 6.3 创建 PPT 图表

如何在 PPT 中创建图表呢？接下来为大家演示。

## 6.3.1 直接创建图表

直接创建图表是比较简单的方法，只需要选择要创建的图表类型，并输入数据即可。

1 选择【插入】选项卡。

2 单击【插图】组中的【图表】按钮。

3 选择要创建的图表类型。

4 单击【确定】按钮。

5 输入或修改数据。

6 即可完成图表创建。

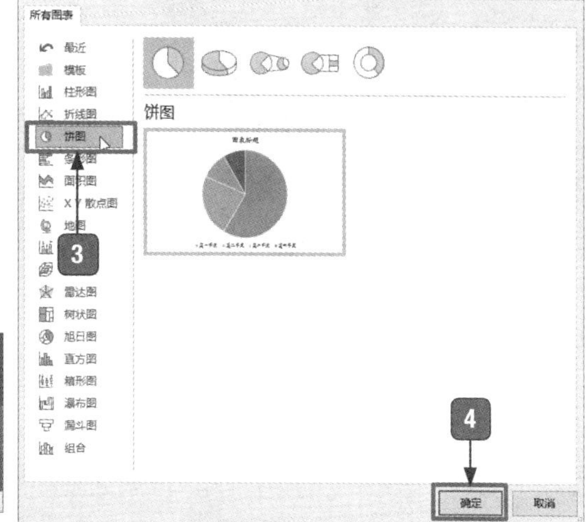


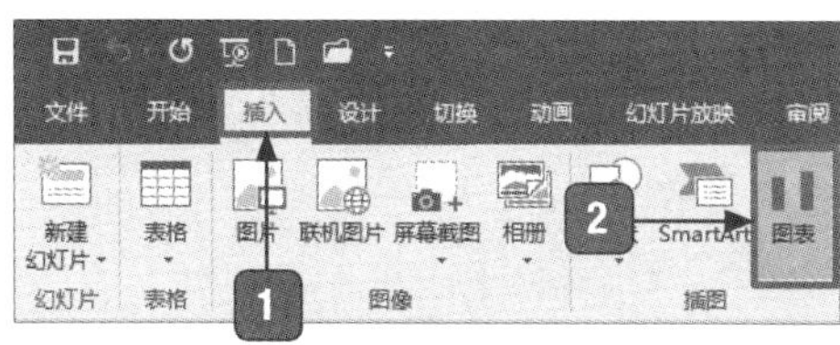


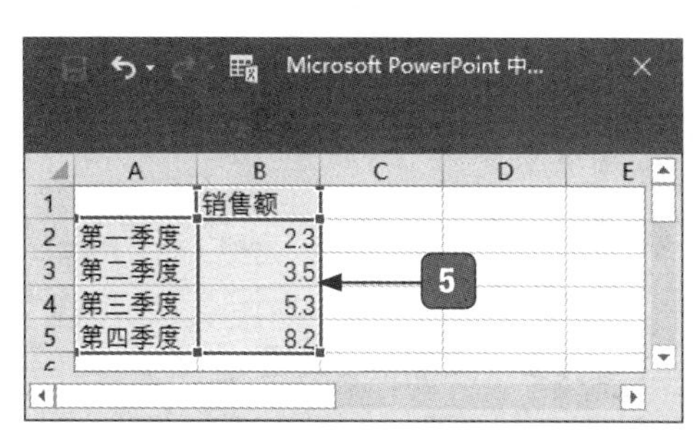


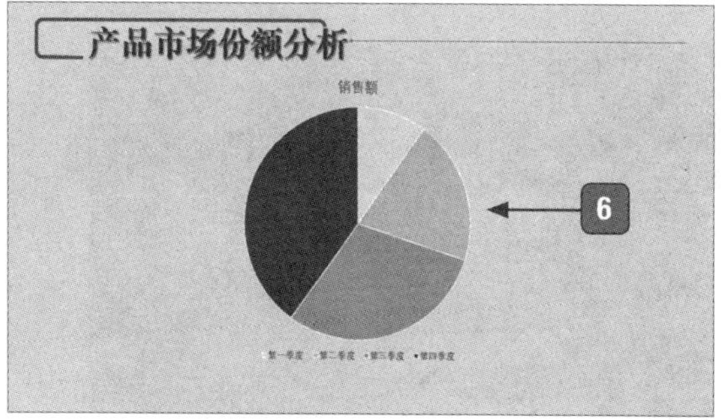


## 6.3.2 共享 Excel 中的图表

日常生活中，我们在制作图表时，大部分时间都是用 Excel 来创建，因而，当我们在 PPT 中要用到 Excel 中的图表时，就要共享 Excel 中的图表。这样，在进行 PPT 的制作时，节省时间和精力，方便高效，接下来举例说明。

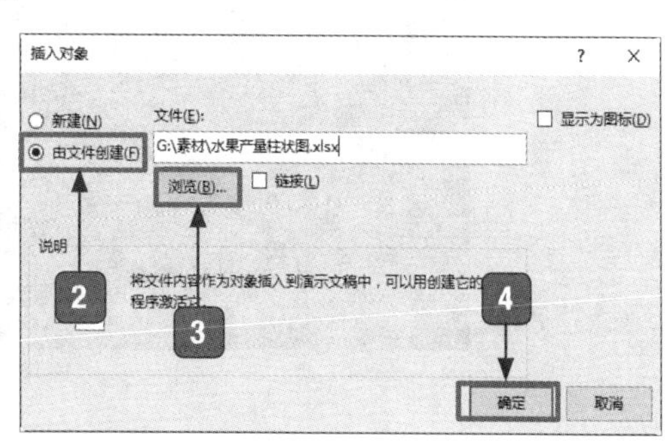

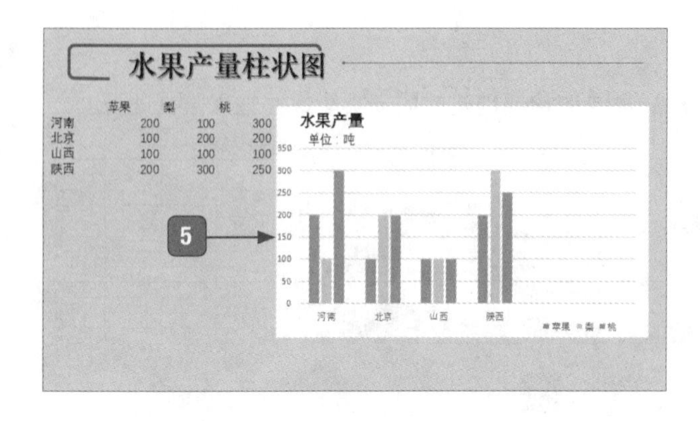


1. 单击【插入】→【对象】按钮。
2. 选中【由文件创建】单选按钮。
3. 单击【浏览】按钮，选择要插入的 Excel 图表文件。
4. 单击【确定】按钮。
5. 插入 Excel 图表后的效果。

## 6.3.3 巧用图表处理工具

如果你以为在 PPT 中添加了图表就完事了就大错特错了。我们在完成图表的插入后，更重要的一步是运用图表制作工具把重要内容清楚地显示出来。PPT 中的图表制作工具有很多，巧用这些工具，才能使自己的 PPT 更加具有特色。

### 1. 最快捷的方法——通过功能区设置图表

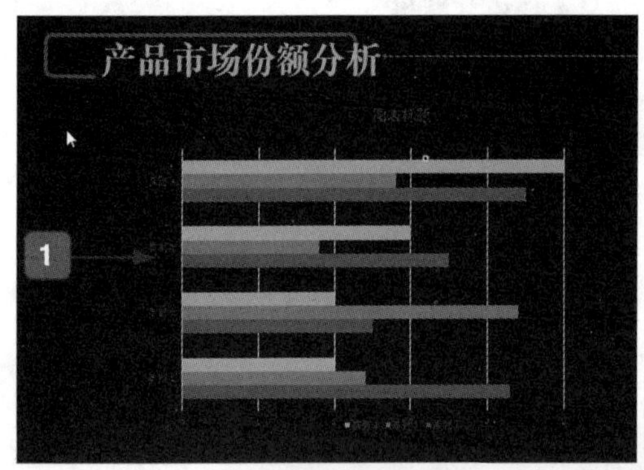


1. 选中图表。
2. 在【设计】选项卡下选择一种图表样式。
3. 更改样式后的效果。

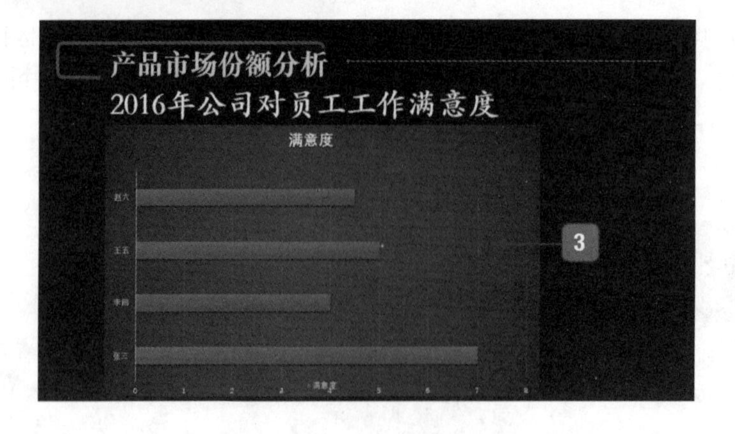

2. 最常用的方法——通过快捷设置按钮设置样式

（1）设置图表的样式及颜色

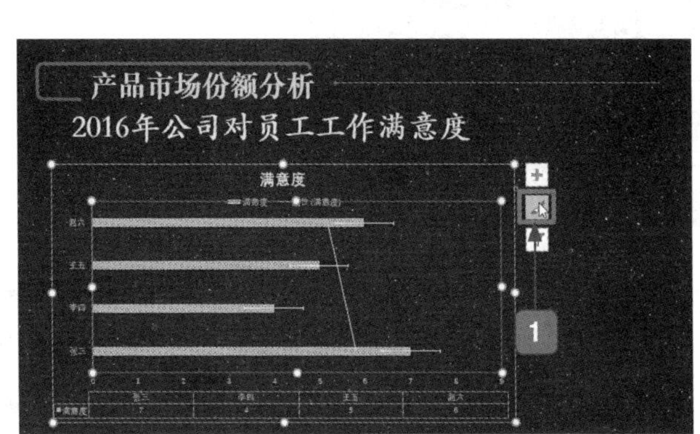


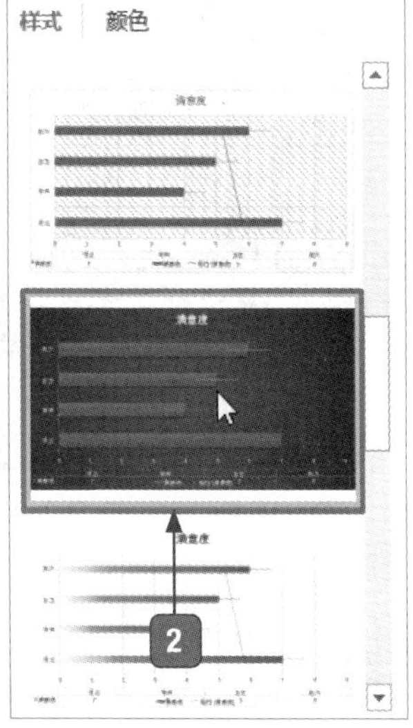


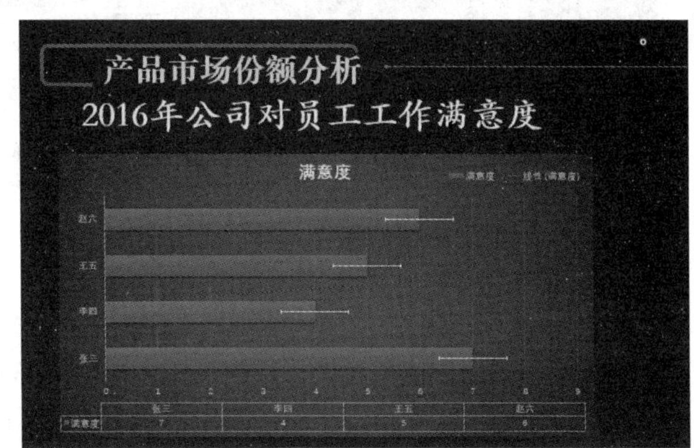


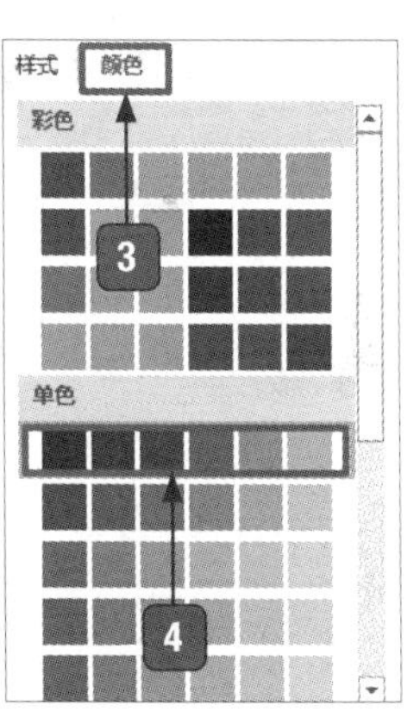


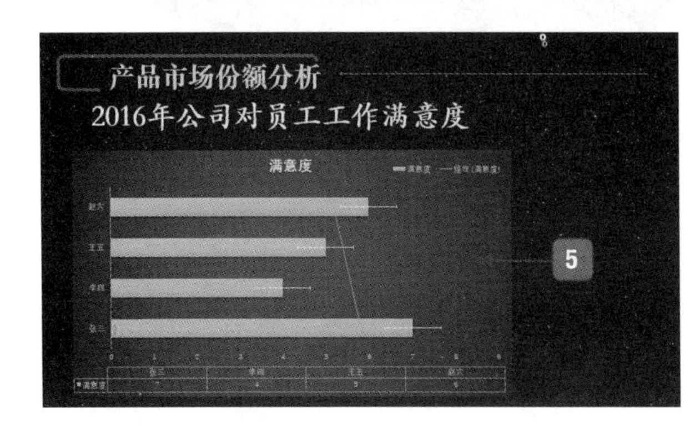


1 单击右上角的画笔图标，可对图表的样式和颜色进行选择。

2 选择【图表样式】中的样式 7。

3 选择【图表样式】中的颜色。

4 选择该颜色。

5 设置图表的样式及颜色后的效果。

（2）添加数据

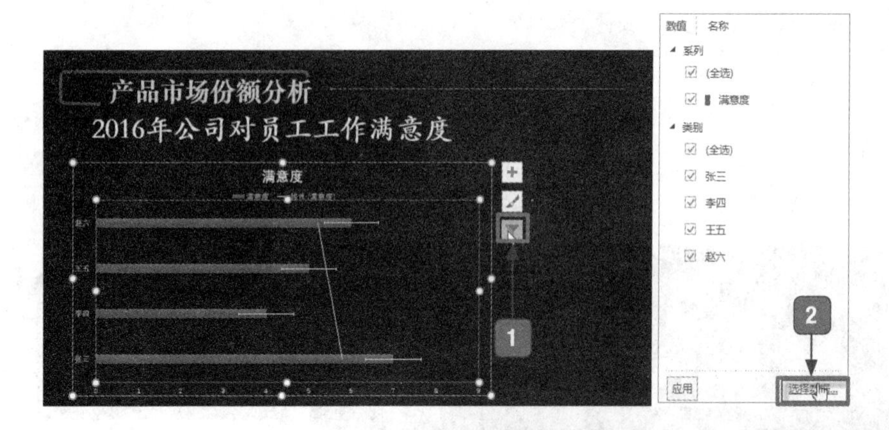


❶ 单击幻灯片图表右上角的【图表筛选器】按钮。

❷ 单击【选择数据】按钮。

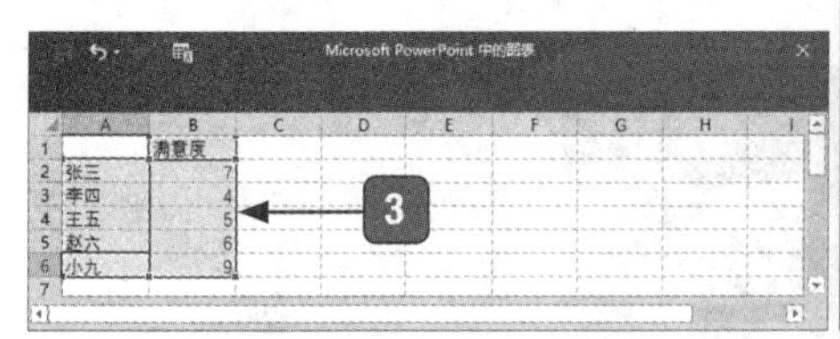


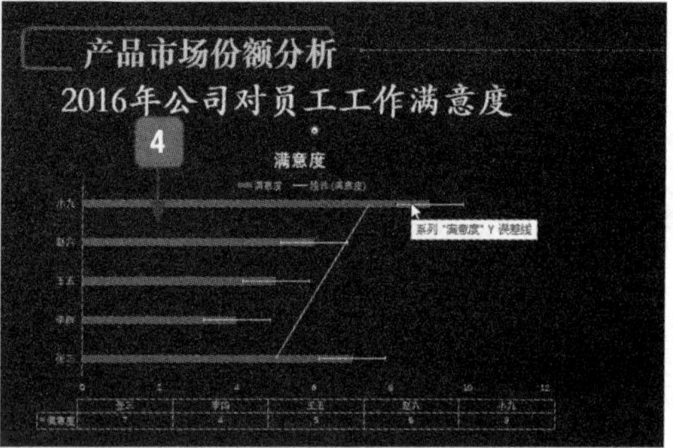


❸ 添加数据。

❹ 添加数据后效果。

## 6.4 图表的美化

制作完图表后，最关键的部分就是对图表进行美化，图表越生动，会使观看者的理解越清晰，给人以好的印象。

### 6.4.1 快速改变图表布局

小白：大神大神，有没有什么办法可以快速地改变图表的布局？

**大神**：当然有。PowerPoint 2016 为用户准备了快速改变图表布局的方法。

小白：真的有啊？那快点教我吧！

**大神**：没问题，我演示给你看。

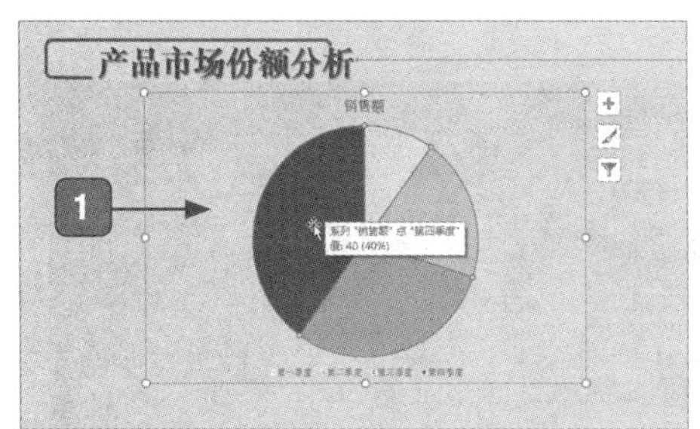

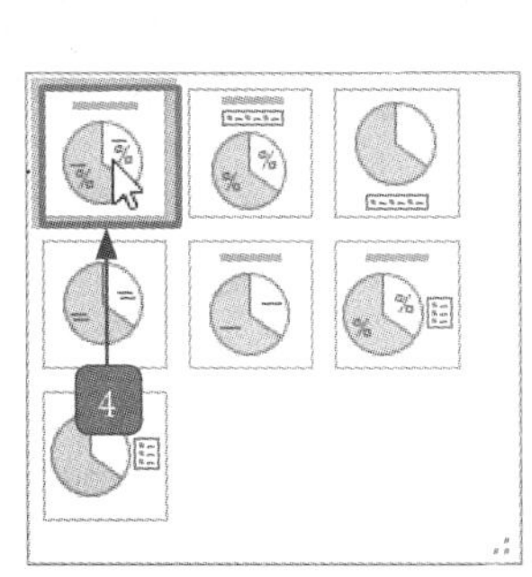


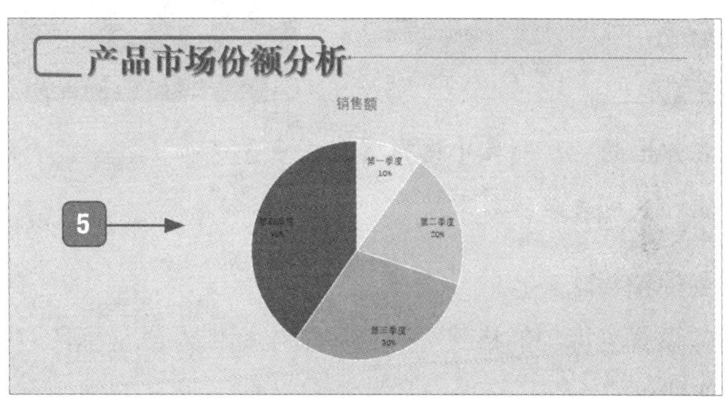


1 选中图表。

2 选择【设计】选项卡。

3 单击【快速布局】下拉按钮。

4 单击样式1，完成设置。

5 更改布局后的效果。

## 6.4.2 添加图表元素

下图所示是我们原始的图表，我们需要在图表中添加元素，加入更多的数据，更改横纵坐标的大小及名称等。这些元素都可以根据需要加入我们的图表中，可以根据情况进行选择。

### 1. 添加数据表

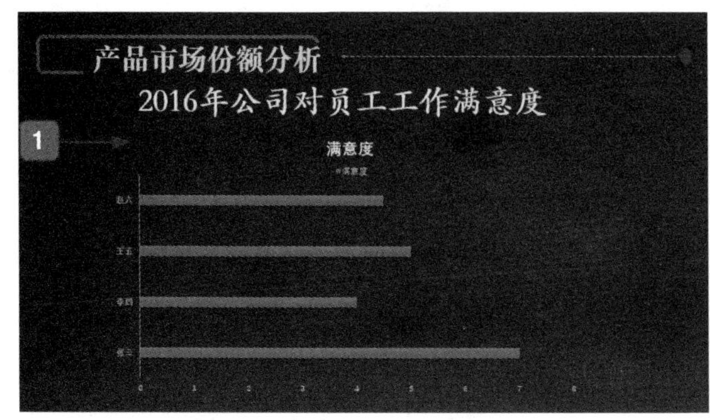


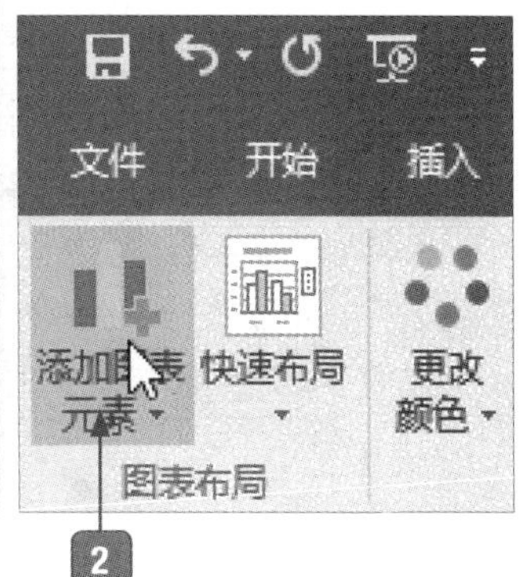


1 选中幻灯片中的图表。

2 在【设计】选项卡中单击【添加图表元素】下拉按钮。

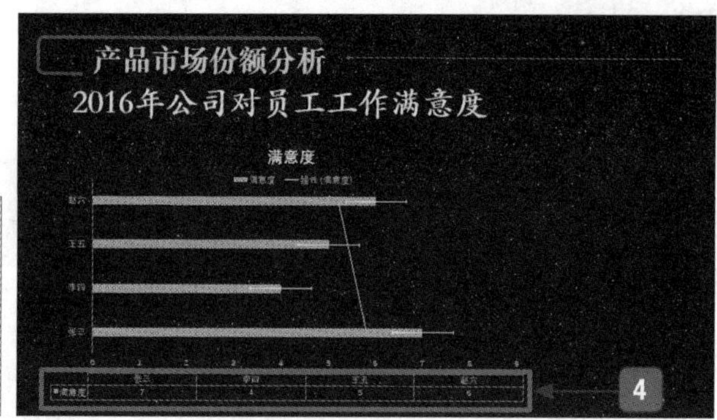


3 在弹出的下拉列表中选择【数据表】选项。

4 添加数据表后的效果。

### 2. 设置坐标轴格式

如何设置坐标轴的格式呢？选择横坐标或者纵坐标，双击坐标轴区域，在右侧的菜单栏选择操作即可。

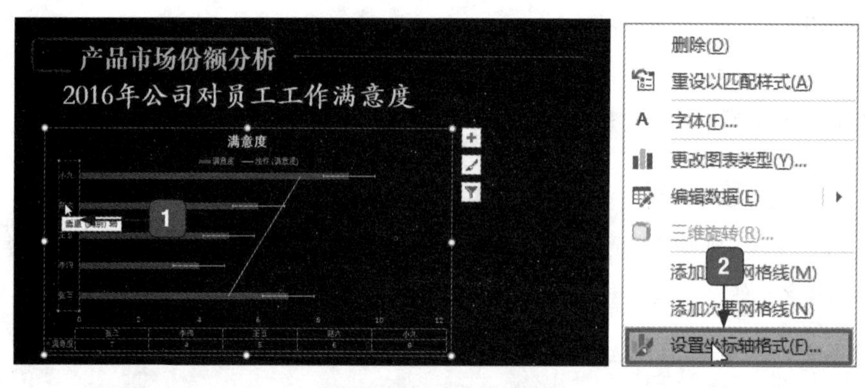


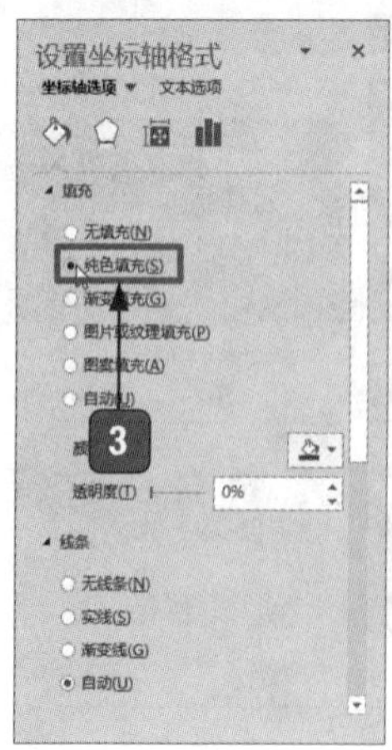


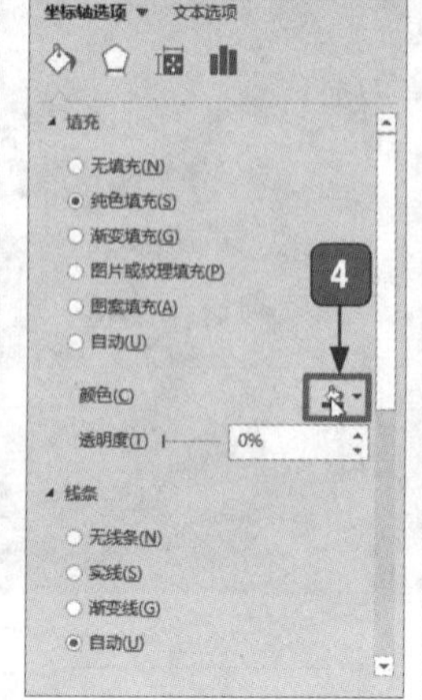


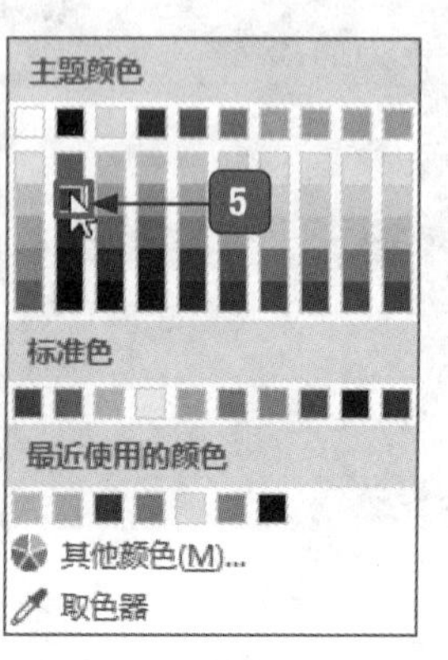

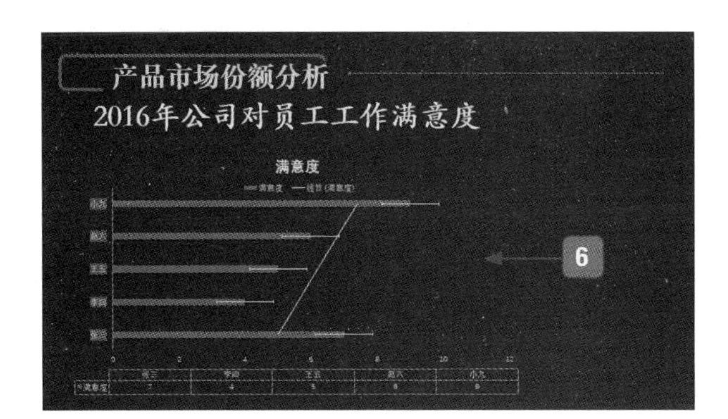


1. 选中图表坐标轴并右击。
2. 在弹出的快捷菜单中选择【设置坐标轴格式】命令。
3. 在【填充】列表中选中【纯色填充】单选按钮。
4. 单击该按钮为坐标轴填充颜色。
5. 选择颜色。
6. 完成设置后的效果。

## 6.4.3 去掉无关的背景线

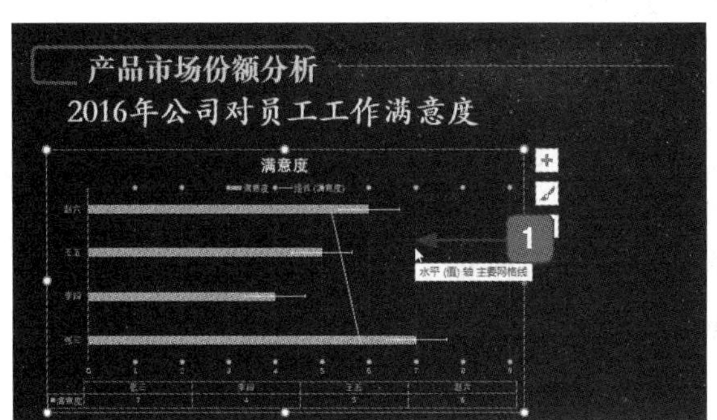


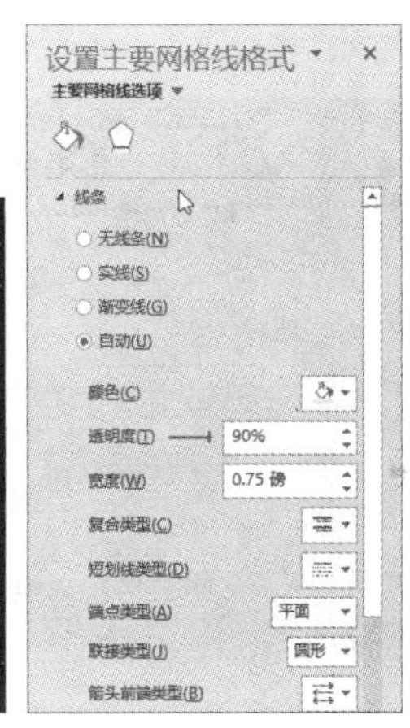


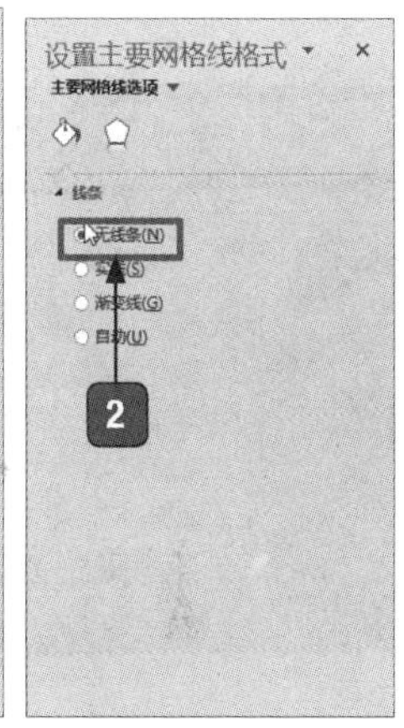


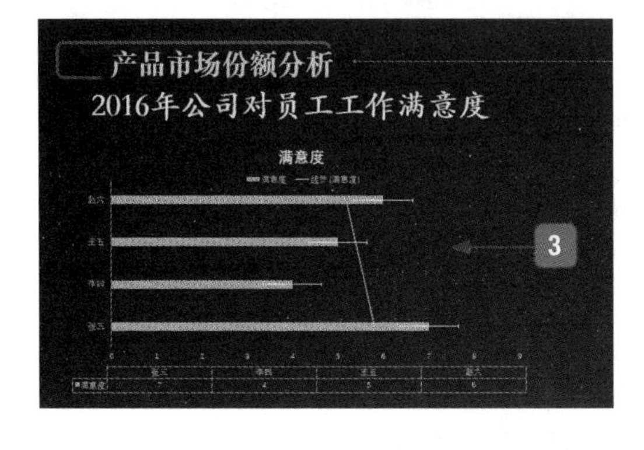


1. 找到图表中任意一条网格线并双击（图中的背景线就是我们所说的网格线）。
2. 在【设置主要网络格式】窗格中选中【无线条】单选按钮，即可把图表中的背景线条去除。
3. 线条去除后的效果。



## 6.4.4 使用小图片填充柱形图 / 条形图

为了追求美观，可以用一些图片或者颜色来填充图表或者背景。

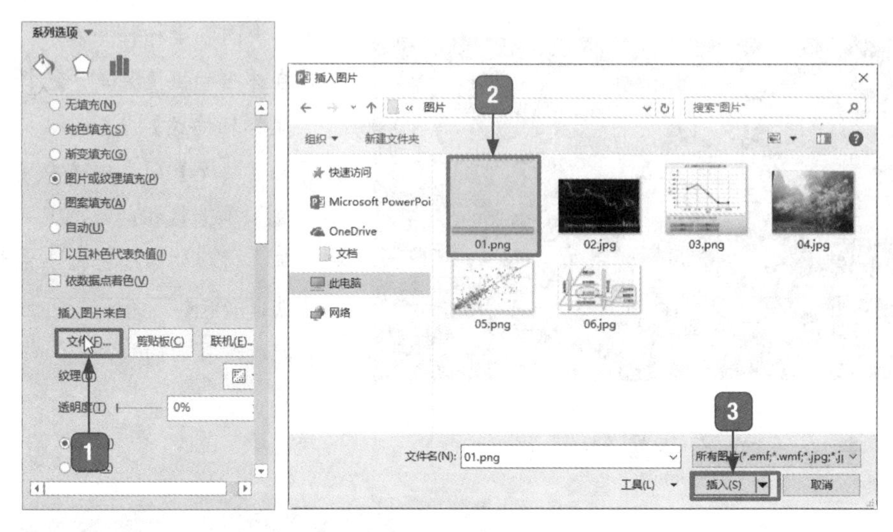


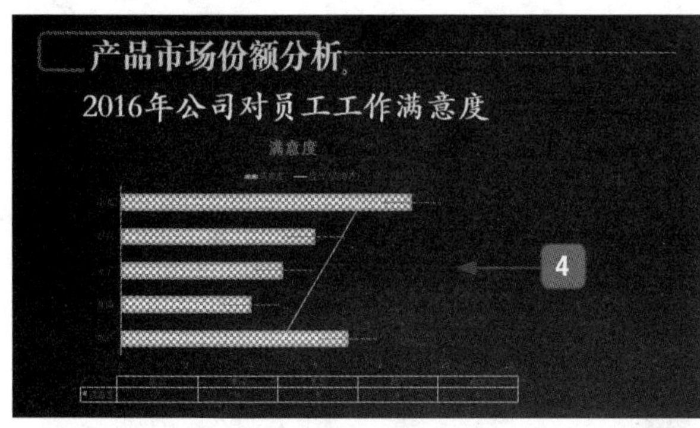


1 双击柱形图或者条形图，在【系列选项】窗格中选中【图片或纹理填充】单选按钮，单击【文件】按钮。

2 选择要填充的图片。

3 单击【插入】按钮。

4 填充后的效果。

## 6.4.5 变色强调重要数据

在制作过程中，可以对需要重点标示出来的数据着重标出，给人清楚明了的观感。单击图表，选中要改变颜色的一条数据条，进行颜色的改变。

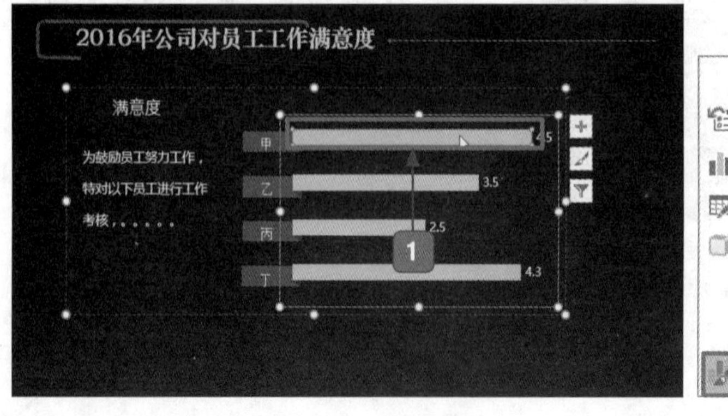


1 选中甲所在的数据条并右击。

2 在弹出的快捷菜单中选择【设置数据系列格式】选项。

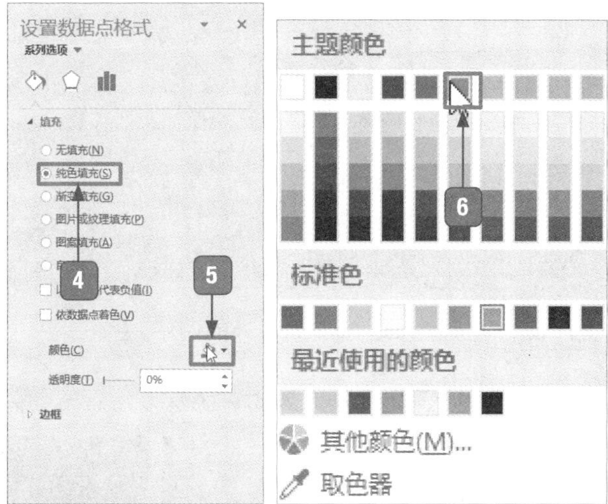


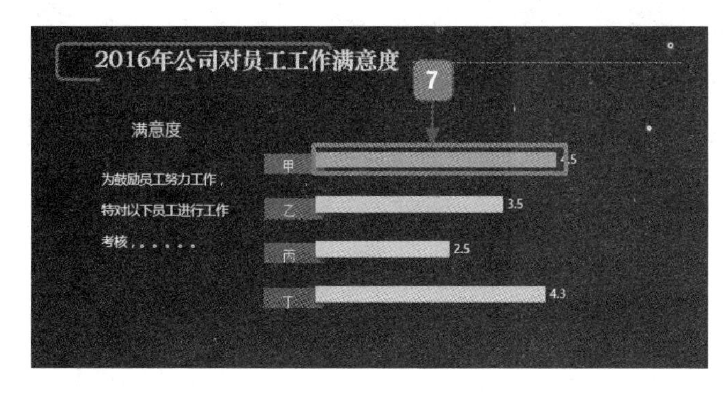


3 单击【填充与线条】图标。

4 在【填充】列表中选中【纯色填充】单选按钮。

5 单击【颜色】下拉按钮。

6 单击选中颜色。

7 填充后的效果。

## 6.4.6 将图表进行图形化处理

怎么将图表进行图形化处理，让其更为清楚直观地显示？只需要在插入图表后，把表格中的数据转化为图表数据，同时在表中填写的数据就会转化为相应的图形即可。

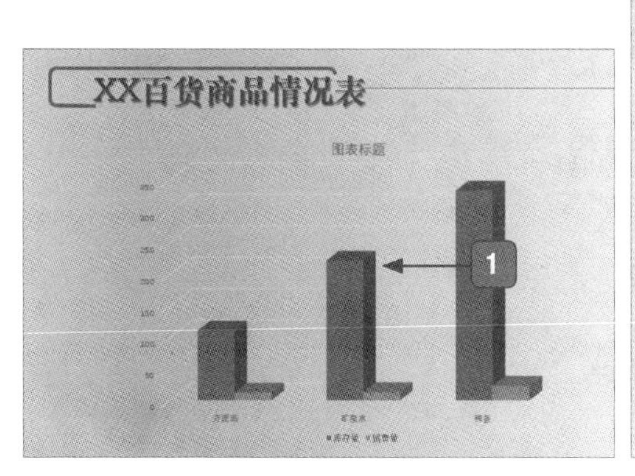


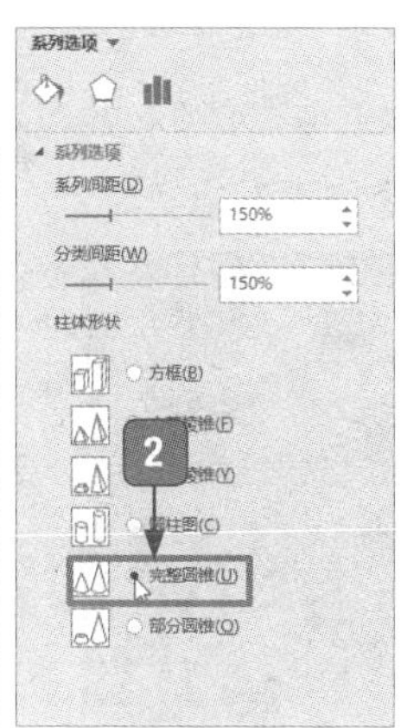


1 单击图表中的柱状图。

2 在【系列选项】窗格中选中【完整圆锥】单选按钮，更改形状为圆锥，完成设置。

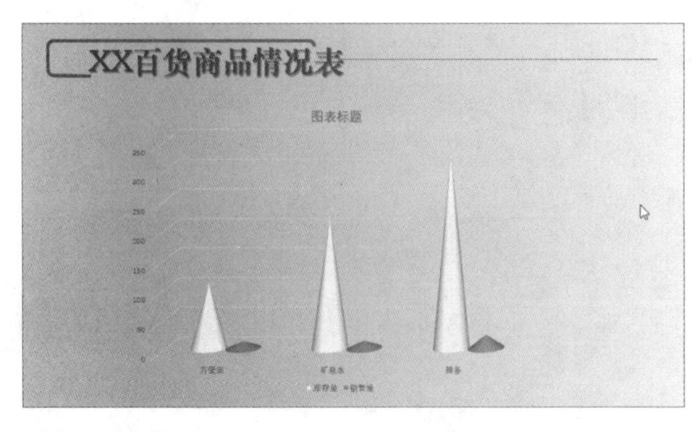


这里，我们为大家介绍 PPT 吸引人的例子。

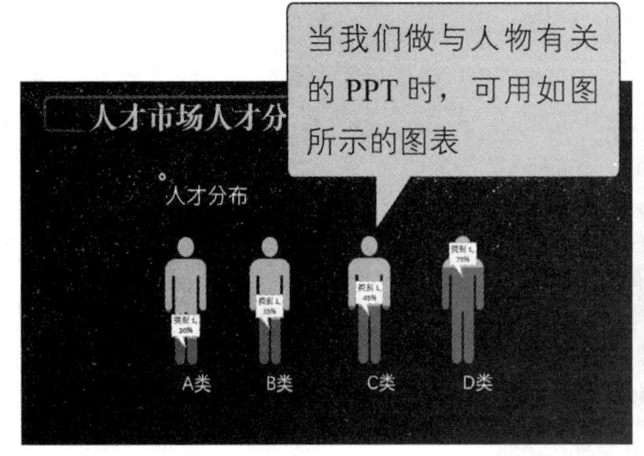


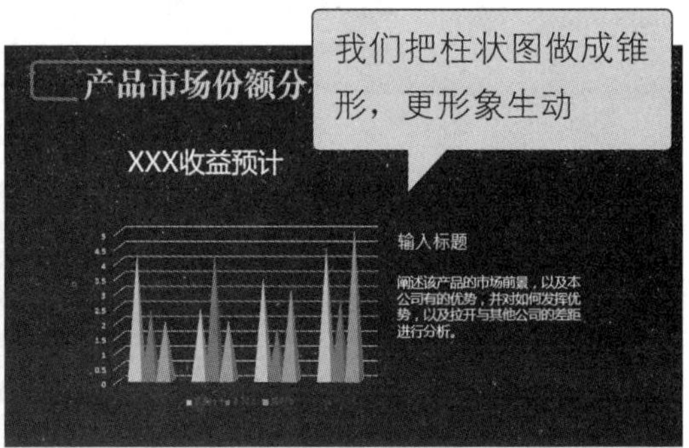


## 6.5 综合实例——产品市场份额分析页设计

进入图表界面后，根据自己的需要及数据的类型和设计需求进行图表的选择。因为我们此次要做的是产品市场份额分析，所以选择图表中的饼图，更为清楚直观。

1. 我们首先进行主页面的设计，我们现在追求的是简洁大方。
2. 选择我们要做的图表类型，单击【插入】→【图表】按钮，选择【饼图】选项。

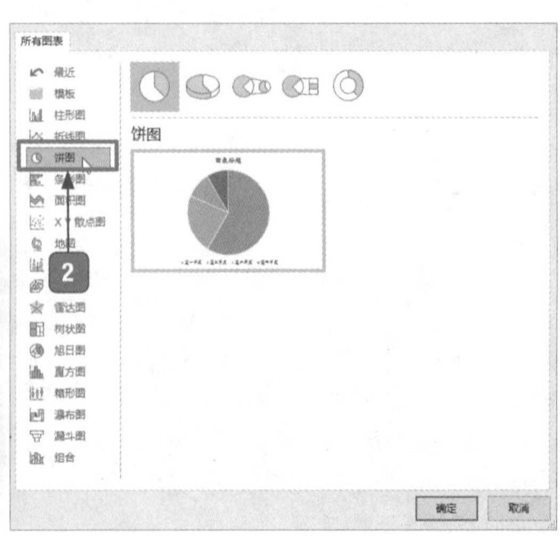

3 出现如下图所示的界面，我们进行数据的修改、删除、添加等。

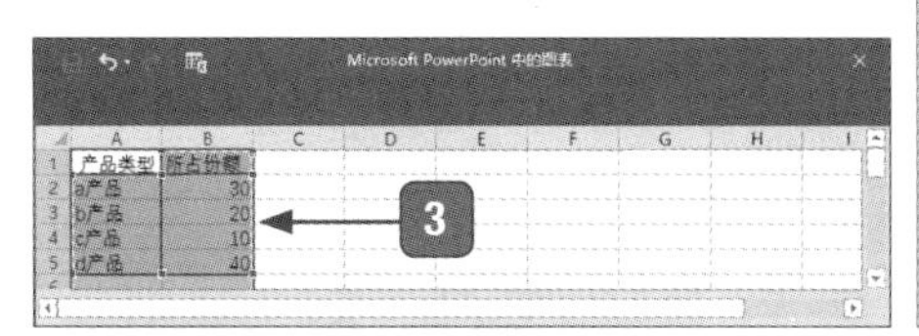


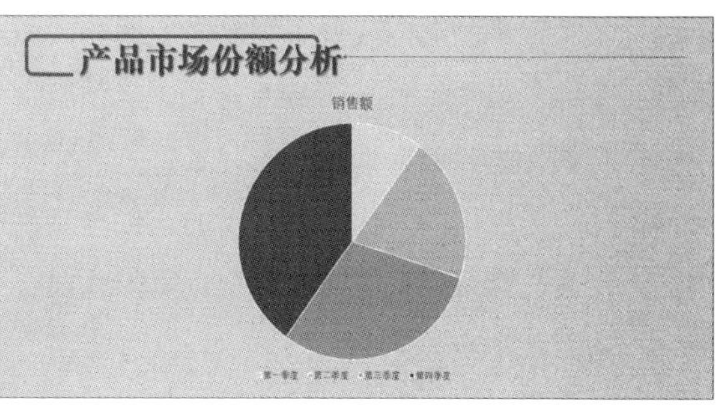


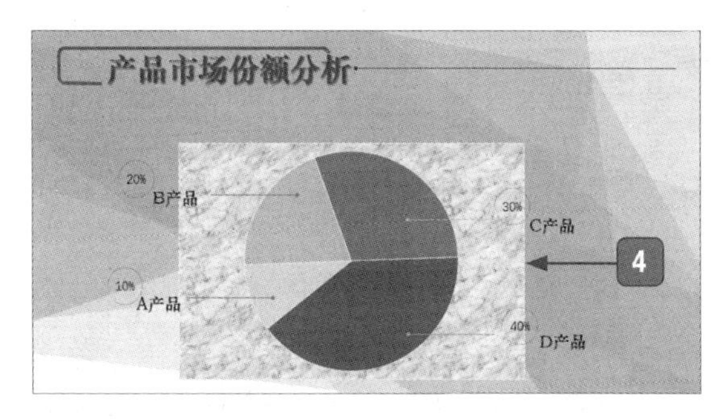


4 为我们的图表添加上背景，再给本页幻灯片添加上背景，至于其他的元素，可选择添加。

这样，一个简单的产品市场份额分析页面就制作好了，可以加配文字以供解释说明，还可以添加自己想要的其他元素。

## 痛点解析

**痛点：使用现有模板制作图表**

小白：好不容易把 PPT 做好了呢，明天终于可以交差了。

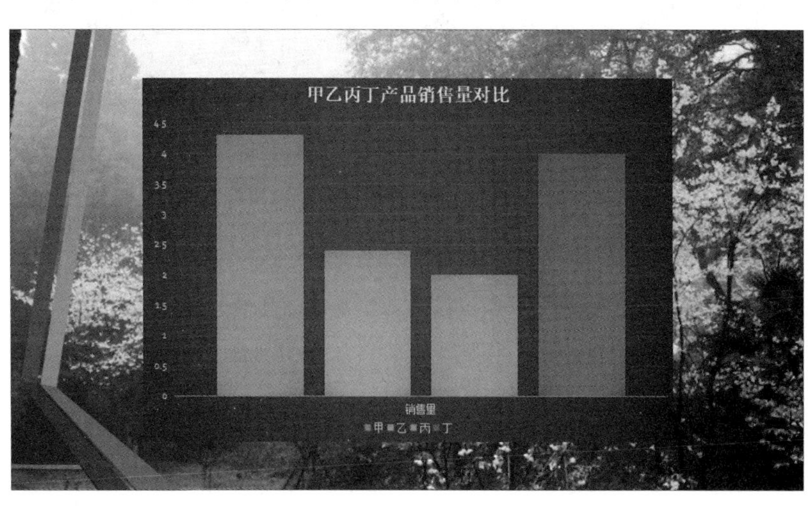

**大神**：小白，这就是你做的 PPT 啊？丑死了。

小白：不带这样的啊，我好不容易做完的，找图片还花了半天时间呢。

**大神**：小白，说实话，真的是太丑了，“辣眼睛”！

小白：那你说说到底有什么问题啊？

**大神**：你这模板用的，你这图片用的，你这颜色选的……我服，救命啊！！！

小白：那你赶紧跟我说说怎么办啊，明天就要交了，好烦。

**大神**：别急，来我教你。

（1）首先要选择一个模板，这个模板要适合你的主题，然后插入图表。

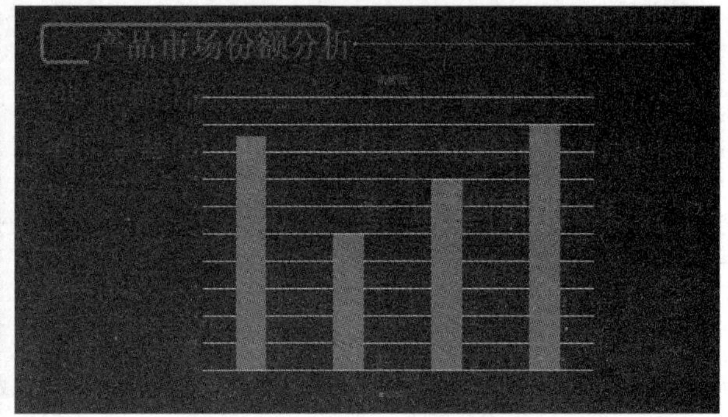

（2）切记，图片不可乱用，否则只会更糟，如果没有合适的图片用纯色填充就好。接下来，我们就往图表中添加元素，修改即好。

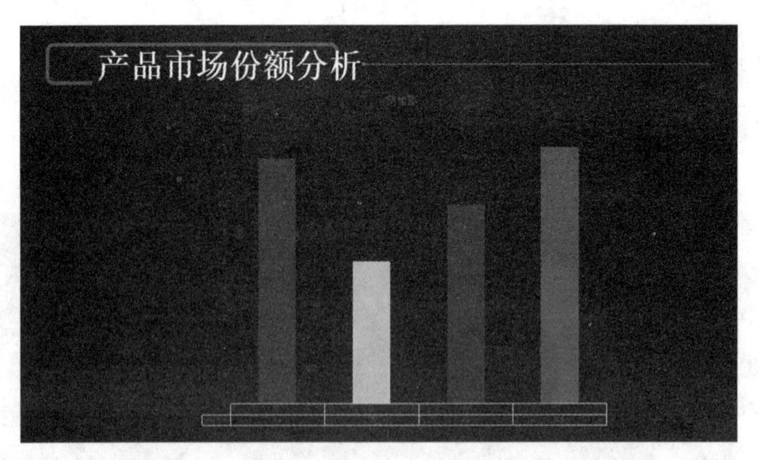


（3）当然，数据的显示你也可以找图片进行填充，那样看起来效果会很好（只要图片选得对），根据情况适当使用，如下图所示。

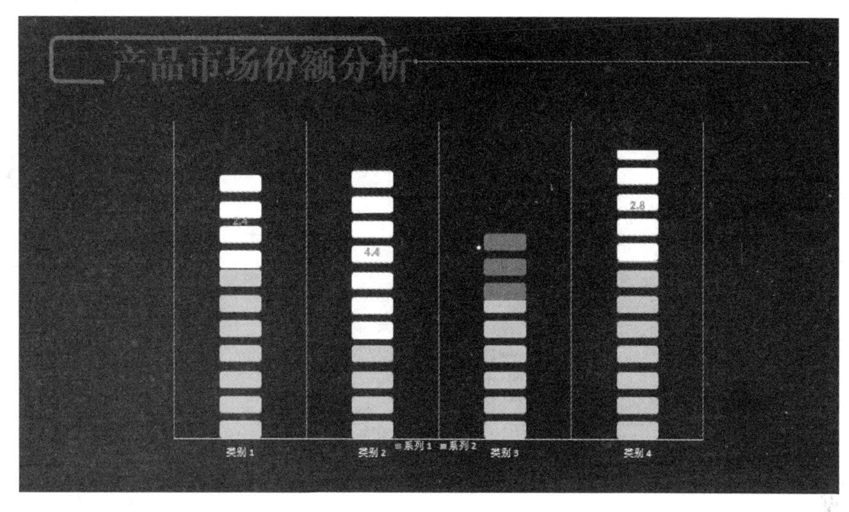




## 大神支招

**问：饼图看多了会感觉视觉疲劳，能否改变一下把饼图改成半圆图？**

这个当然是可以的，只需要在源数据中添加一行辅助数据，然后将饼图中辅助数据删除，并简单修改饼图即可。下面我们就来操作一下。

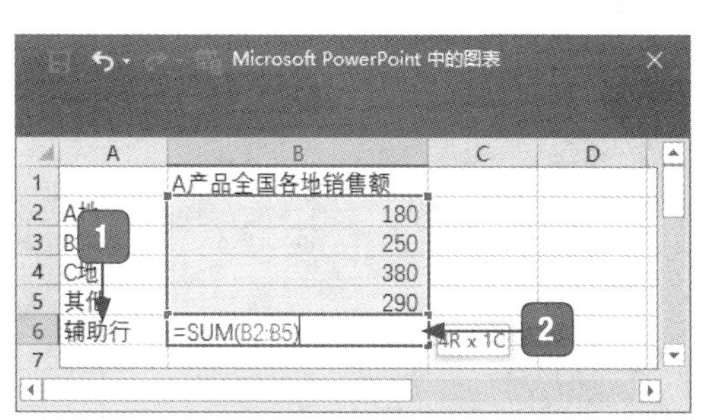


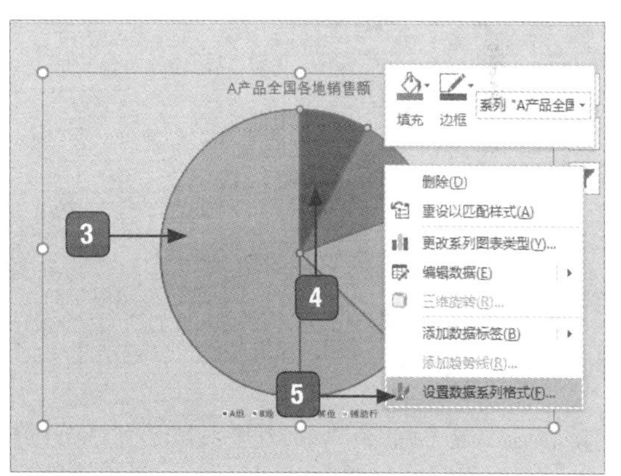


1 执行插入饼图的命令，在输入数据后，在后面增加一个辅助行。

2 再 B2 单元格中输入“=SUM(B2:B5)”。

3 完成饼图的创建。

4 选择饼图，在任意一个饼图系列上单击鼠标右键。

5 选择【设置数据系列格式】菜单命令。

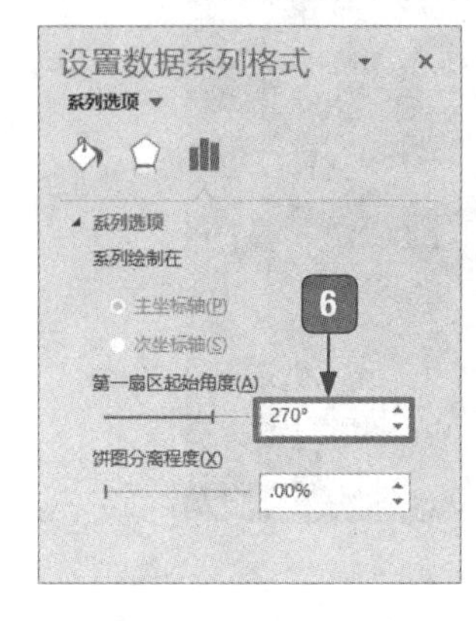


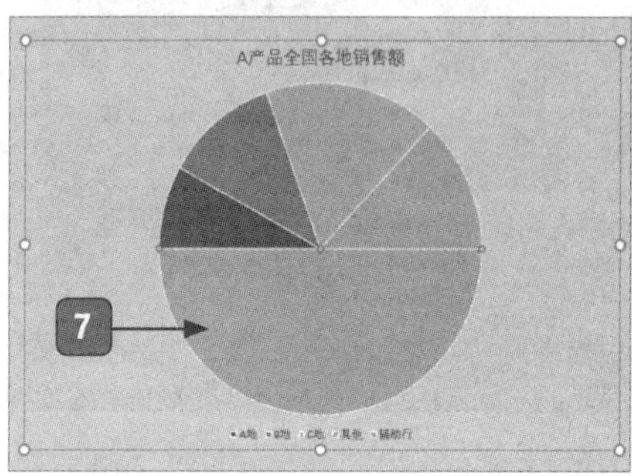


6 设置【第一扇区起始角度】为“270°”

7 选择饼图中的半圆形。

8 选择【边框与线条】选项卡。

9 设置【填充】为“无填充”。

10 设置【边框】为“无线条”。

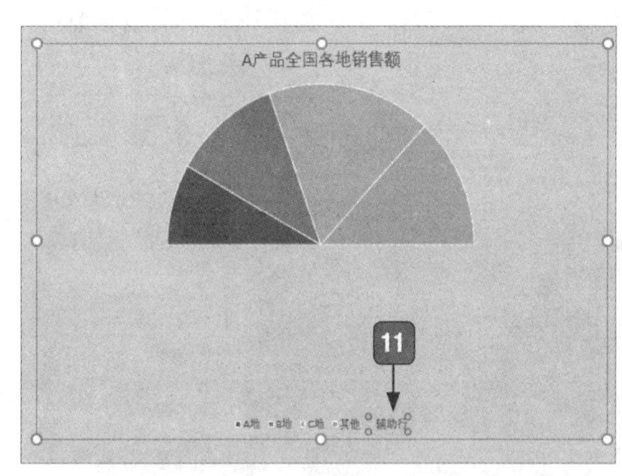


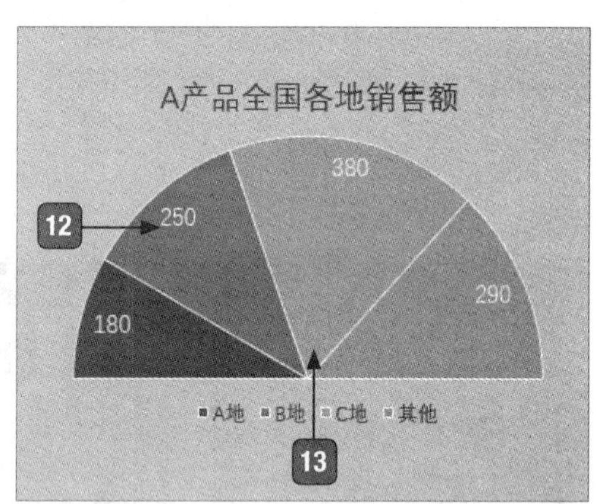


11 选择图例中的“辅助行”，按【Delete】键将其删除。

12 调整图例的位置。

13 添加数据标签，完成半圆图表的制作。

07

CHAPTER

第7章

# 图示的形象化表达

>>> 图形怎样用才能撑起幻灯片“颜面”？

>>> 绘制任意图形的方法，你会不会？

>>> 如何才能让绘制的图形更好看？

>>> 图形的特殊处理方法有哪些？

那就来学习这种形象化的语言——图示吧。

## 7.1 图形可以这样用

虽说 PPT 重在图片的运用，但是面对一些流水账式的主题内容，如各种年终报告等，用多了图片不但没让你出彩，说不定还给人不严谨的感觉，这时候咋办？看看这章题目，就是要用图形来拯救。你别不信，看看别人的 PPT。

用组合形状，圈出文字的小小天地。

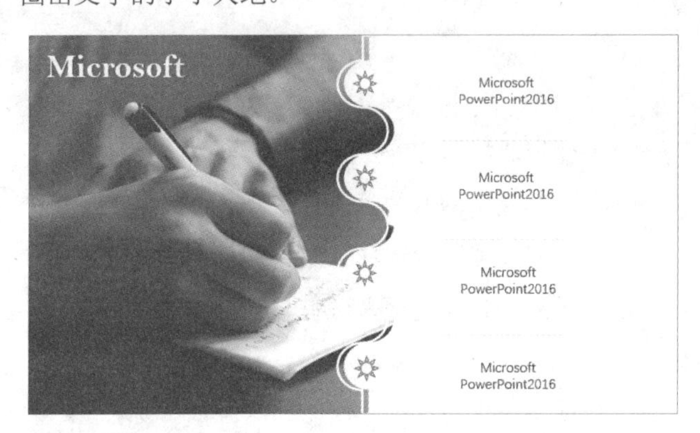


这样用图形，谁还敢说我的 PPT 不精彩。

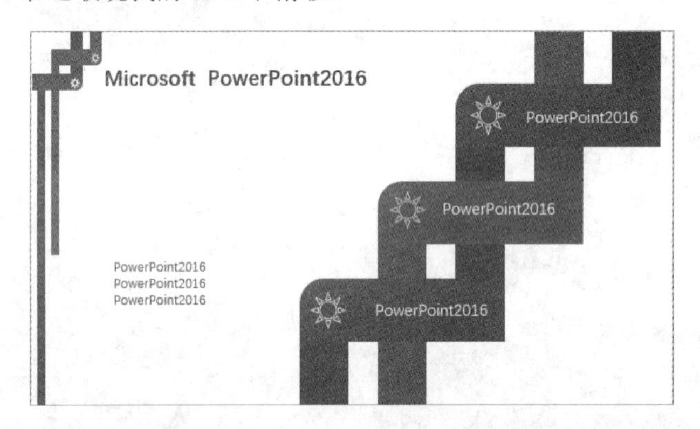


撑起封面“颜值”也是毫无压力。

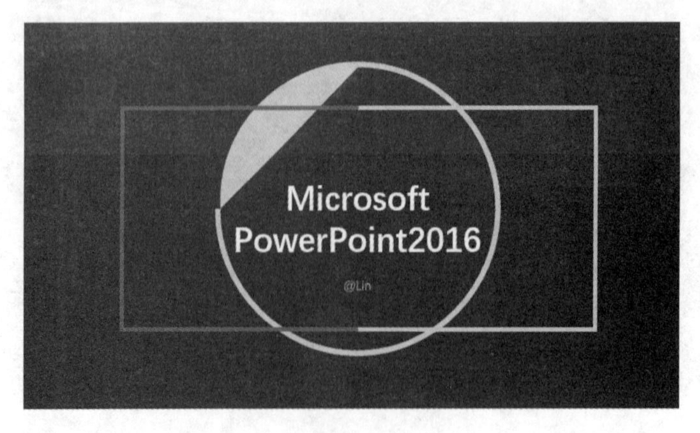

文字内容也完全掌控得住！

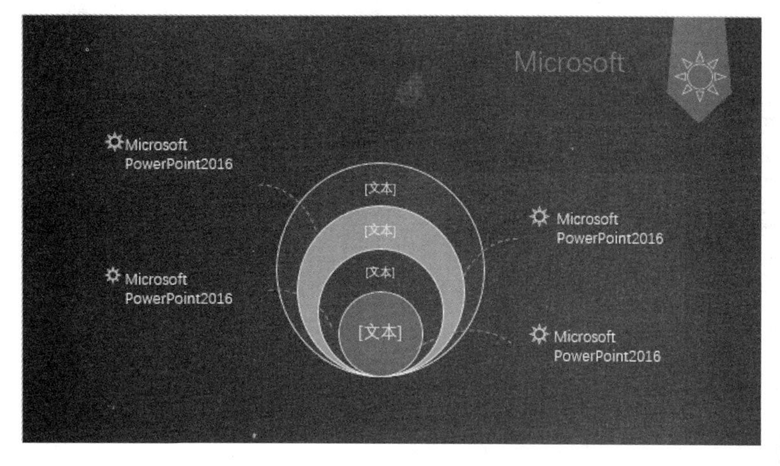


看完这些图是不是觉得心动了？那就赶紧学着用起来吧。

# 7.2 绘制图形

要用图形绘制出出彩的 PPT，要先学会怎么绘制基本图形。

## 7.2.1 绘制基本图形

打开幻灯片。

1 在【绘图】组的图形列表框中选择形状。

2 在幻灯片上按住鼠标左键，拖动绘制出图形。

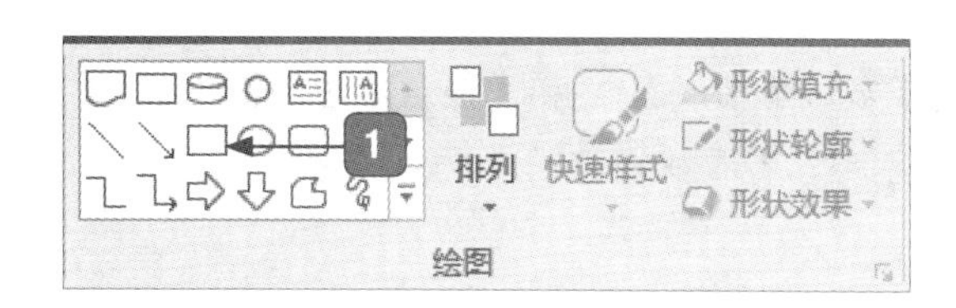

这样不就完成图形的绘制了吗？

好吧，既然大家都会了，那我们就跳过这个往下看吧。

## 7.2.2 快速复制图形

说复制，你想到的是不是快捷键【Ctrl+C】跟【Ctrl+V】呢？还是右击选择复制并粘贴？都不是，今天我们要说的可是比这更简单和厉害的存在。

（1）省力第一招——【Ctrl+D】

首先当然要有图形了，所以先绘制出一个图形。

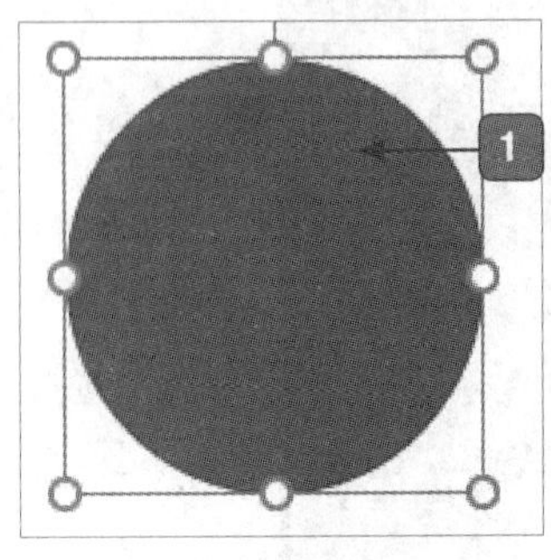


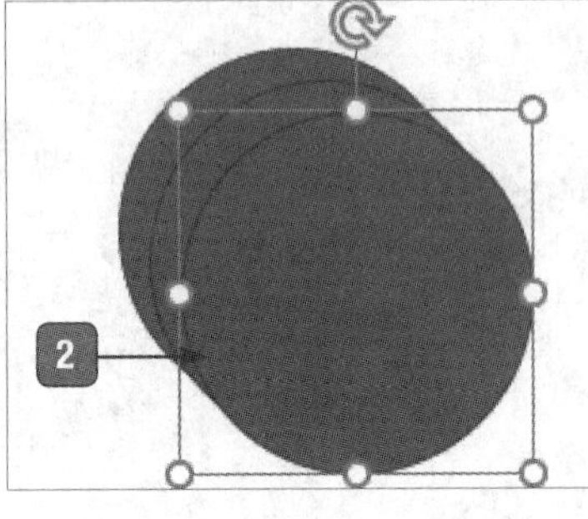


1 单击选中图形。

2 按下【Ctrl+D】组合键完成复制。

是不是既简单又快捷。

（2）省力第二招——【Ctrl+ 鼠标拖动】

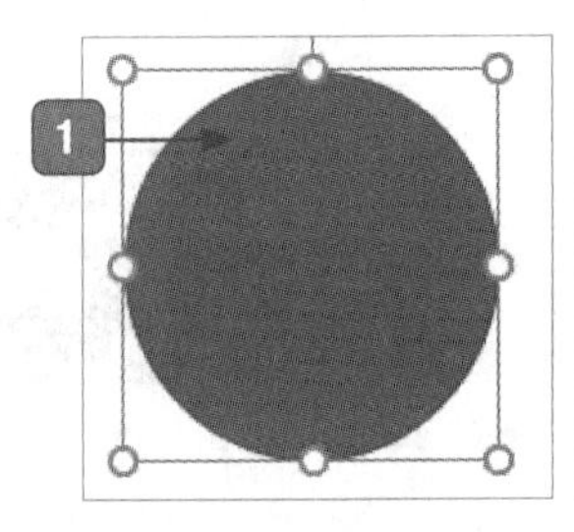


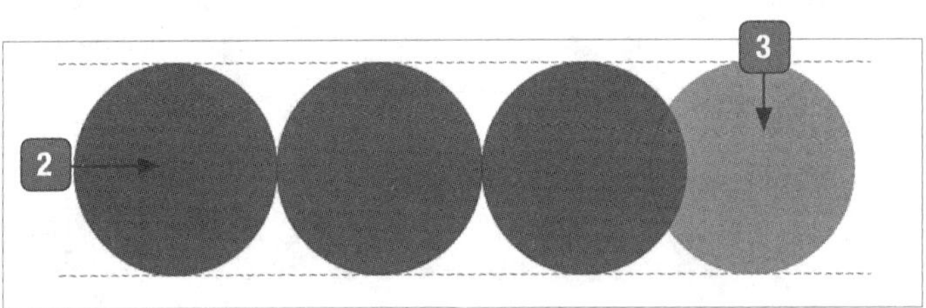


1 绘制出图形并选中。

2 按住【Ctrl】键，同时使用鼠标拖动图形。

3 松开鼠标复制成功，完成复制以后松开【Ctrl】键。

是不是很神奇。

## 7.2.3 一条线绘制出任意图形

在图形绘制区有一个神器，那就是【多边形曲线】和【任意多边形】及【曲线】。它们都称为任意多边形，有什么区别呢？看看就知道了。

（1）任意多边形曲线

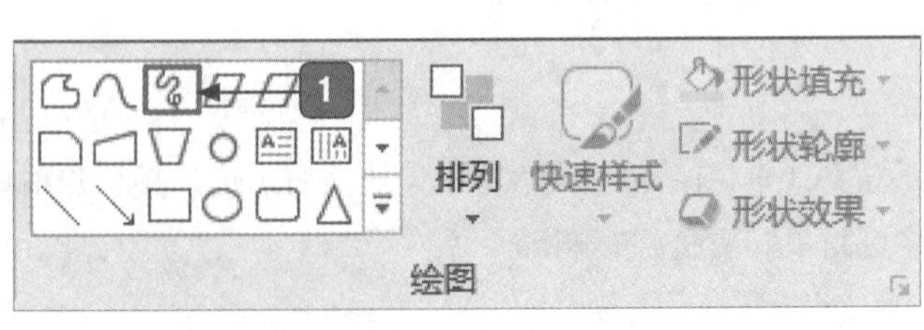


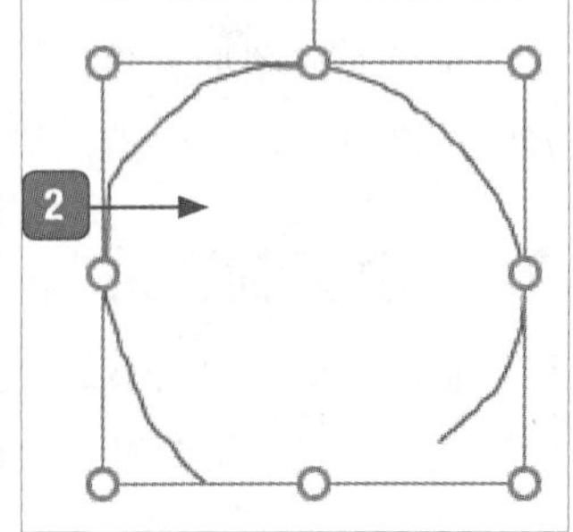

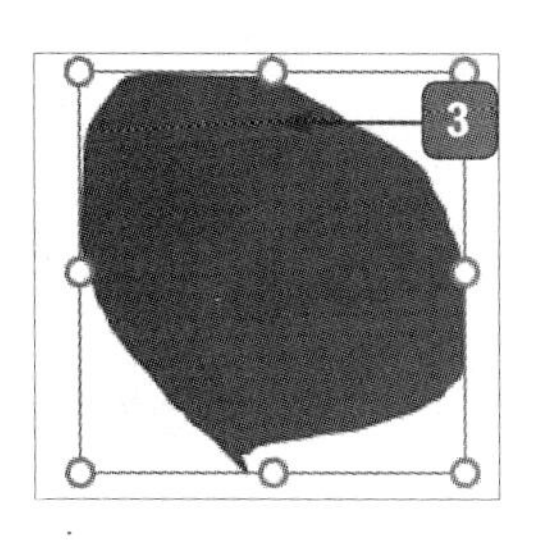


1. 单击【开始】选项卡【绘图】组中的【多边形曲线】图标。
2. 在幻灯片上按住鼠标左键不放，拖动鼠标进行绘制，松开鼠标即可完成绘制。
3. 线条首尾相连后变成图形。

是不是很神奇，直接就可以用来画画了。

不过有个问题，任意多边形和曲线在绘制的时候中途不能松手，一松手就结束绘制了，而且绘制的线条也不直，画多边形的时候有点不方便。这时候就要用到任意多边形了。

（2）任意多边形

多边形是多边形曲线的升级版，不仅可以像多边形曲线一样应用，还可以更有特色。

同样地新建幻灯片。

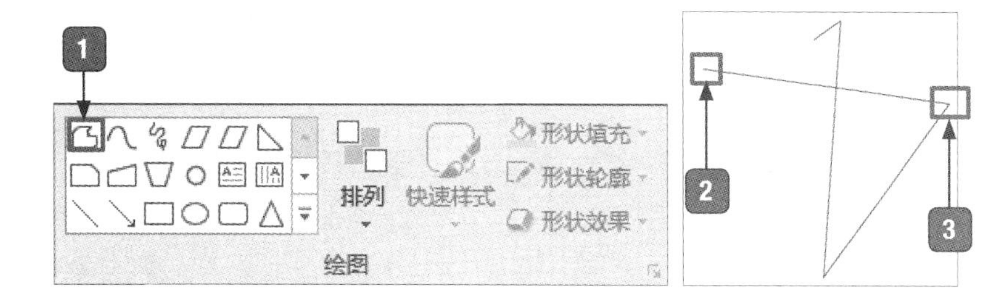


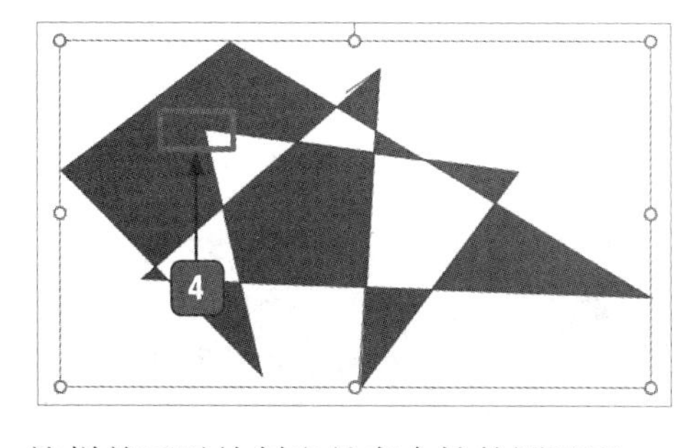


1. 选择【开始】选项卡，在【绘图】组中找到任意多边形并选中。
2. 单击 PPT 任意点设置起点。
3. 移动鼠标再次单击，设置拐点。重复操作。
4. 首尾相连完成绘制。

这样就可以绘制出具有个性的图形了。

（3）曲线

最后是曲线，用法与【任意多边形】相似，不过绘制出的图形拐角是弧形的，如下图所示。

当然，这些线条也可以在【插入】选项卡的【形状】菜单里找到。

## 7.3 图形的美化技巧

我们之前在第 4 章讲述了图片美化技巧，是不是觉得很“高大上”呢？现在我们要认识另一个同样神奇堪比 Photoshop 的美图技巧。

### 7.3.1 改变边角形状

嫌弃边角不好看？没关系，换个边角，换个心情。

就拿矩形来说吧，毕竟万能图形使用的机会最多了。那就先绘制一个矩形。

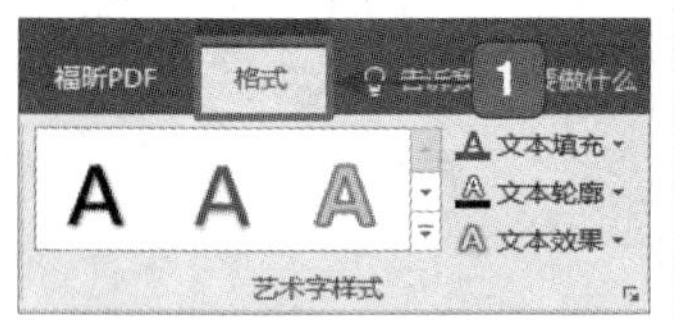


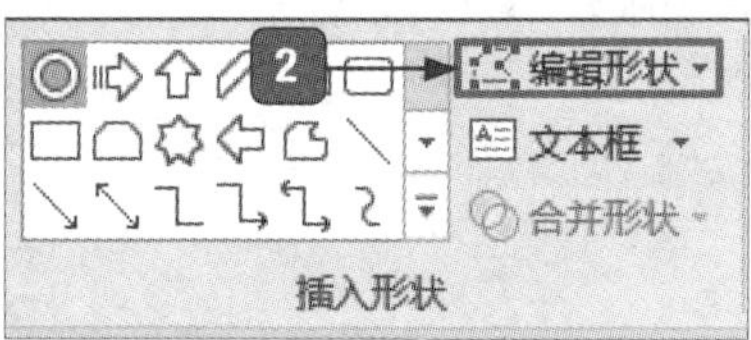

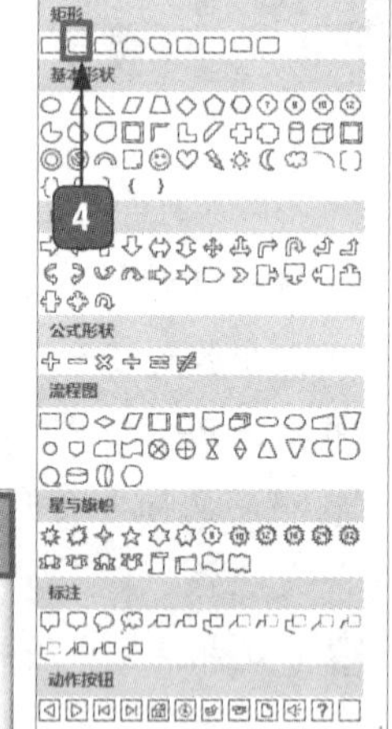


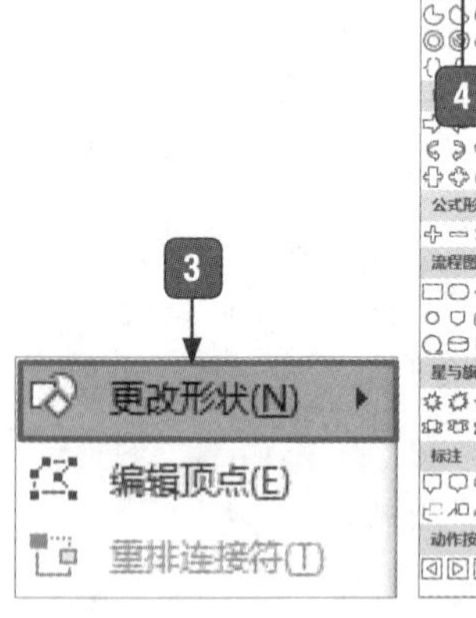


1 选择【格式】选项卡。

2 单击【编辑形状】下拉按钮。

3 在下拉列表中选择【更改形状】选项。

4 单击选择想要的样式。

5 原本的直角边变成弧形边角了。

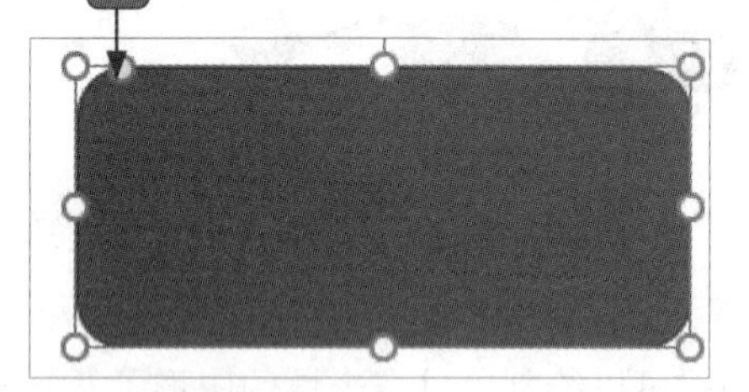


啥？觉得弧度不够满意，没关系。

这样就能轻松改变弧形了，效果如下图所示。

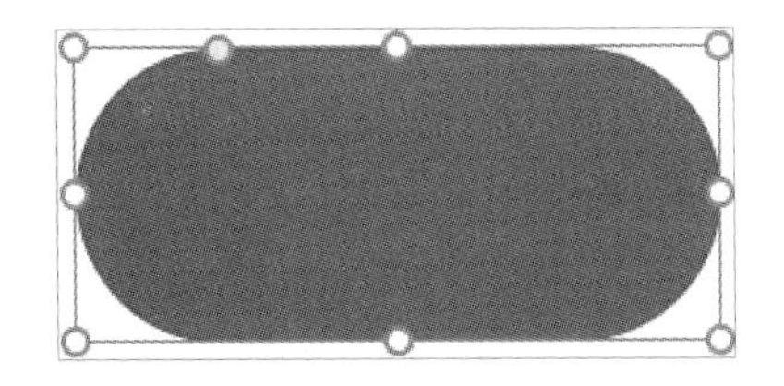

## 7.3.2 改变边框颜色

嫌弃边框颜色不好看？改！

1. 右击图形。
2. 单击【边框】按钮。
3. 在出现的列表中选中需要的颜色。

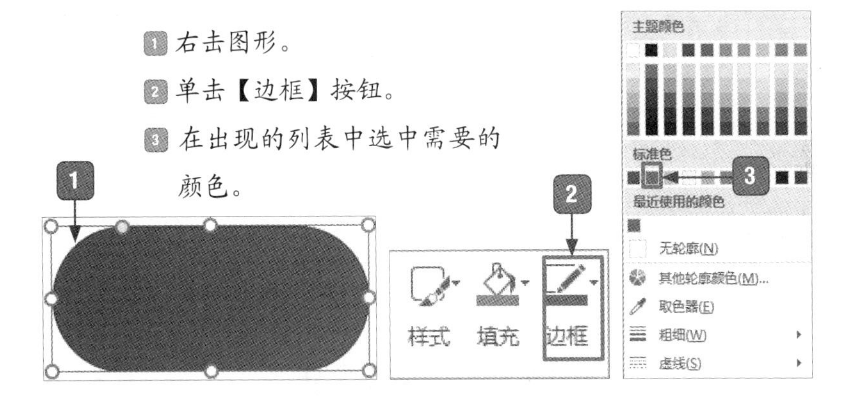


这样就轻松改变边框颜色了。

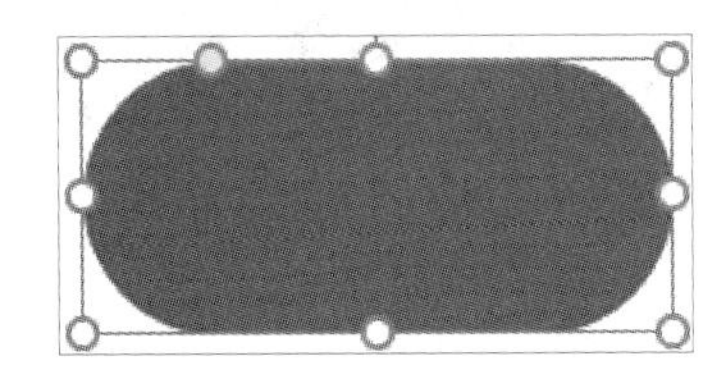

觉得颜色选择太少，没有适合的颜色？谁说的，我们颜色多着呢！

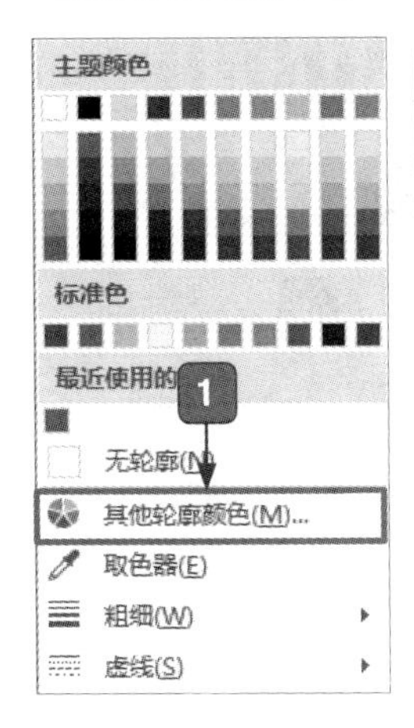


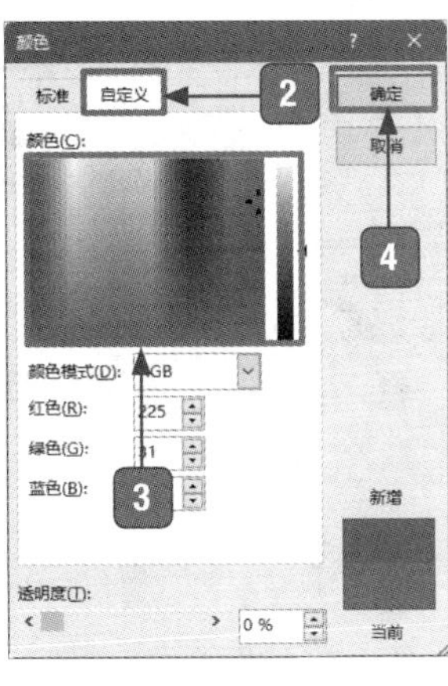


1. 在【主题颜色】窗格中单击【其他轮廓颜色】按钮。
2. 选择【自定义】选项卡。
3. 单击色卡选择颜色。
4. 单击【确定】按钮。

## 7.3.3 改变图形线框

觉得线框太细款式不好看？改！

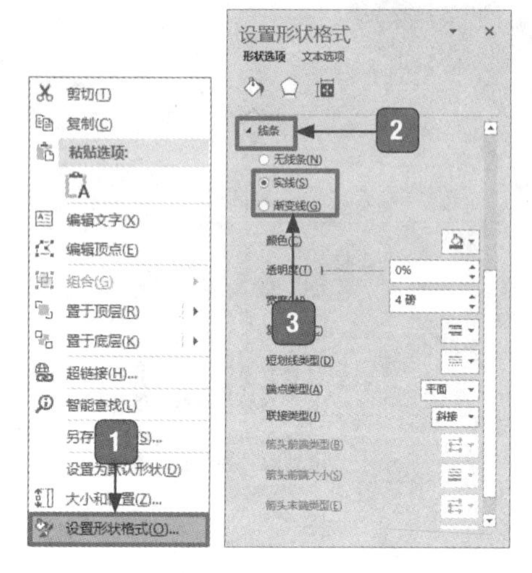


1 右击图形，在弹出的快捷菜单中选择【设置形状格式】命令。

2 单击【线条】按钮。

3 选择线条类型并在下方微调框中进行调整设置。

这样就可以改变边框了。

觉得不方便的话，再给你讲一个快速的方法。

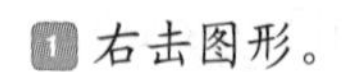

1 右击图形。

2 单击【边框】按钮。

3 设置线框的粗细与线条类型。

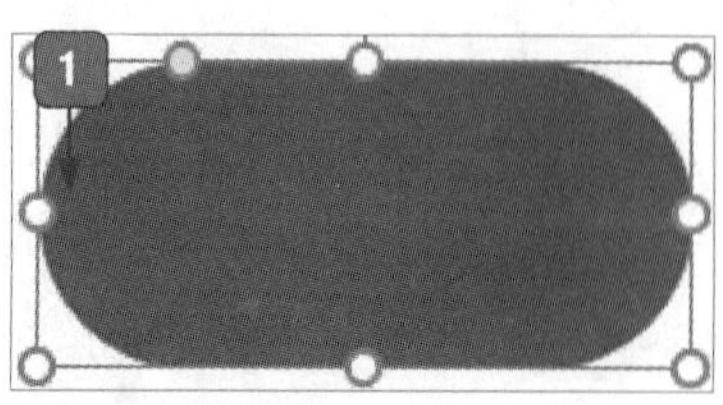


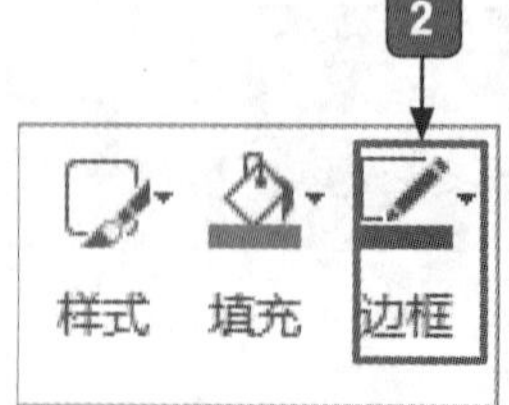


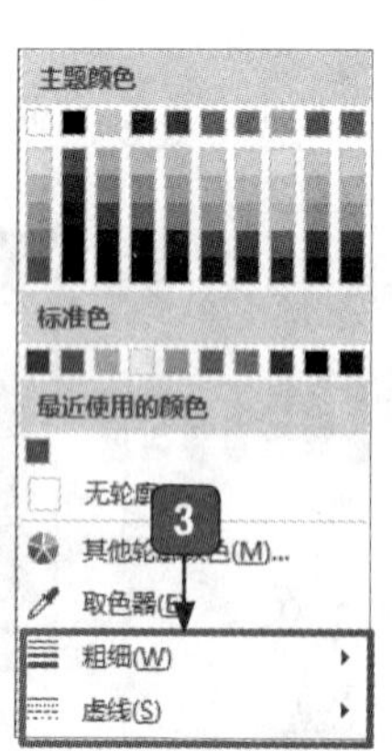




## 7.3.4 添加图形阴影

图形放着太单调，想要让图形变得更立体？没问题！

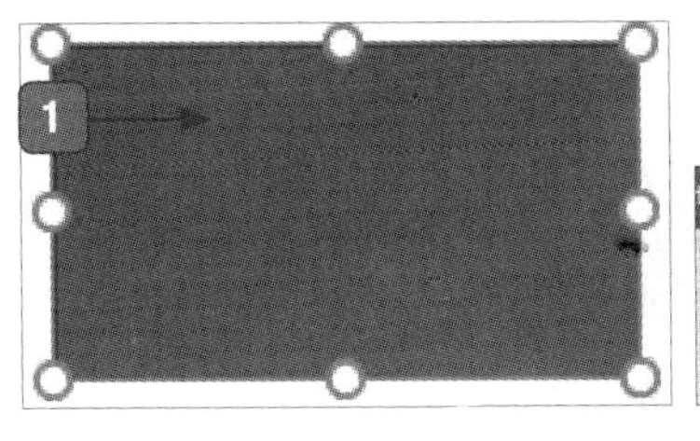


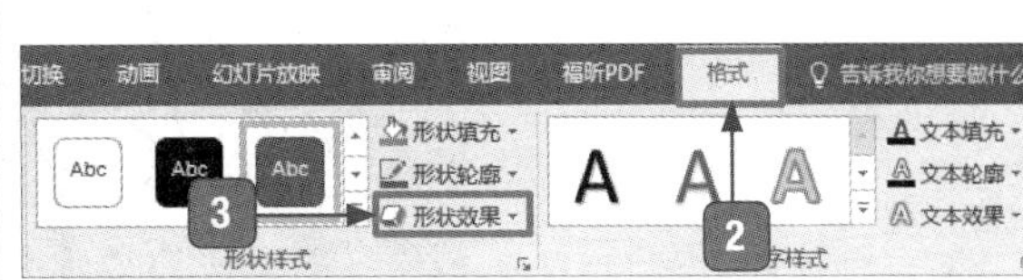


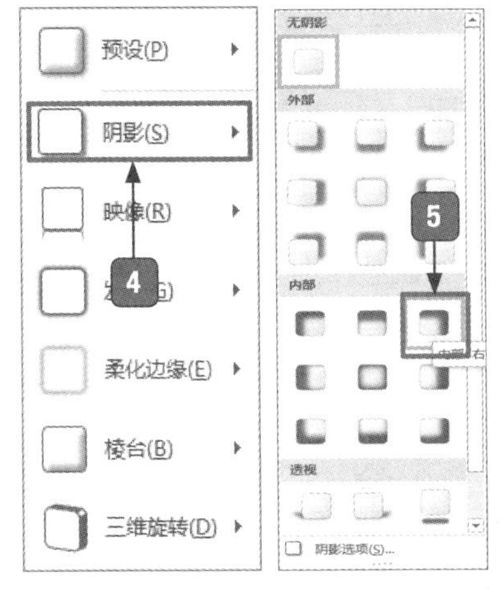


1 选中绘制好的图形。

2 选择【格式】选项卡。

3 单击【形状效果】的下拉按钮。

4 在弹出的下拉列表中选择【阴影】选项。

5 单击选中阴影的形态。

这样就可以给图形加上阴影了。

当然也可以根据自己的需求动手定制。

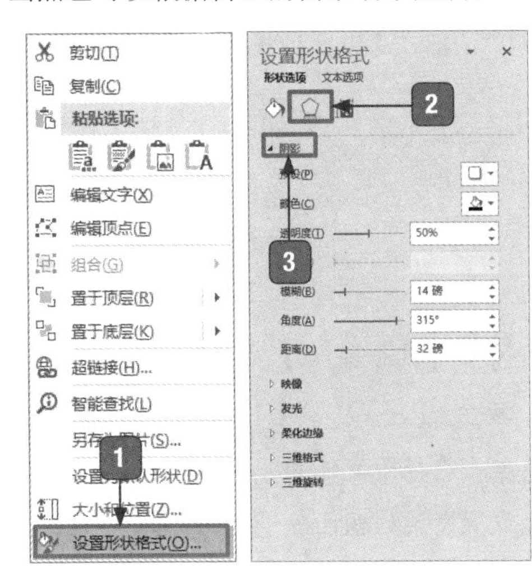


1 右击图形，在弹出的快捷菜单中选择【设置形状格式】命令。

2 单击【效果】图标。

3 单击【阴影】按钮，在下方微调框中微调。

这样就可以了，效果如下图所示。

## 7.3.5 填充颜色图案

看了这么久，是不是一直想说图形的颜色太难看？嘿嘿，别急，下面我们就给图形进行“包装”。

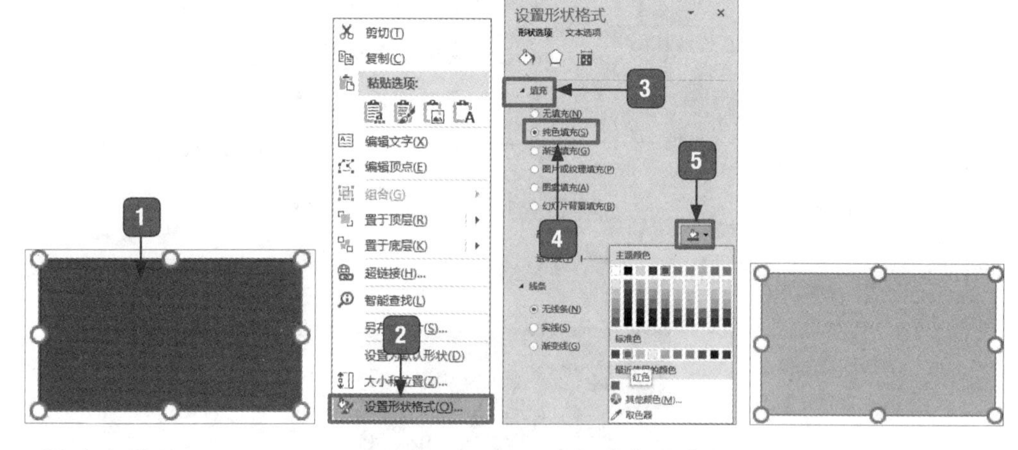


1 右击图形。

2 在弹出的快捷菜单中选择【设置形状格式】命令。

3 单击【填充】按钮。

4 选中【纯色填充】单选按钮。

5 单击【颜色】按钮并选择要填充的颜色。

觉得颜色太单调，想要点不一样的？没问题。依旧在【设置形状格式】窗格中进行设置。

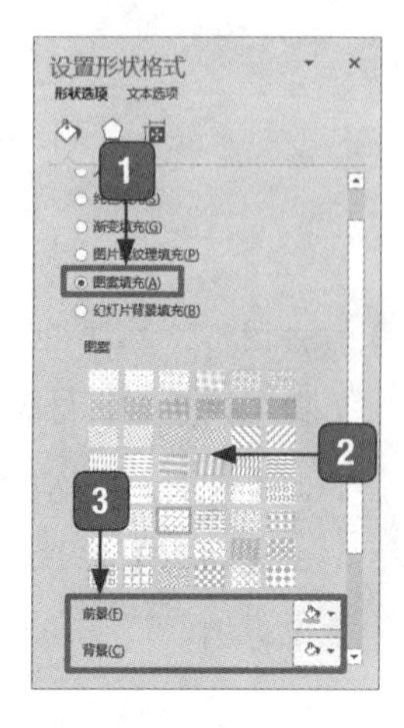


1 选中【图案填充】单选按钮。

2 单击选择图案样式。

3 设置图案的颜色。

看看效果怎么样吧。

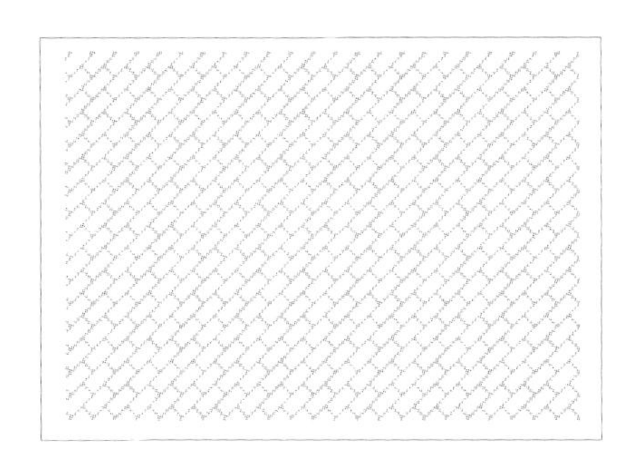

如果想填充图片等其他样式，选择相应的样式进行操作就可以了，是不是很简单！

## 7.3.6 添加特效效果

最后，让我们看看怎么给图形添加特效吧。

1 选中图形，选择【格式】选项卡。

2 单击【形状效果】按钮。

3 选择想要的效果进行叠加即可。

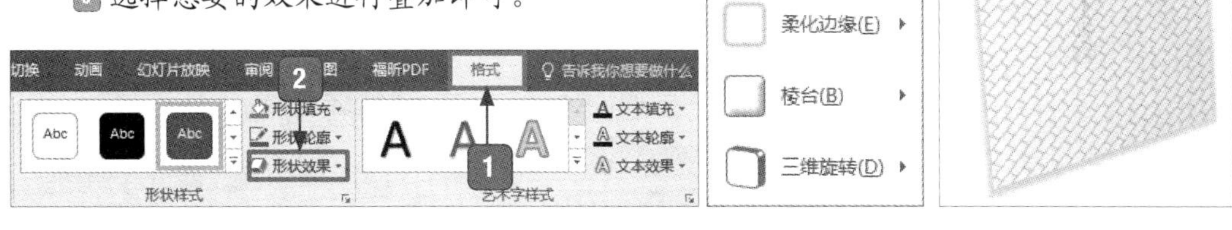


当然，我们“善解人意”的 PowerPoint 2016 怎么会不满足你自己定制的小心思呢？

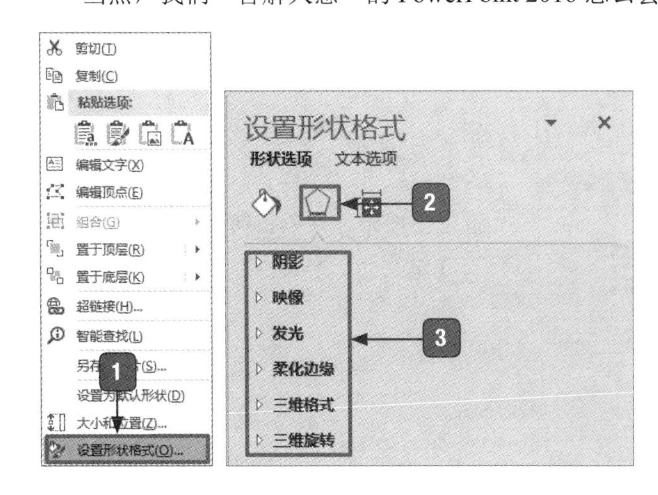


1 右击图形，在弹出的快捷菜单中选择【设置形状格式】命令。

2 单击【效果】图标。

3 选择想要的特效叠加即可。

## 7.4 图形的特殊处理

小白：大神，我刚刚在你的 PPT 上看到几个奇特的图形，可是在图形区找不到相同的，它们是从哪里来的啊？

**大神**：你说的是哪些？

小白：就是这几个。

**大神**：哈哈，这些都是我的秘密小套路。让我来教你怎么做吧。

### 7.4.1 使用【编辑顶点】功能绘制任意图形

其实前两个图形是用同一个图形做成的，你看出来了吗？而且第二个只是比第一个多花了一点点套路，看看是怎么做的吧。

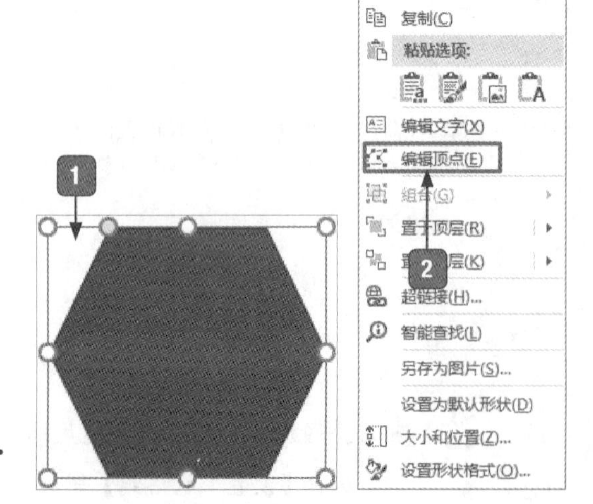


1 在幻灯片上等比插入一个六边形。

2 右击图形，在弹出的快捷菜单中选择【编辑顶点】命令。

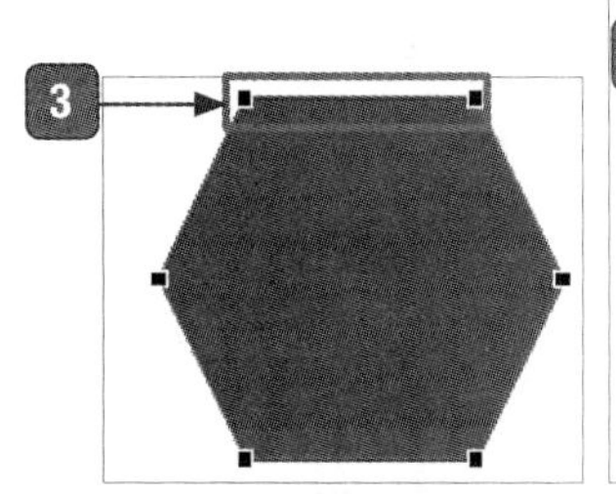

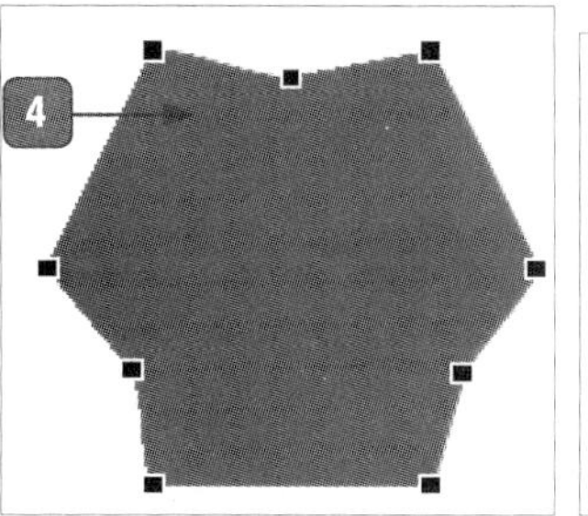

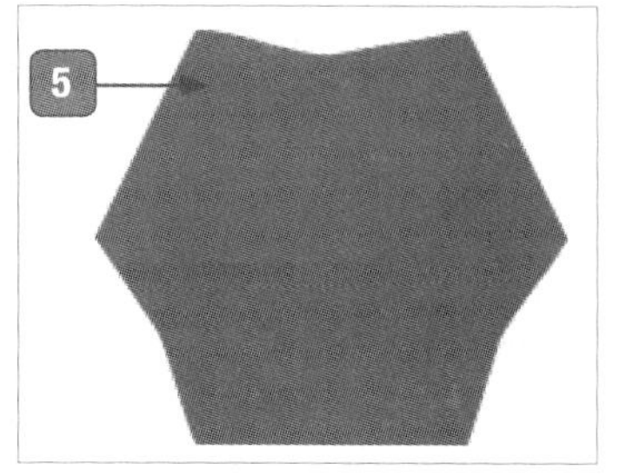


3 选中图形边框，拖动调整线条形态。

4 重复拖动线条绘制出想要的图形。

5 单击幻灯片任意空白处，退出【编辑顶点】命令。

然后将图形的边框设置为【无线条】，再填充上颜色，就完成下面图形的绘制了。

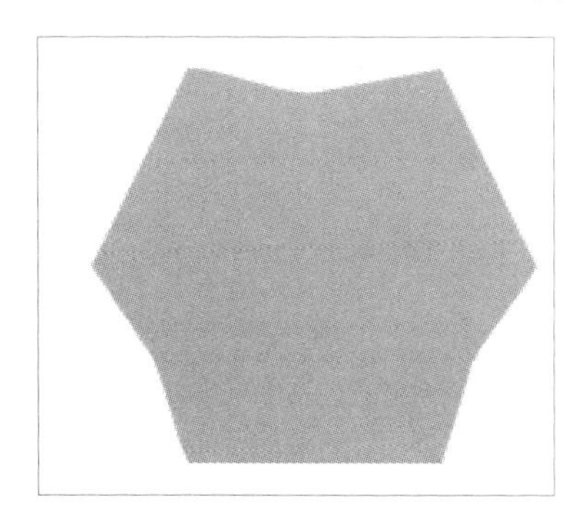

不是还有中间跟外围的图形吗？怎么没有呢？哈哈，别急，下面我们就来制作。

1 复制一个刚刚做好的图形。

2 将图形填充设置为【无填充】，设置边框宽度并设置颜色。

3 右击图形，在弹出的快捷菜单中选择【编辑顶点】命令。

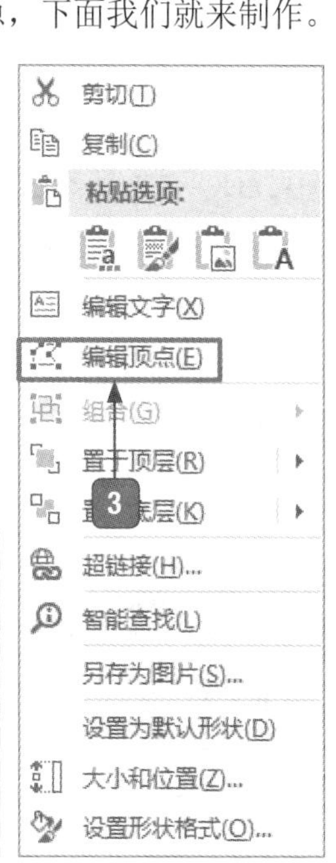


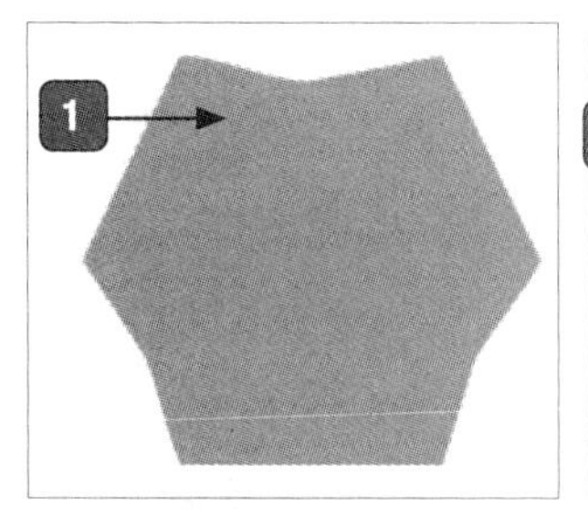

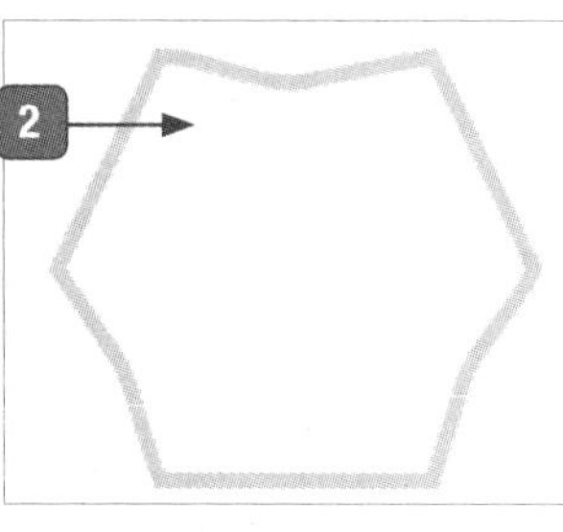

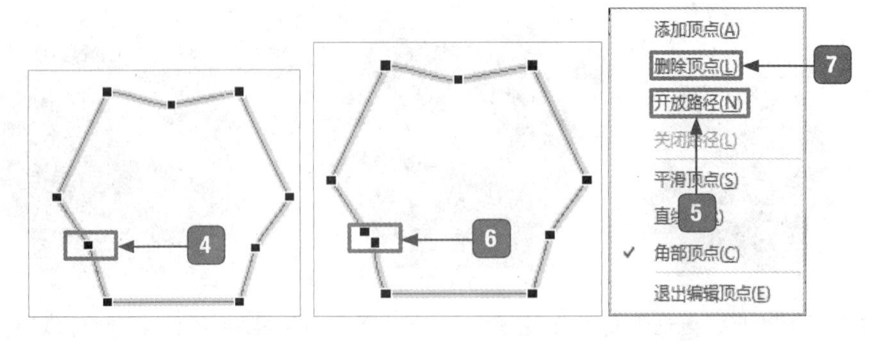


4 选中要去掉线段位置的黑色顶点并右击。

5 在弹出的快捷菜单中选择【开放路径】命令。

6 选中黑色顶点并右击。

7 在弹出的快捷菜单中选择【删除顶点】命令，删除线条。

删除不要的线条后退出【编辑顶点】命令，这样就能做出外围的图形了，如下图所示。

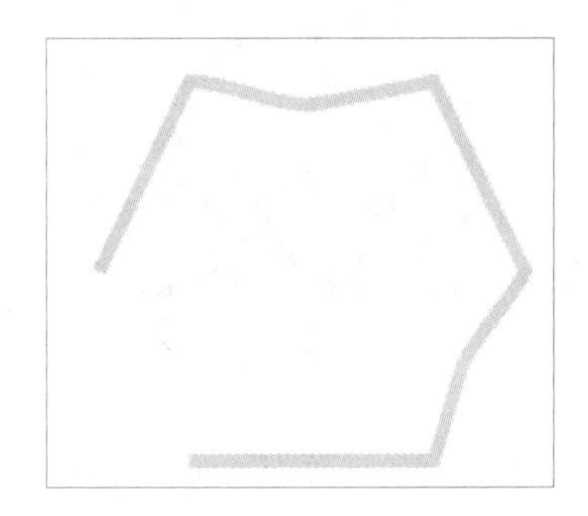

用同样的方式做出白色的图形，然后将3个图形拼接在一起就可以了。

## 7.4.2 使用“形状组合”功能拼合任意形状

还记得我们在第四章提到过的布尔运算吗？虽然只展示了【拆分】的过程，但是机智的你一定用同样的办法“召唤”出了【组合】【联合】【剪除】【合并形状】“四兄弟”了吧！没错，其中的【组合】就是我们现在要讲的“魔法”。

现在让我们用【组合】魔法拼合任意形状吧。

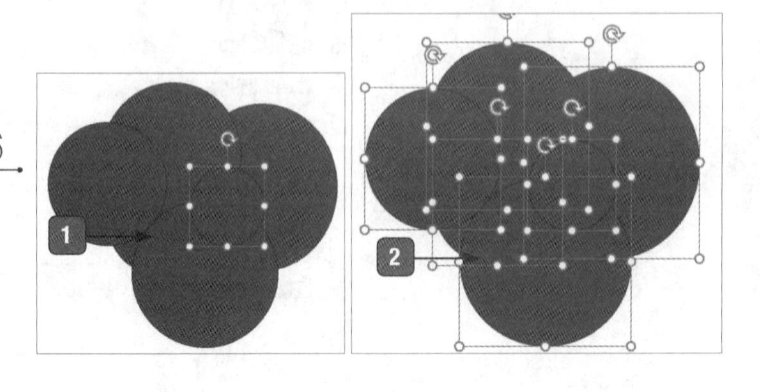


1 在幻灯片上绘制出多个图形，堆放在一起。

2 按下【Ctrl+A】组合键全选图形。

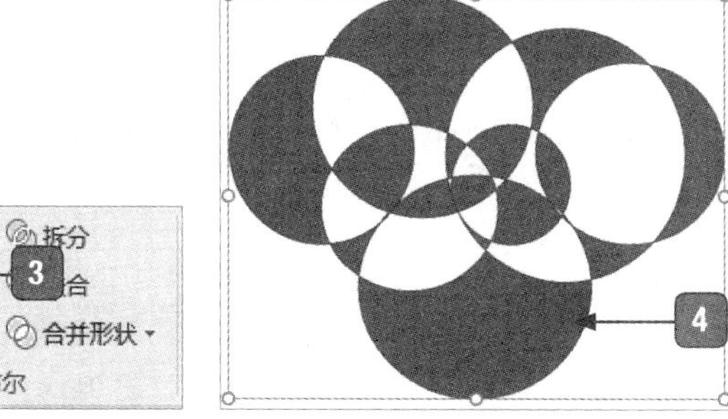


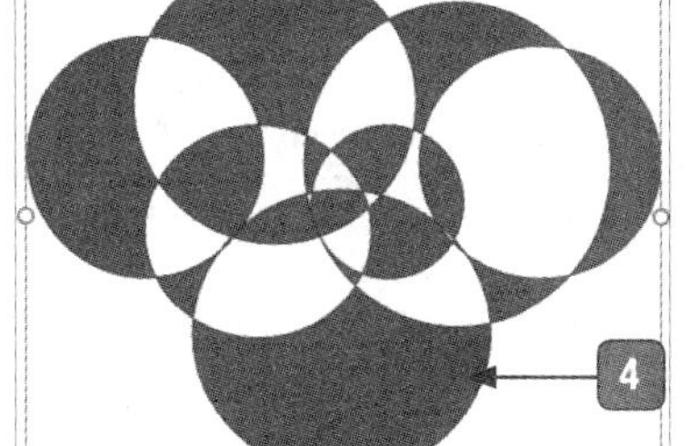

3 单击布尔运算的【组合】按钮。

4 完成拼合。

最后设置边框颜色和填充颜色就可以了。

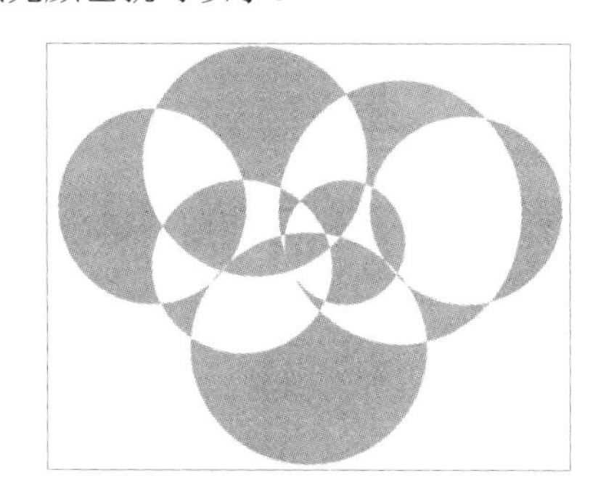

## 7.5 逻辑图示的绘制

写总结类型的 PPT 总是觉得不出彩？连精致的图文都拯救不了流水账总结？怎么办？有了，使用逻辑图示，简洁大方又出彩。

### 7.5.1 常用的逻辑图示

知道逻辑图示是干什么用的吗？逻辑，当然是展示内容间的逻辑关系。那么我们来看看常用的逻辑视图有哪些。

经常出现在目录或总结说明的列表，如下图所示。

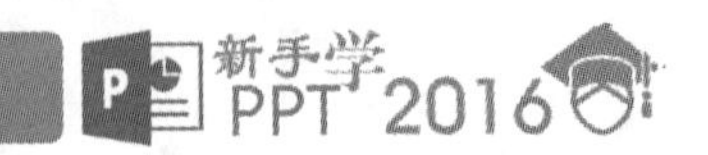

表示事物流程或递进关系的流程图，如下图所示。

循环结构也不少见，如下图所示。

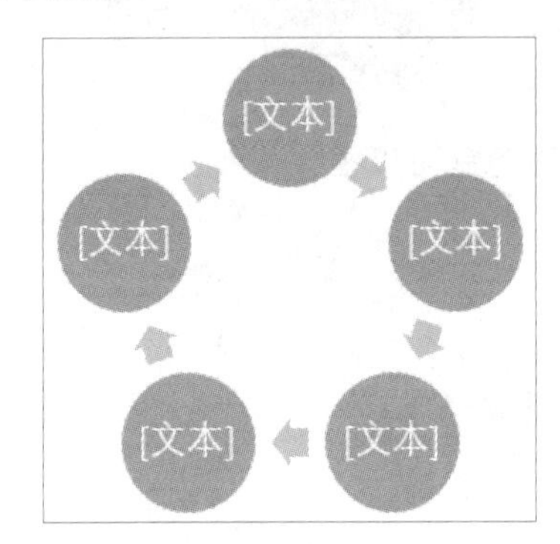


说逻辑关系又怎么能少了我们的“家谱必备”——树状图，如下图所示。

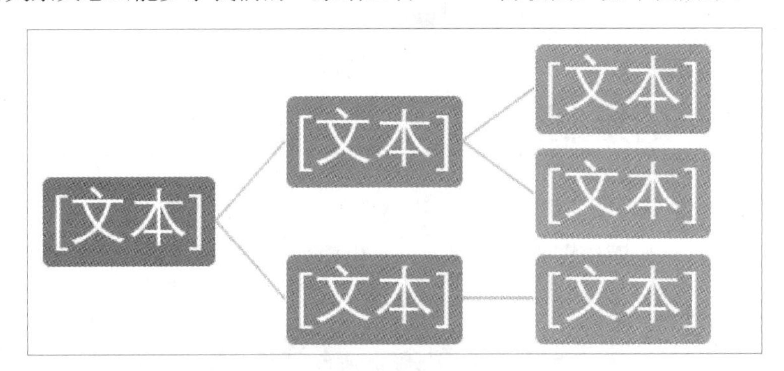


还有我们的“营养专家”，别给忘记了，如下图所示。

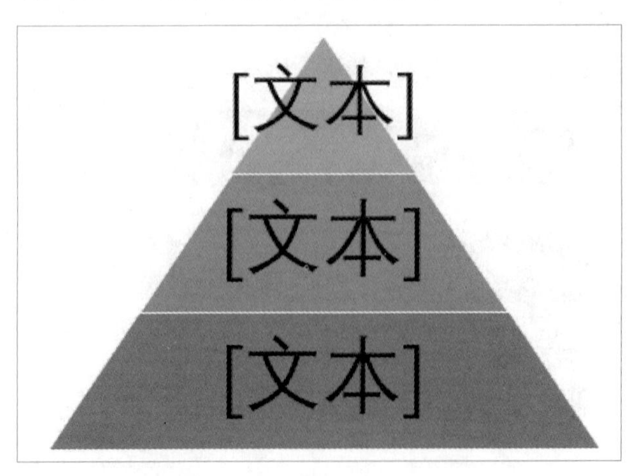

## 7.5.2 使用 SmartArt 图形绘制

如果逻辑图形技能没掌握，没关系，我们贴心的 PowerPoint 2016 为你准备了 SmartArt 图形绘制，点点鼠标就可以轻松完成。

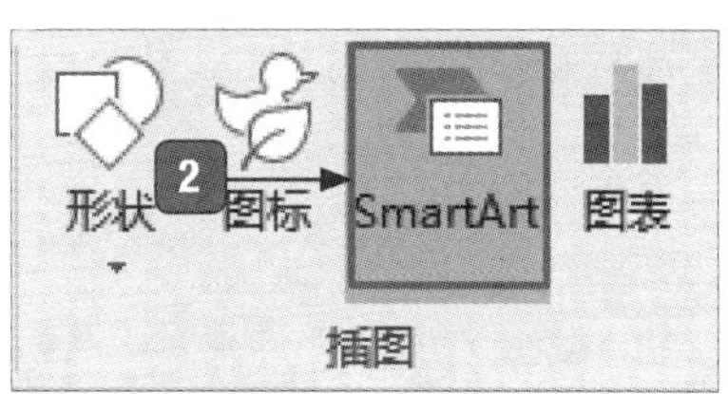


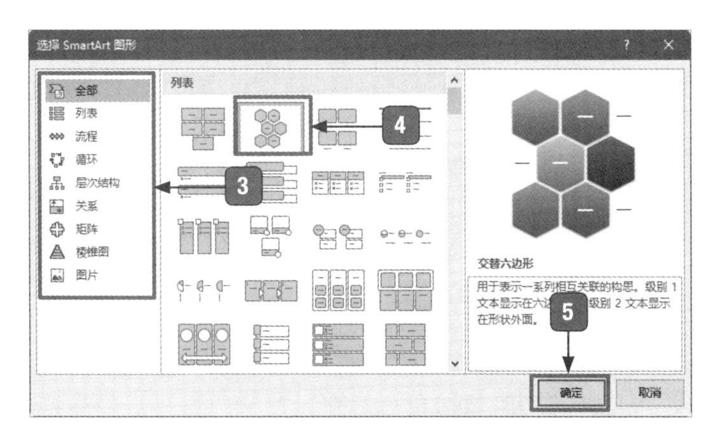


1 新建幻灯片，选择【插入】选项卡。
2 单击【SmartArt】按钮。
3 在弹出的对话框中选择图形类型。
4 单击图标选择图形样式。
5 单击【确定】按钮。

这样就能插入图形了。

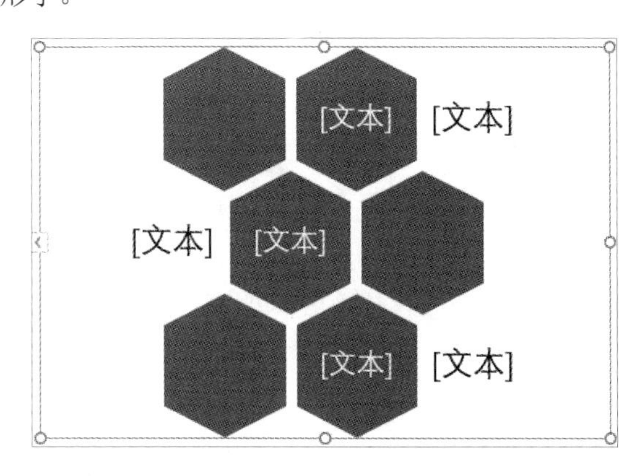


不过还没完，默认颜色会不会与主题不搭配？而且图形的样子也不够个性。改！好吧，知道你自己就会对每个图形进行个性美化，不过我还是要装成大神的样子跟你讲讲怎么用 SmartArt 附带的美化方式！

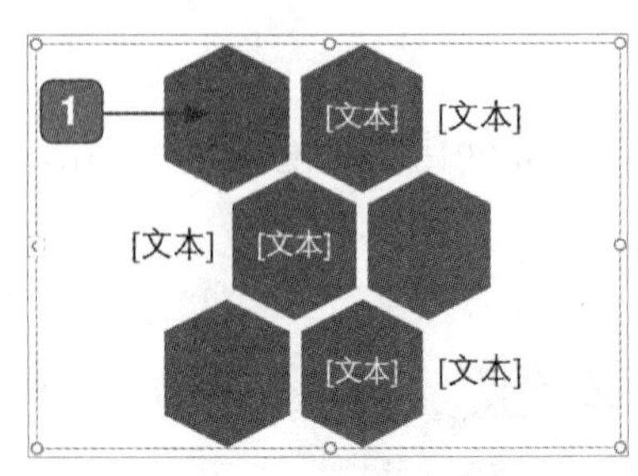


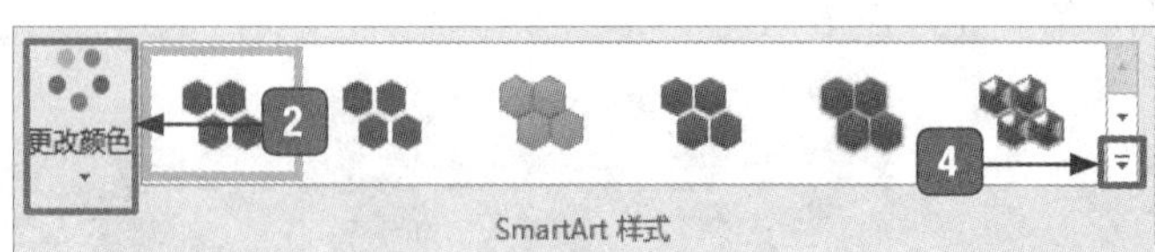


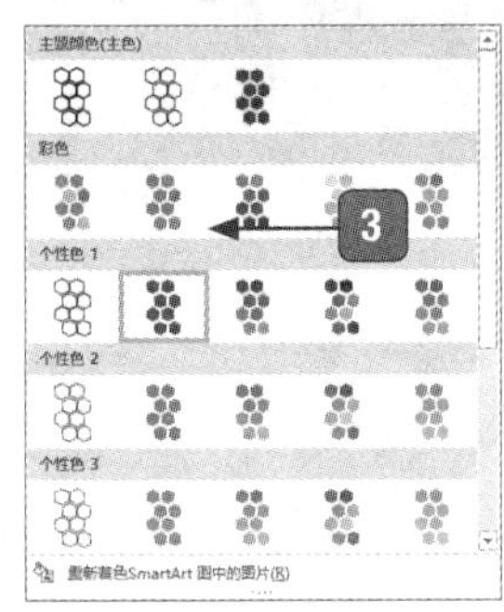


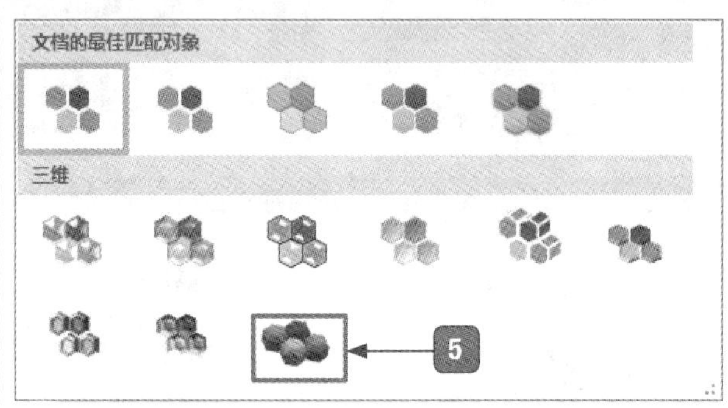


1 选中图形。

2 单击【更改颜色】下拉按钮。

3 在弹出的下拉列表中选择需要的颜色。

4 单击该下拉按钮。

5 在弹出的界面中选择需要的样式。

这样我们的 SmartArt 图形就变样了，如下图所示。

最后在【文本】处输入内容就可以了。



## 7.5.3 使用形状自定义绘制

使用 SmartArt 图形久了，就没有新意了，而且也不总是能在 PPT 上完美融合，就换换口味自己动手做吧。

你问怎么做？PowerPoint 自带的 SmartArt 图形是用形状拼搭制作成的，那我们也可以自己用形状进行拼搭结合。

在绘制前要明确自己想做的类型，如下图所示的列表型。

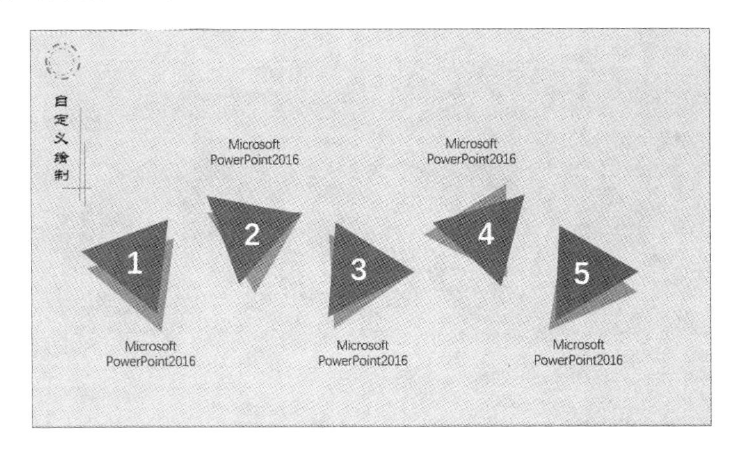


明确了目标以后就开始制作吧。

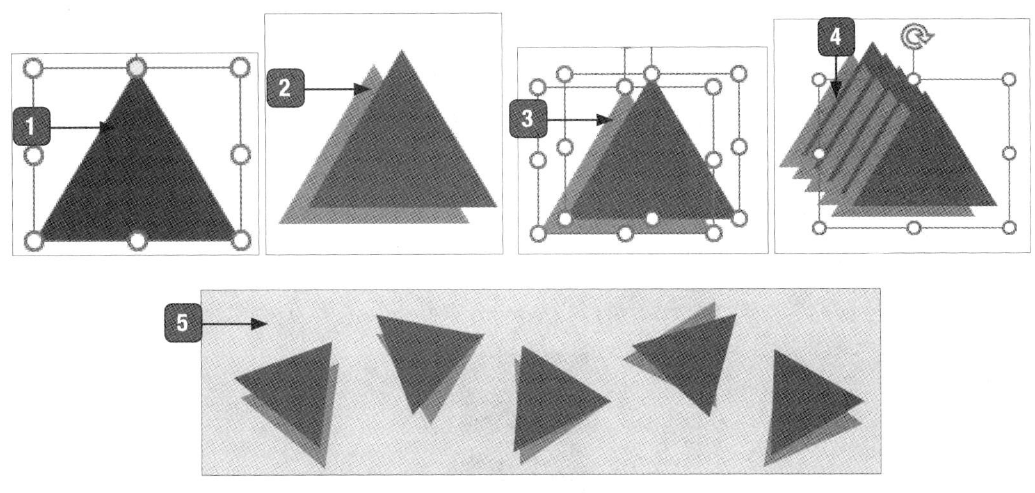


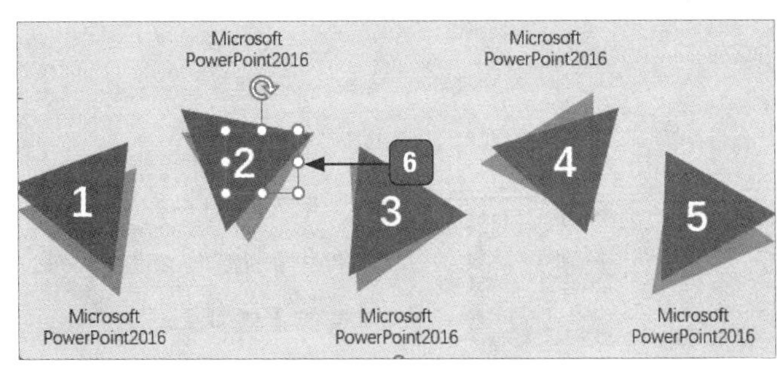


1 绘制一个主要的图形。

2 美化形状。

3 按下【Ctrl+A】和【Ctrl+G】组合键组合形状。

4 按【Ctrl+D】组合键复制出需要的个数。

5 对图形进行排版调整。

6 跟着图形排版插入文本框，注意对齐哦！

这样自己就绘制出一个逻辑图形了，是不是很简单？！

如果是制作流程、循环类的逻辑图，加一点箭头类的图形进行引导就可以了，如下图所示。

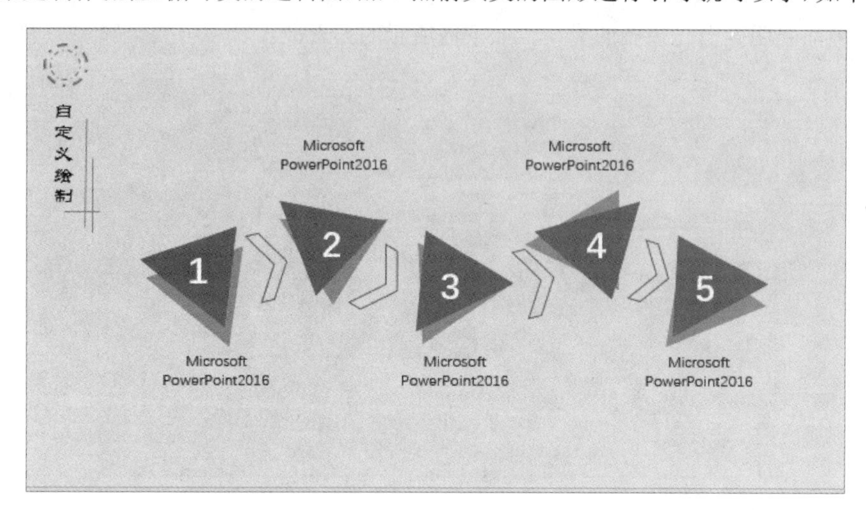


## 7.5.4 使用 Xmind 绘制

小白：哇，大神你好厉害，居然能做出这么细致好看的逻辑图，果然我跟大神之间的差别除了实力还有审美跟脑洞，我怎么就想不出这样的逻辑图呢？

**大神**：哈哈，看你说的，其实没有那么夸张啦。我只是比你多知道了几个 PPT 制作的神器。

小白：神器？你居然藏了“秘密武器”，快告诉我！

**大神**：它叫 Xmind，现在我就把它告诉你。

首先要在计算机上安装 Xmind，可以去 Xmind 官网下载或者直接搜索进行下载。

安装好以后就可以开始使用了。

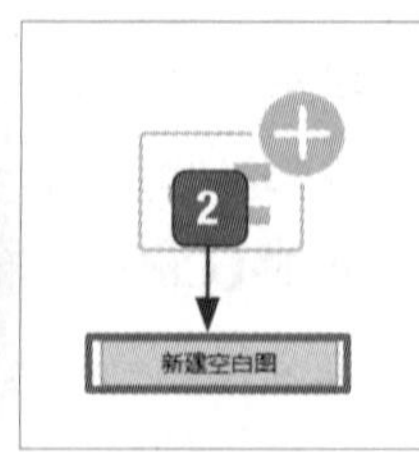


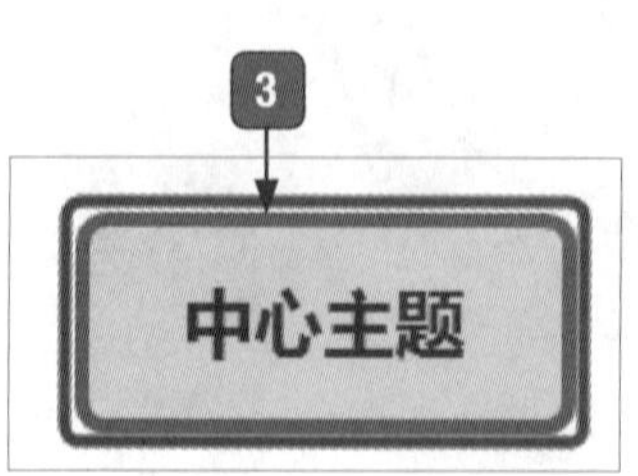


1 打开 Xmind 软件。

2 单击【新建空白图】按钮。

3 右击【中心主题】。

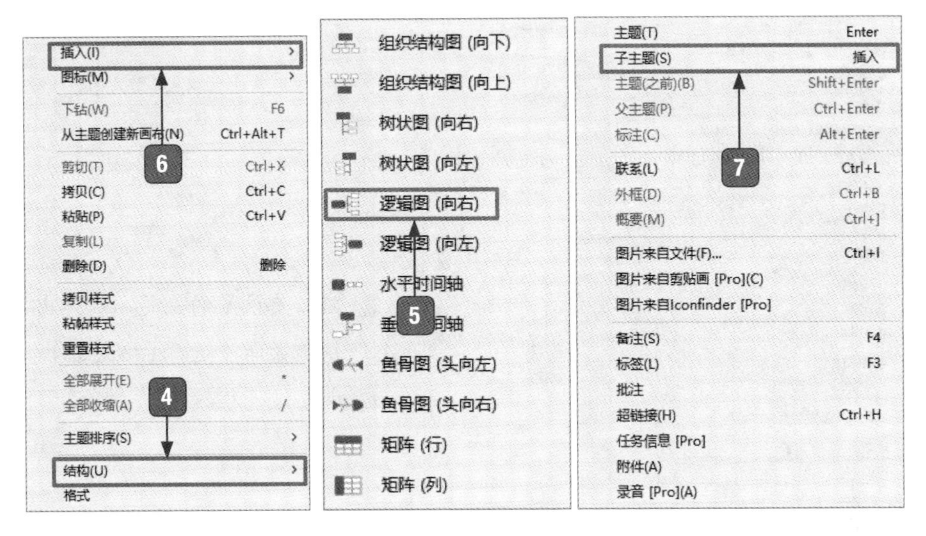


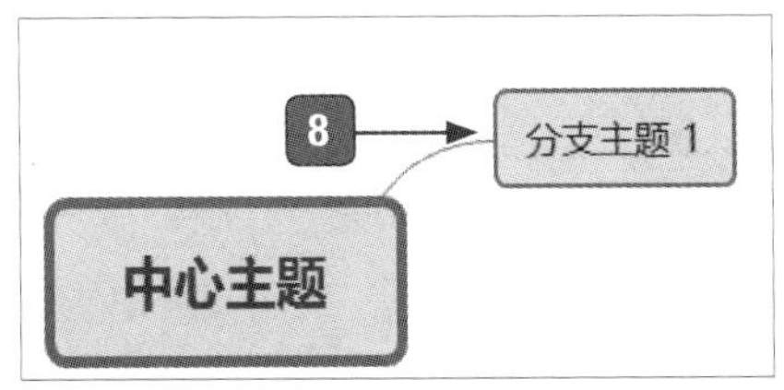


4 在弹出的快捷菜单中选择【结构】命令。

5 选择结构样式，如【逻辑图（向右）】。

6 右击并选择【插入】命令。

7 选择【子主题】选项。

8 成功插入分支主题。

是不是很简单，在要插入分支的主题重复插入操作就可以了。

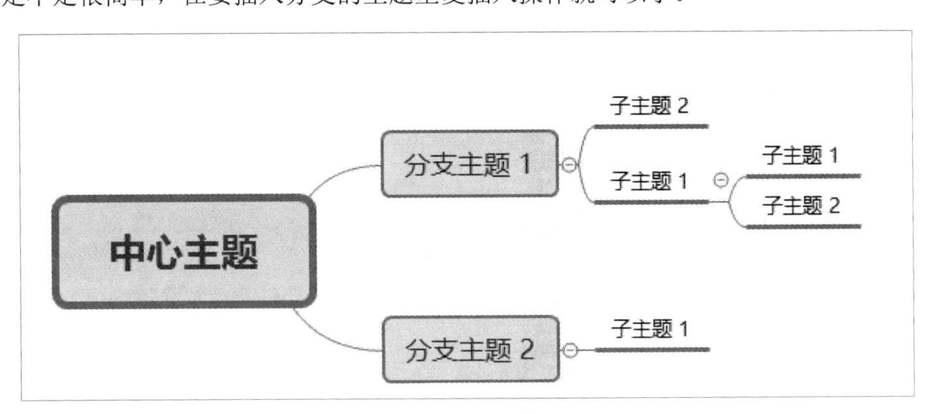


不过就这样是不是不太好看？设置一下样式吧。

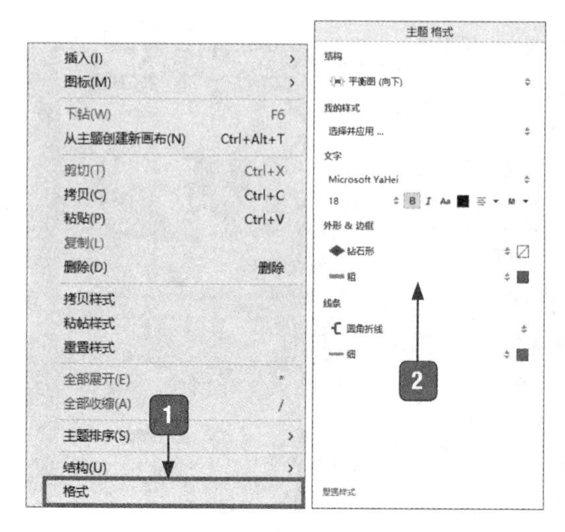


1 右击要设置的主题，在弹出的快捷菜单中选择【格式】命令。

2 调整设置框线。

右击空白处对背景进行同样的操作就可以了。

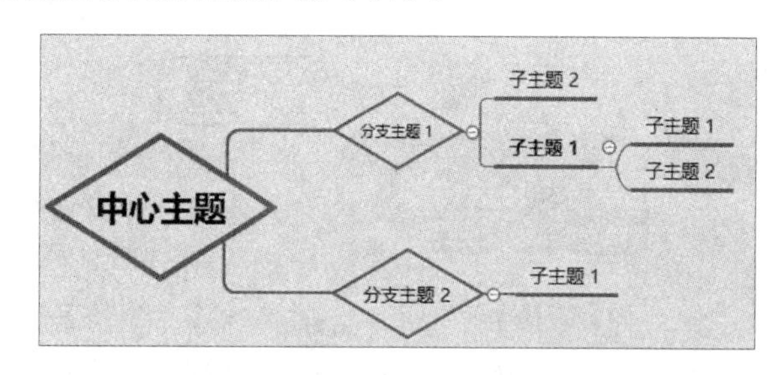


如果偶尔不想自己绘制，那么使用自带的模板也不错哦。

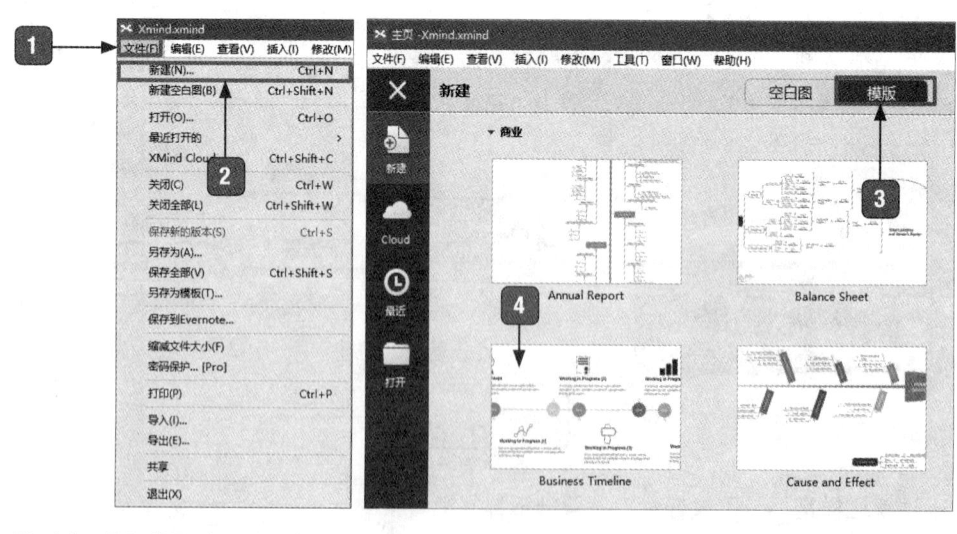


1 选择【文件】选项卡。

2 选择【新建】选项。

3 选择【模版】选项卡。

4 选中模板。

绘制好图形，保存后就应该往 PPT 里放了。

要是图形没多大，那就可以直接截图以后使用，不过要是绘制的图太大了，这个方法就不好使了。这时候就要用点技术活了。

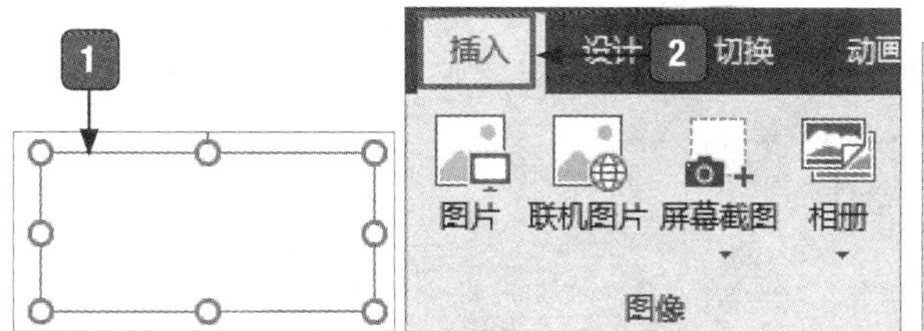

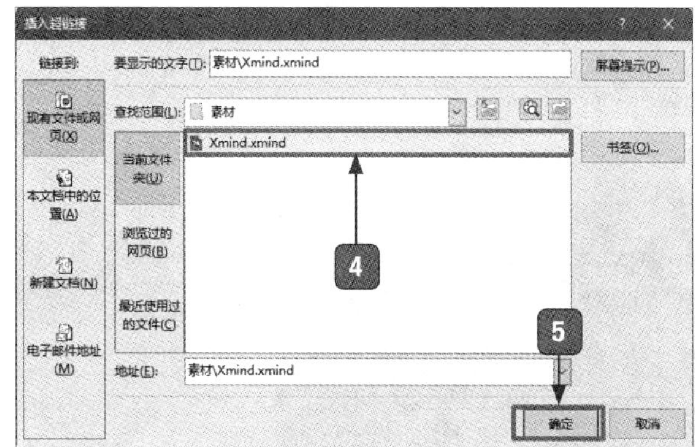


1 插入文本框。

2 选择【插入】选项卡。

3 单击【超链接】按钮。

4 找到刚刚绘制并保存好的 Xmind 文件。

5 单击【确定】按钮。

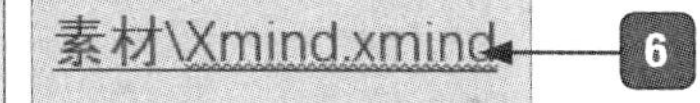

6 完成导入，单击链接就可以调出绘制好的图形了。

注意，绘制的 Xmind 图形保存的时候最好是全英文，不然会出现链接导入不成功的情况。

## 7.6 综合实例——设计年终总结工作报告

一到年末，各种年终总结是不是都让你愁“破”了头？而且还要结合 PPT 汇报。虽说可以直接购买模板，但是也需要一笔花费，因此就只能自己来制作了。

年终总结第一步就是要确定“写什么，为啥写，给谁看”。

明确总结的内容跟目的是第一要素。“写什么”是写自己这一年的工作总结，还是公司的市场发展？“为啥写”是为了盘点总结一年的增益得失，规划来年，还是总结项目发展，先做打算？

“给谁看”是老板还是合作对象？是直属领导还是下级员工？不同的对象要有不同的角度。

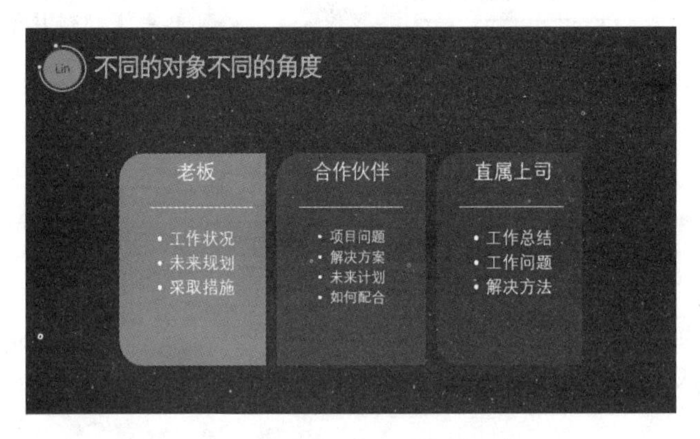


确认了基础才能“起飞”。记住，整体要稳，重点要准。

首先要对全年的工作进行一个整体的概述。尝试将内容概括为几个要点，从点概括。而且要注意语言简洁清晰，避免写成流水账。

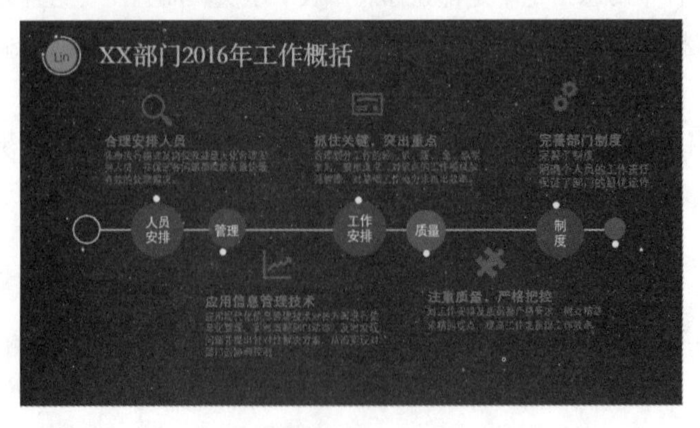


学会说话的艺术很重要，特别对待收益状况，你要是说“工作完成一半”“下降”“无变化”，那老板也可能会考虑让你“下降”的。用“初步完成”“负增长”“稳定增长”来

代替这些词可能会让观众更容易接受。

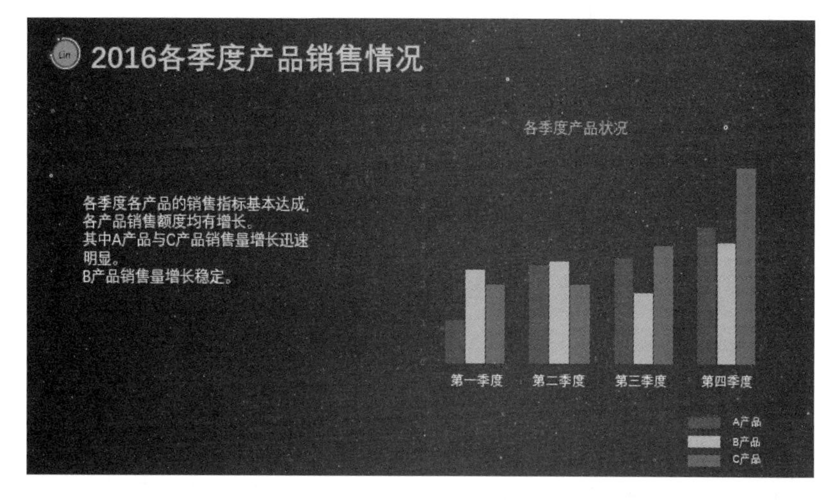


总结汇报不同于产品宣讲的极力追求新颖，工作总结在追新时万一用力过猛，可能会给领导留下浮夸的印象。最后别忘了说谢谢。

## 痛点解析

痛点 1：如何快速对齐页面上的多个元素

**大神**：小白，我看你对着计算机半天了，在干啥？

小白：哎呀，我想把这几个元素的间隔给弄整齐了，可是老是摆不齐，我这强迫症哦！

**大神**：看把你给气的，来，让本大神教你一招。

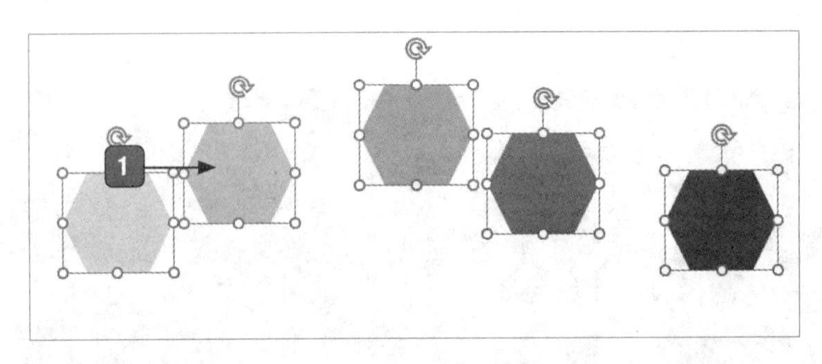

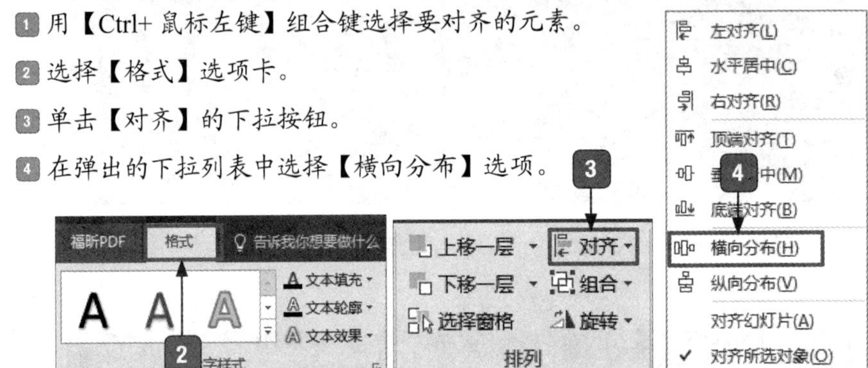


1. 用【Ctrl+ 鼠标左键】组合键选择要对齐的元素。
2. 选择【格式】选项卡。
3. 单击【对齐】的下拉按钮。
4. 在弹出的下拉列表中选择【横向分布】选项。

这样就能轻松让元素中间的间隔变一样了。

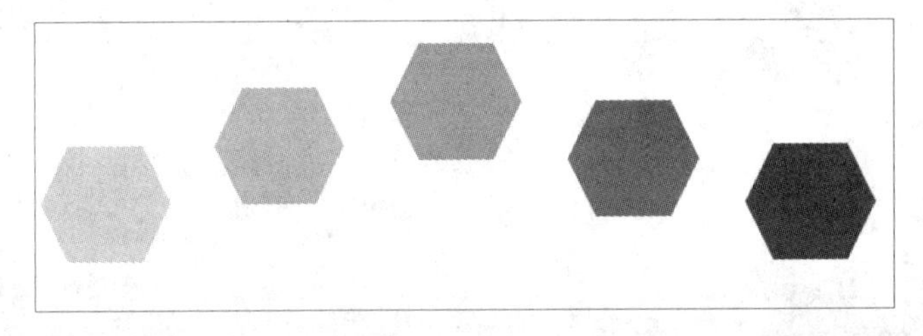

小白：啊，真的对齐了，不过还是没有中间对齐，跟幻灯片的左右间距不一样！

**大神**：可怕的强迫症，怕了你了！

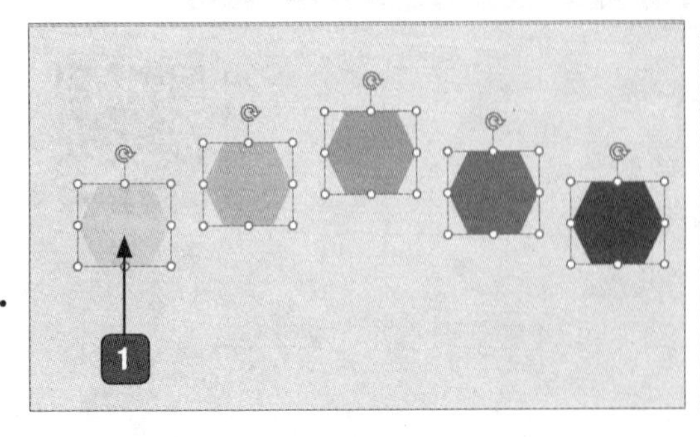

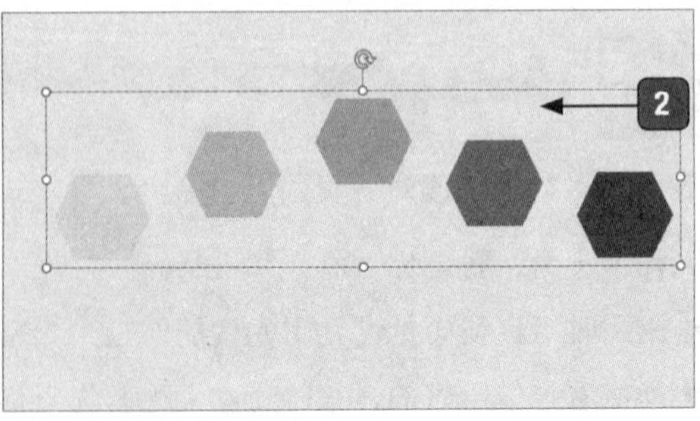

1. 选中要对齐的图形。
2. 用【Ctrl+G】组合键将图形组合。

3 选择【格式】选项卡。

4 单击【对齐】的下拉按钮。

5 选择【水平居中】选项。

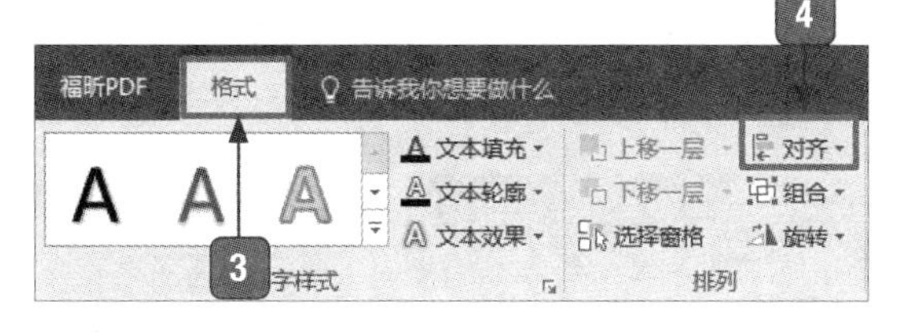


这下就居中啦，如下图所示。

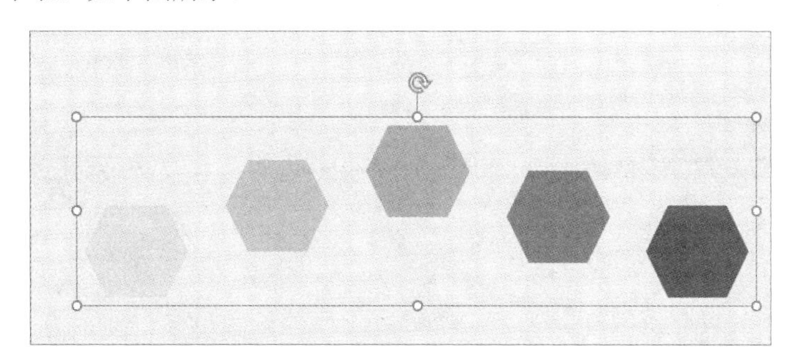

想要再对齐其他的，选择【对齐】下的其他选项，就可以轻轻松松满足你了。

## 痛点 2：为什么绘制的圆不“圆”

你一定遇到过这个问题，你要绘制的圆形不“圆”，要绘制的方形也不“方”。所以现在就要来解决这个问题。

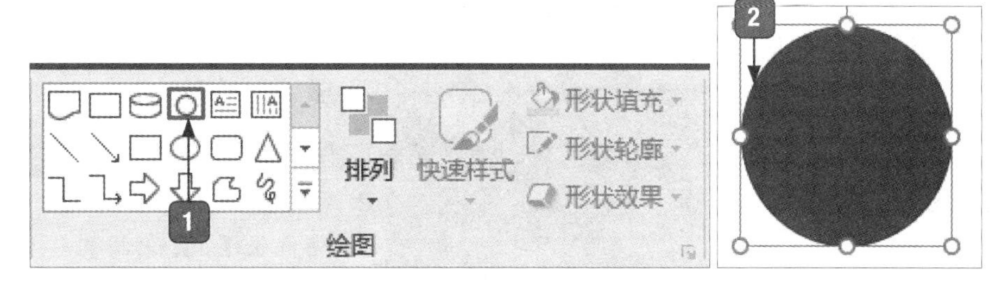


1 在图形列表框中选中圆形。

2 按住【Shift】键不松，用鼠标在幻灯片中绘制出图形。然后松开鼠标再松开【Shift】键。

这样就可以绘制出圆形与正方形了。记住，绘制结束的时候一定要先松开鼠标，再松开【Shift】键，不然图形的“身材”就走样了。

那直线怎么样才能“直”，方法当然是一样的哦！

# 大神支招

**问：需要和在外地的多个同事开个会议，一个个打电话，耗时又费力，怎样可以节省时间？**

使用 QQ 软件自带的讨论组的视频电话功能即可解决，视频会议相比传统会议来说，不仅节省了出差费用，减免了旅途劳顿，在数据交流和保密性方面视频会议也有很大的提高，只要有计算机和电话，就可以随时随地召开多人视频会议。

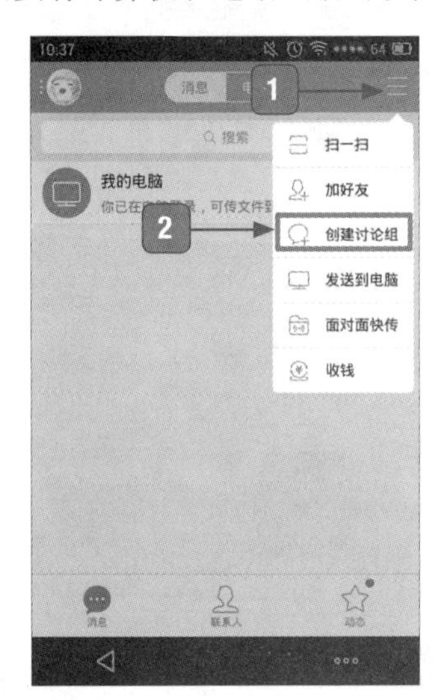


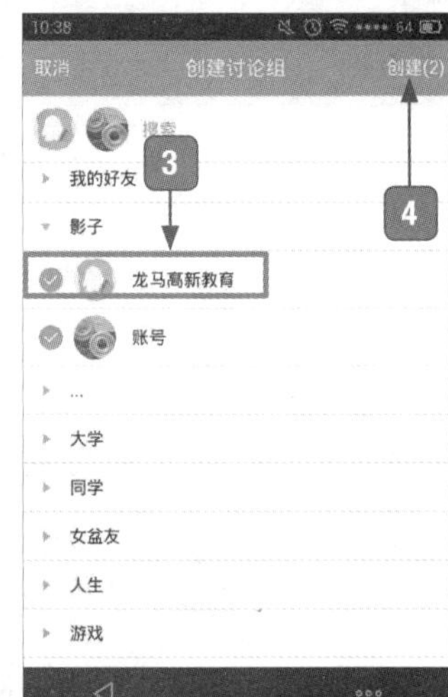


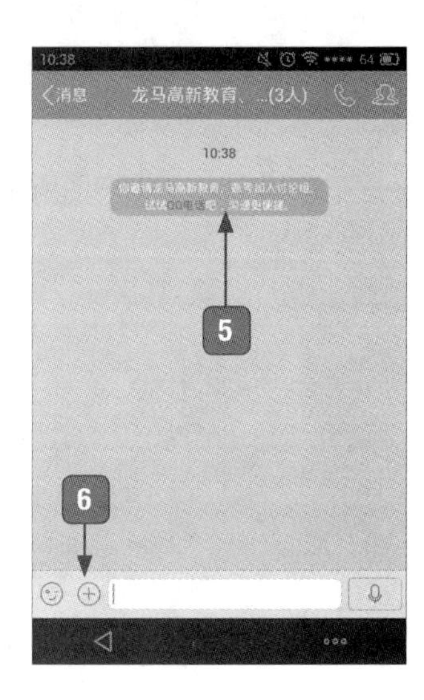

1 在 QQ 主界面点击【选项】按钮。

2 选择【创建讨论组】选项。

3 选择要创建讨论组的对象。

4 点击【创建】按钮。

5 完成讨论组的创建。

6 点击【添加】按钮。

7 点击【视频电话】按钮。

8 所有成员加入后，点击【摄像头】按钮，即可开始视频会议。

9 点击【邀请成员】按钮，可继续添加新成员。

08

CHAPTER

# 第8章 玩转模板与母版

>>> 模板与母版的区别你知道吗？

>>> 自定义模板要如何设计？

>>> 重复使用同一种类型的PPT，要一个一个地做吗？

本章带你领略模板和母版的神奇，也让你可以设计出属于自己的模板和母版。

## 8.1 模板的制作与使用

先讲解 PowerPoint 2016 中模板的制作，然后再讲解如何使用自己制作的模板。

### 8.1.1 使用微软自带模板

在 PowerPoint 2016 中，可以使用系统提供的模板新建幻灯片，也可以新建空白幻灯片后，为其应用系统提供的主题。

#### 1. 新建模板的方法

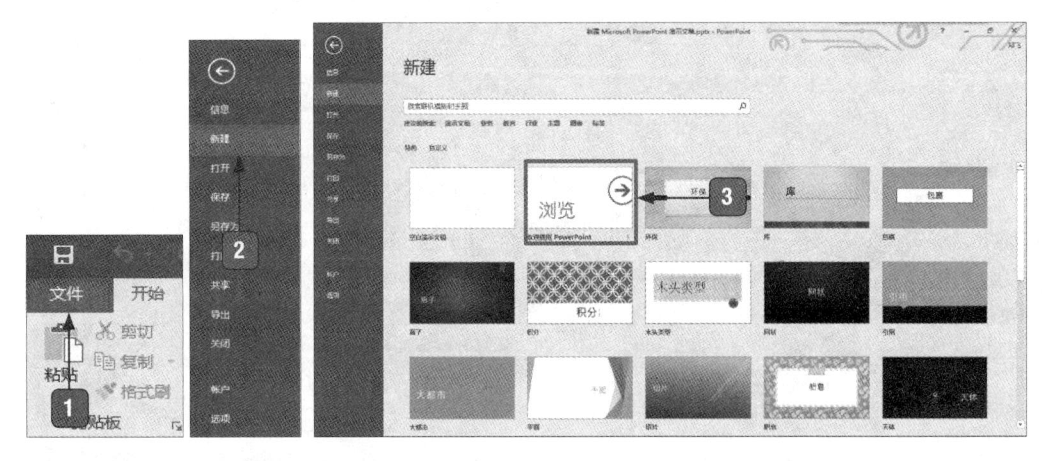


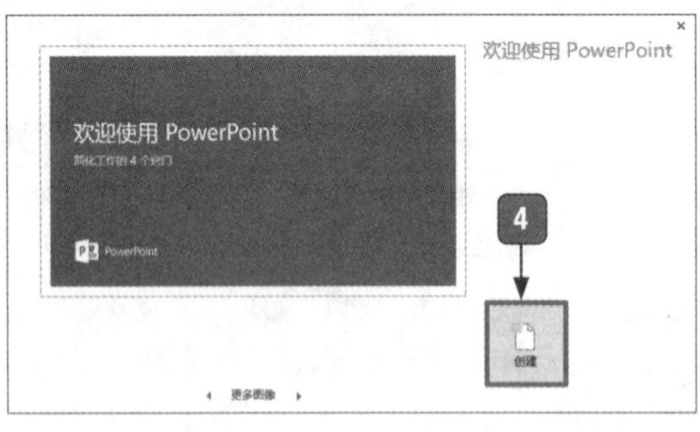


1 选择【文件】选项卡。

2 在左侧导航栏中选择【新建】选项。

3 选择该模板。

4 单击【创建】按钮。

#### 2. 新建主题的方法

1 选择【设计】选项卡。

2 在【主题】组中单击该下拉按钮。

3 选择该主题。

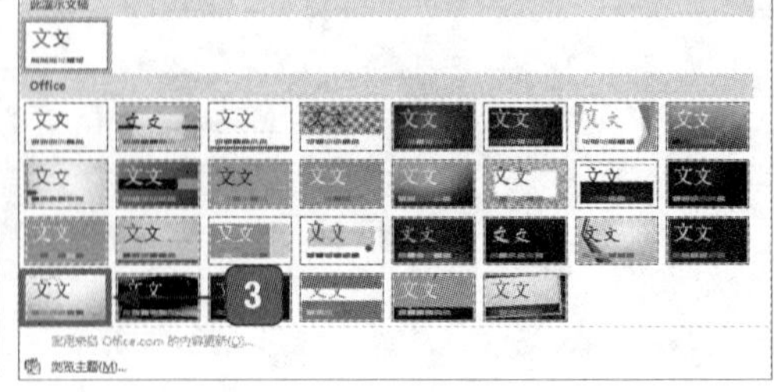

4 选中主题后的效果。

## 8.1.2 使用网络模板

PowerPoint 2016 联网后可以使用网络中丰富的模板资源，减少工作量。

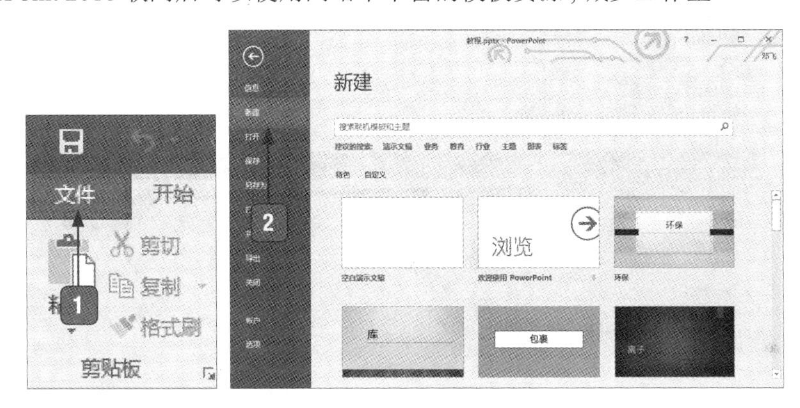


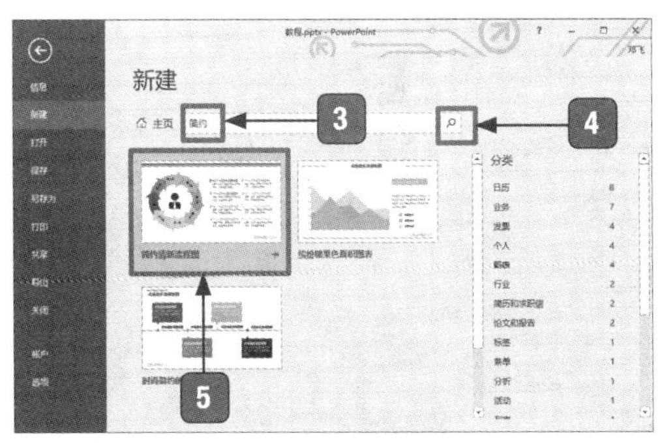


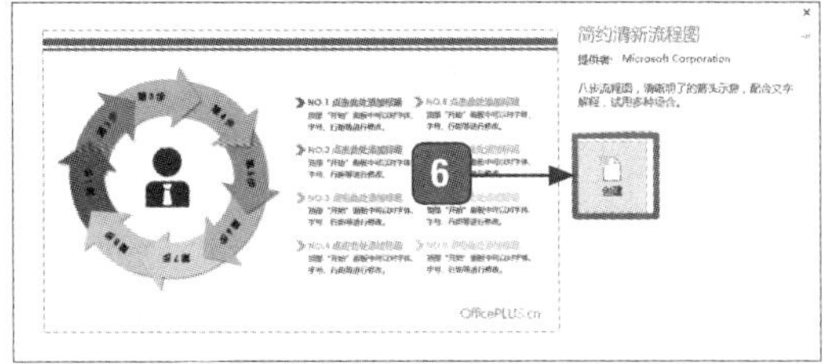


1 选择【文件】选项卡。

2 选择【新建】选项。

3 在搜索框中输入搜索内容。

4 单击搜索图标。

5 选择该模板。

6 单击【创建】按钮。

## 8.1.3 使用素材所提供的模板资源

下面列举了一部分模板资源，供大家参考，可根据前言提供的下载地址进行下载。

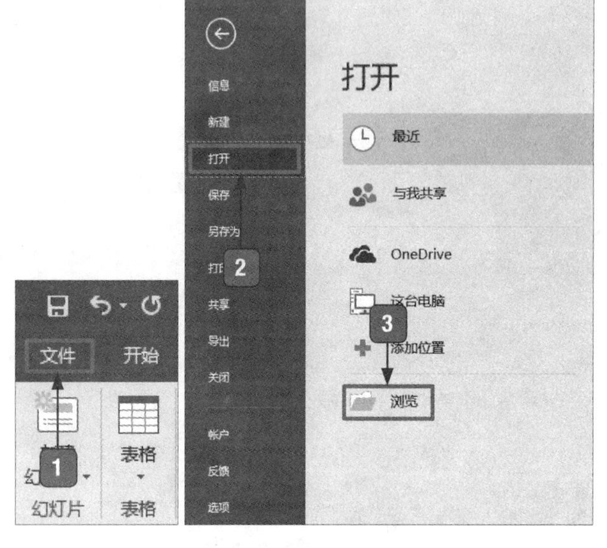


1 单击【文件】。

2 单击【打开】。

3 单击【浏览】。

4 选择下载后文件夹存放的位置。

5 查找选中需要的 PPT 模板。

6 单击【打开】。

这样就可以把模板导入 PPT 进行使用了。

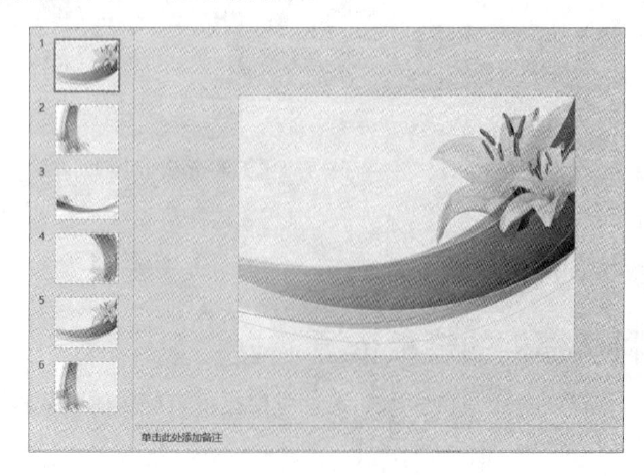

但是，如果提供的模板资源太多，每次打开模板都要查找，非常不方便，更气人的是这样找模板看不到模板的样式。

没关系，那就把模板拷贝进计算机硬盘【自定义 Office 模板】目录，既能快速查找，还能看到模板格式哦。

首先在拷贝模板时先打开【自定义 Office 模板】目录，怎么知道目录在哪？看下面——

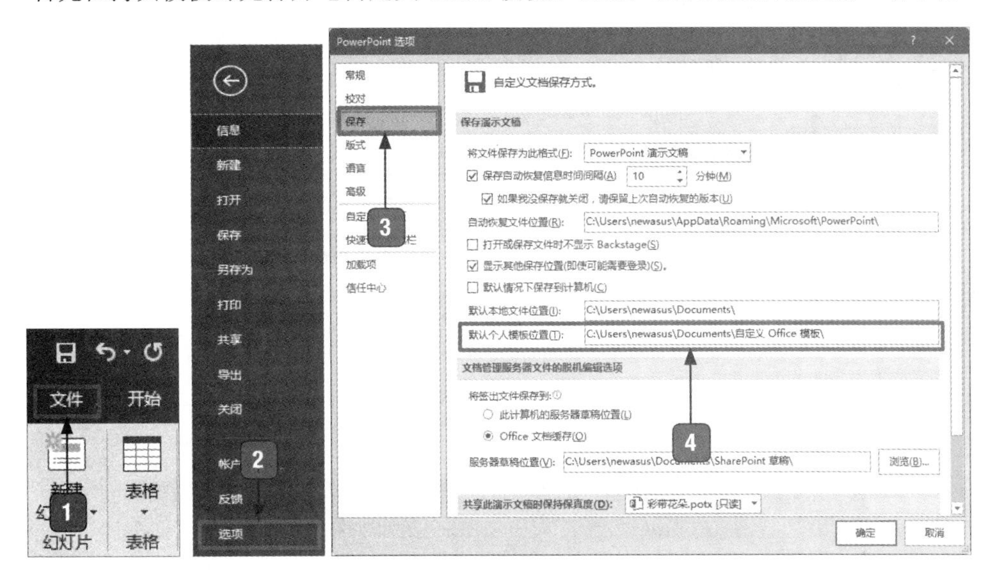


1 单击【文件】。

2 单击【选项】。

3 单击【保存】。

4 此处查看个人模板保存的位置。

知道了个人模板的所在目录就可以打开目录把目标存放到目录下啦。

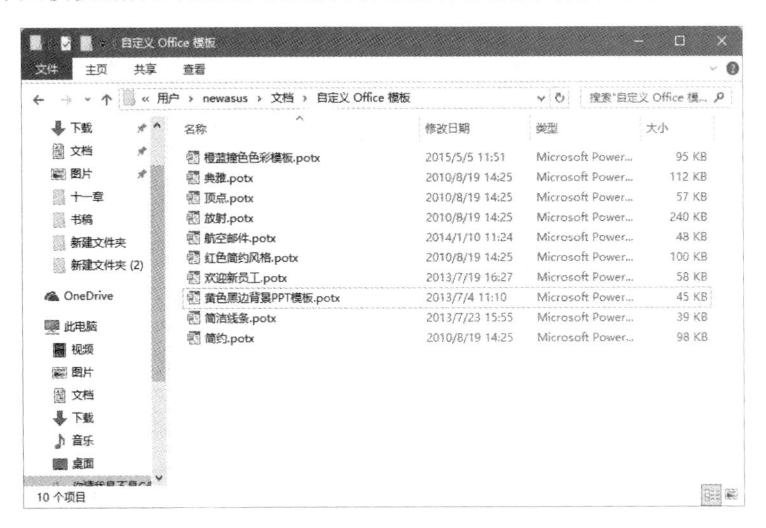


保存完了应该这么用呢？还是像原来的打开文件夹查找使用吗？当然不是！

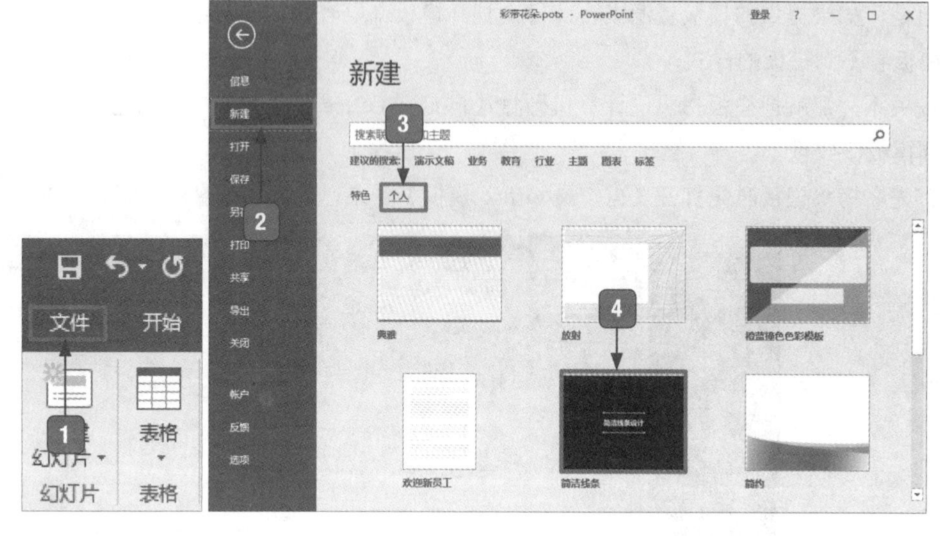


1 选择【文件】选项卡。

2 选择【新建】选项。

3 选择【个人】选项。

4 选择该模板。

这样就可以打开模板了。

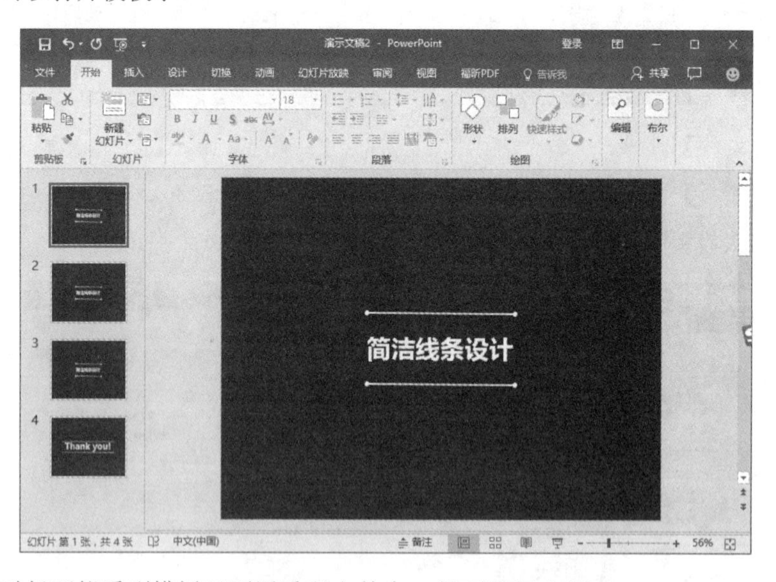


打开的时候既能看到模板又不用重翻文件夹，是不是很方便？



## 8.1.4 根据需求修改模板

对于自己下载的模板或者是 PowerPoint 2016 中自带的模板，在使用的时候难免需要进行相应的修改与删除。

下面用一个例子对 PPT 模板修改进行讲解。

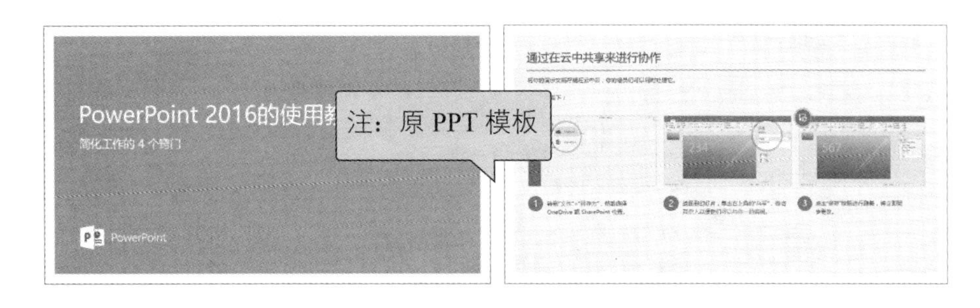


1. 更换模板主题

1 右击该主题模板。

2 在弹出的快捷菜单中选择【应用于所有幻灯片】命令。

2. 调整幻灯片首页文字

1 改动之前。　　2 改动之后。

3. 给幻灯片插入时间并把时间设置为自动更新（格式：×× 月 ×× 日 ×××× 年）

1 单击【插入】→【日期和时间】按钮。

2 在弹出的【页眉和页脚】对话框中选择【幻灯片】选项卡，选中【日期和时间】复选框，并选中【自动更新】单选按钮。

3 单击【全部应用】按钮。

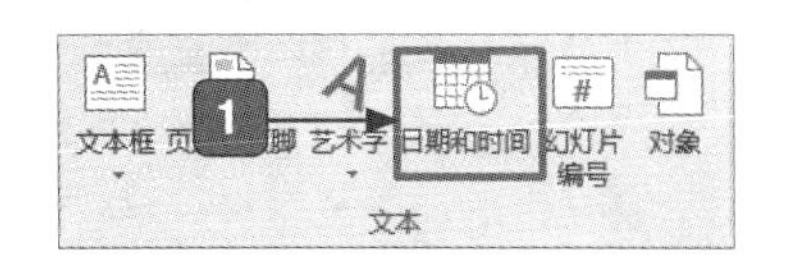


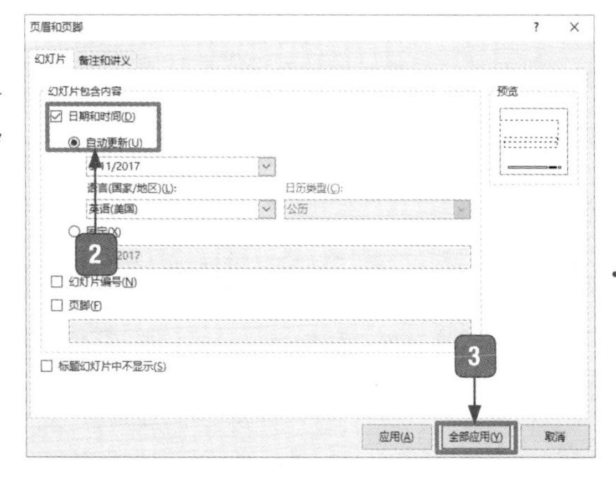

4. 设置文字进入动画效果

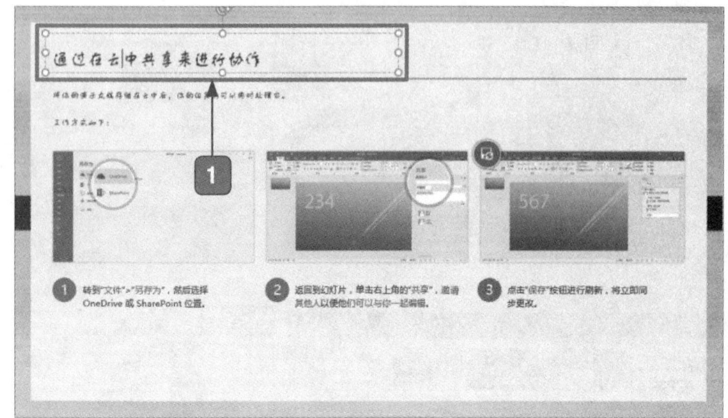


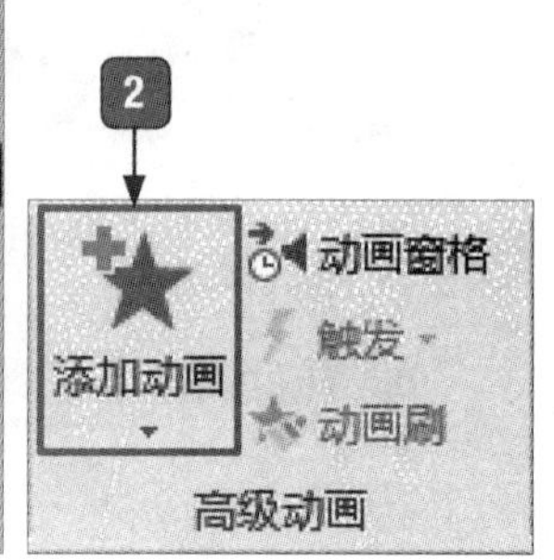

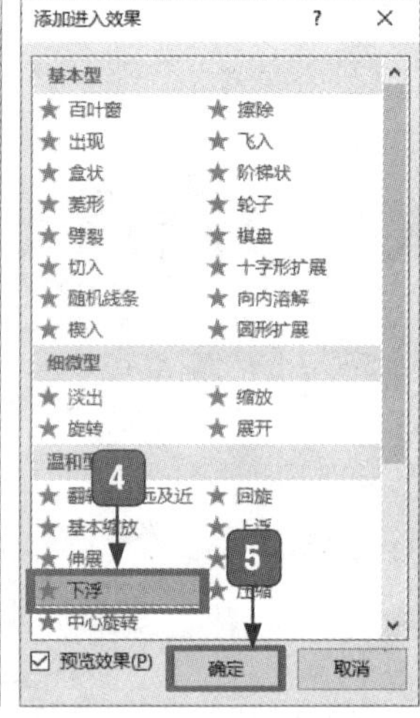


1 选中文字。

2 单击【高级动画】→【添加动画】的下拉按钮。

3 选择【更多进入效果】选项。

4 在弹出的【添加进入效果】对话框中选择【温和型】→【下浮】选项。

5 单击【确定】按钮。

5. 设置文字强调动画效果

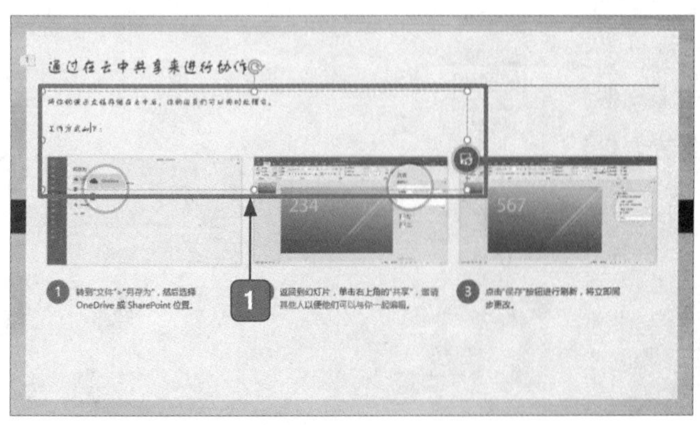


1 选中文字。

2 单击【高级动画】→【添加动画】下拉按钮。

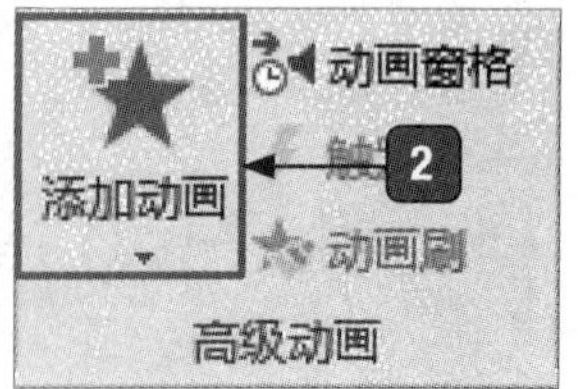

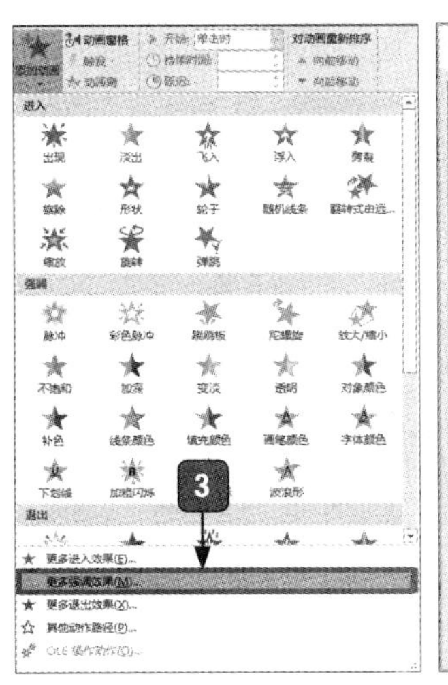
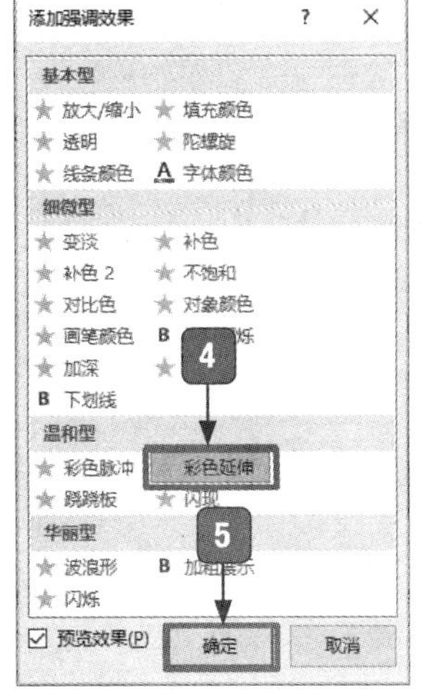

3 选择【更多强调效果】选项。

4 在弹出的【添加强调效果】对话框中选择【温和型】→【彩色延伸】选项。

5 单击【确定】按钮。

6. 设置图形和文字退出动画效果

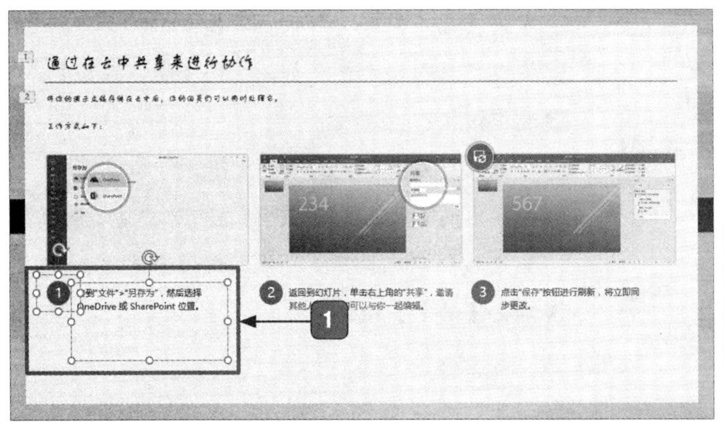

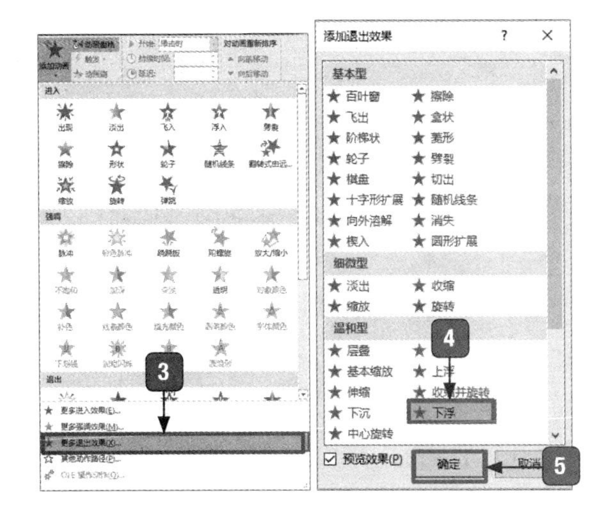

1 选中图形和文字。

2 单击【高级动画】→【添加动画】下拉按钮。

3 选择【更多退出效果】选项。

4 在弹出的【添加退出效果】对话框中选择【温和型】→【下浮】选项。

5 单击【确定】按钮。

7. 在页面中添加“后退”（后退或前一项）与“前进”（前进或下一项）的动作按钮

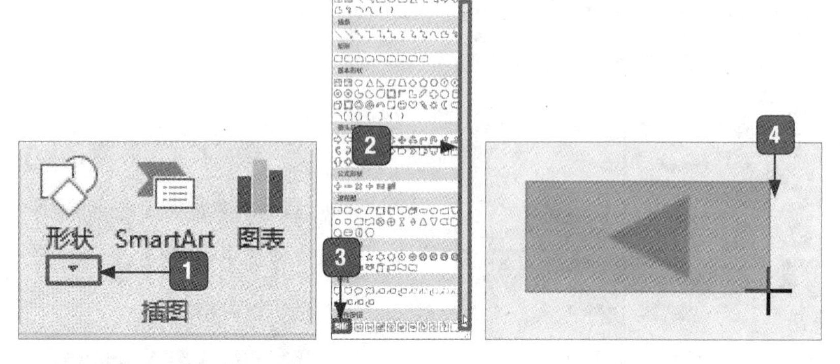


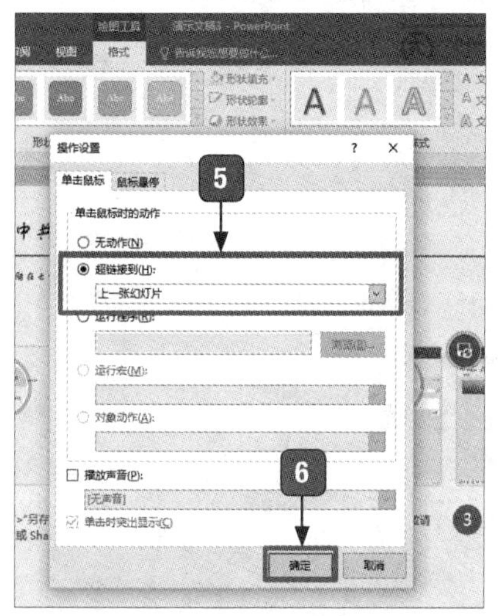


1 单击【插入】→【形状】下拉按钮。

2 拖曳下拉列表右侧滑条，找到【动作按钮】。

3 选中该按钮。

4 按住鼠标左键拖曳到适合大小。

5 在弹出的【操作设置】对话框中选中【超链接到】单选按钮，选择【上一张幻灯片】选项。

6 单击【确定】按钮。

8. 设置所有幻灯片的切换效果为“自左侧推进”

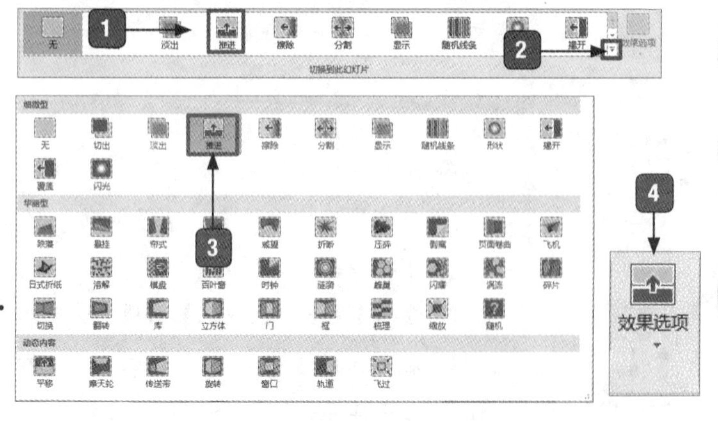


1 选择【切换】→【切换到此幻灯片】→【推进】选项。

2 若在【切换到此幻灯片】组中未找到【推进】，单击该下拉按钮。

3 有第 2 步操作之后，弹出此框，选择【推进】选项。

4 在【切换到此幻灯片】组中，单击【效果选项】下拉按钮。

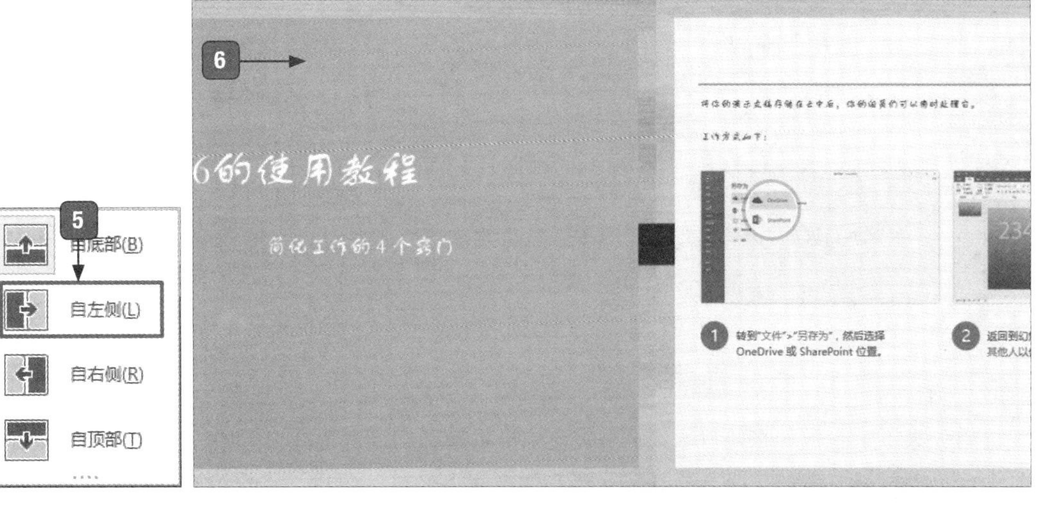


5 在弹出的下拉列表中选择【自左侧】选项。

6 “自左侧插进”的效果演示。

## 8.2 母版的使用

### 8.2.1 什么是母版

小白：经常听别人说母版的功能很强大，大神，到底什么是母版呀？

**大神**：我给你看几张图，你就知道什么是母版了。

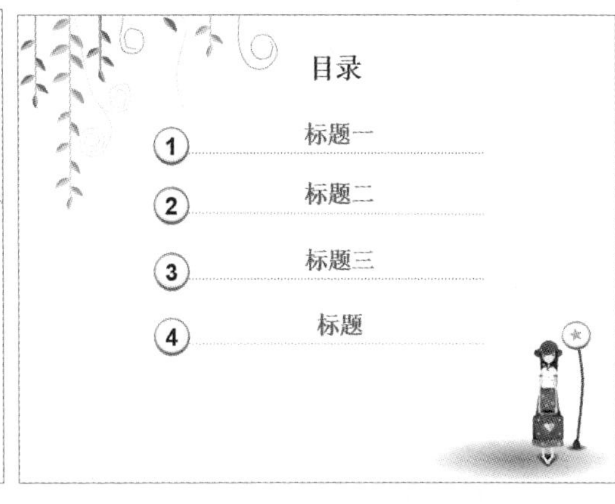

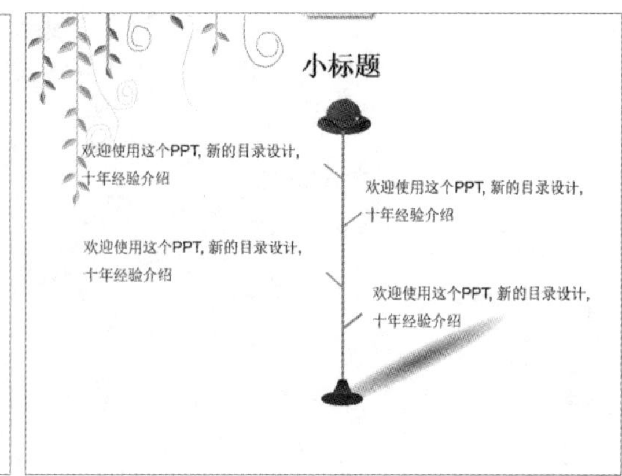


首先来了解一下什么是母版(这里所说的母版是指幻灯片母版)。母版是一个格式样板，包含可出现在每一张幻灯片上的显示元素，如文本占位符、图片、动作按钮等。

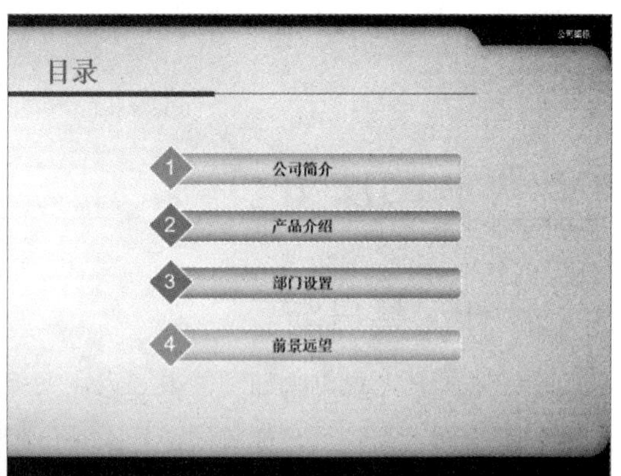


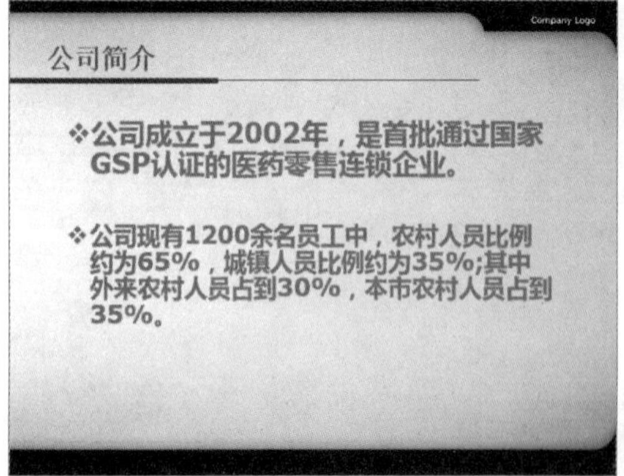

通俗地讲，任何想要应用在每一页中的相同的字体、颜色及格式等，只需要在母版上进行修改，所有的幻灯片即会随同母版一起改变。

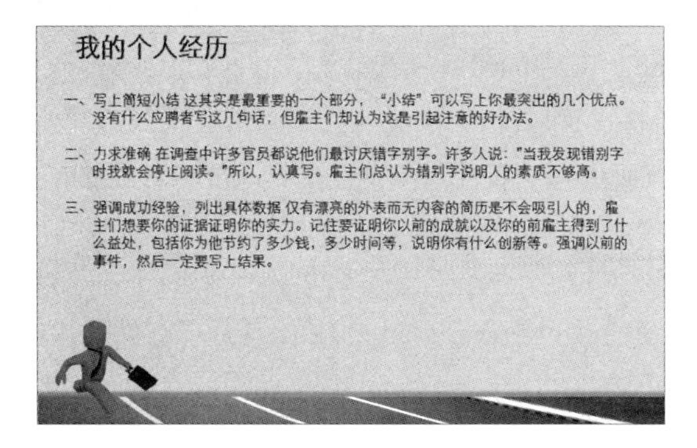


## 8.2.2 认识母版视图

小白：大神，我现在有一个模板在手，怎么操作才能将其编辑成为母版呢？

**大神**：先别急着操作。大神给你讲两个名词，模板和母版。模板是一个专门的页面格式，打开后它会告诉你什么地方填什么，可以拖动修改；母版是一个系列的元素，如底色和每页都会显示出来的边框或者日期、页眉页脚之类，设置一次，以后的每一页全部都相同，起统一体例、美观协调的作用。

Microsoft PowerPoint 2016 中的母版视图分为 3 种：幻灯片母版、讲义母版和备注母版。幻灯片母版的功能是控制标题和文本的格式与类型；讲义母版的功能是用于添加或修改在每页讲义中出现的页眉和页脚信息；备注母版的功能是控制备注页的版式及备注文字的格式。

## 8.2.3 母版的常用操作

本节讲解创建空白 Microsoft PowerPoint 2016 幻灯片母版的常用操作。

### 1. 进入幻灯片母版编辑模式

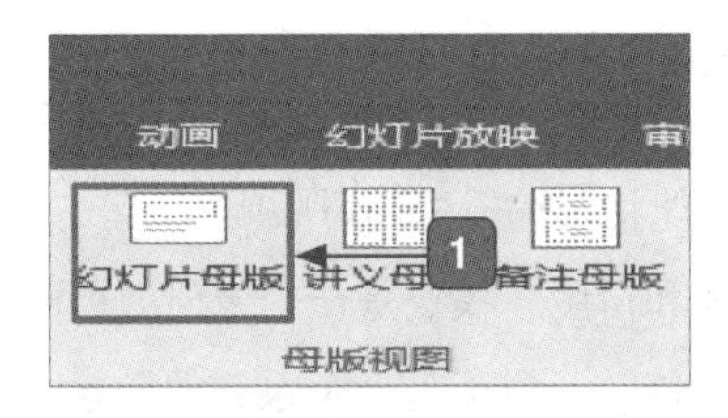


1 单击【视图】→【母版视图】→【幻灯片母版】按钮。

2 幻灯片母版显示界面。

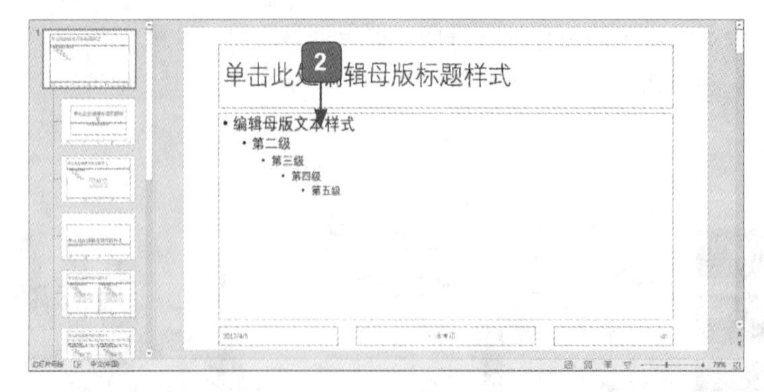

2. 对母版版式进行修改

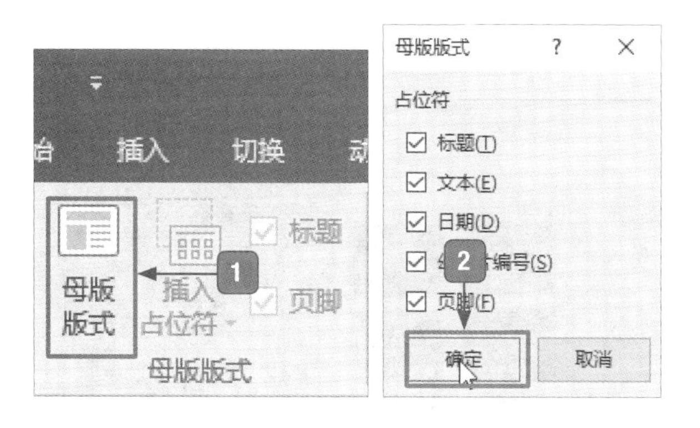


1 在幻灯片母版编辑模式下，单击【母版版式】按钮。

2 对母版版式进行相应设置，单击【确定】按钮。

3. 对母版主题进行相应设置

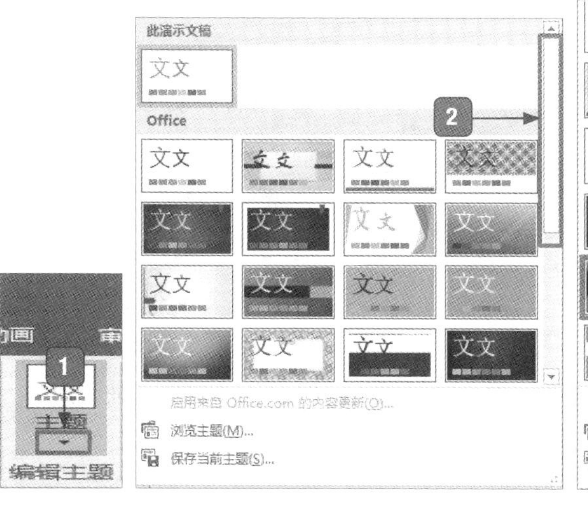


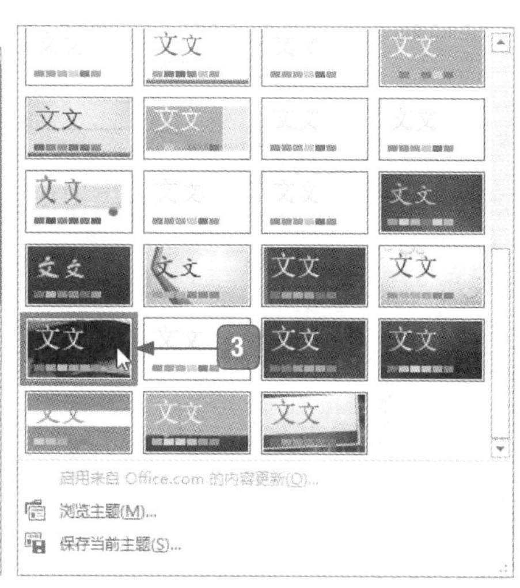


1 单击【编辑主题】组中的【主题】下拉按钮。

2 拖曳滑条，找到你需要的主题。

3 选择该款主题。

没错，就是下面这款主题。

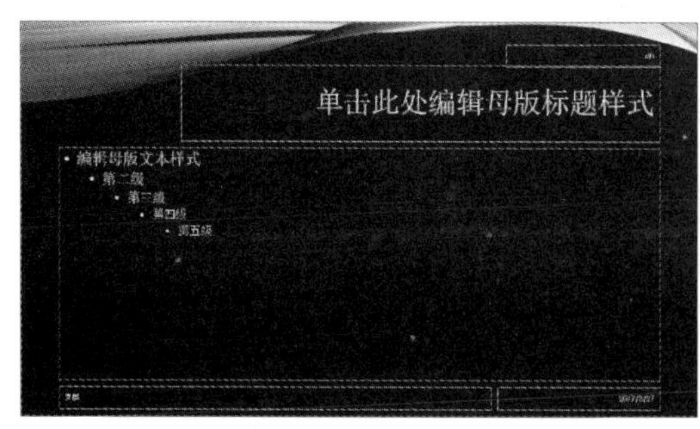

4. 编辑母版背景样式

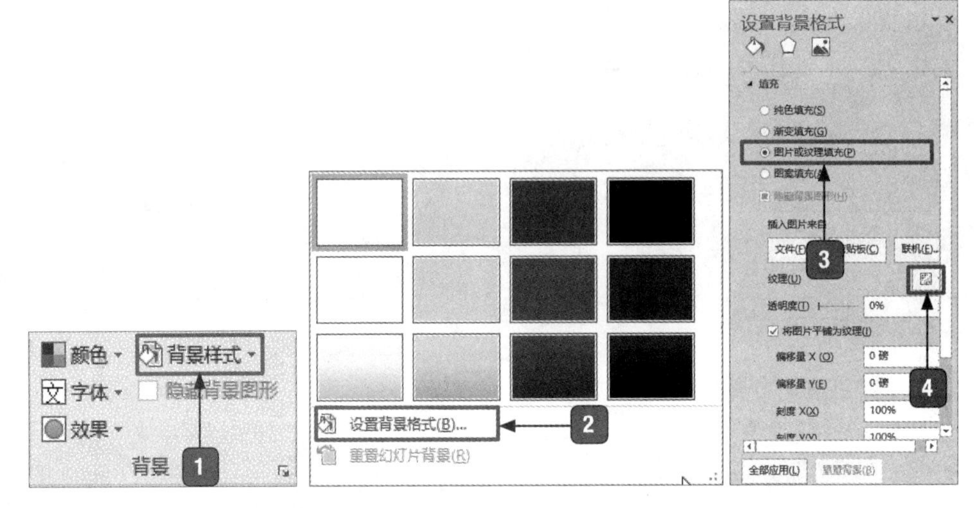

1 单击【背景样式】下拉按钮。

2 在弹出的列表中选择【设置背景格式】选项。

3 在弹出的【设置背景格式】窗格中选中【图片或纹理填充】单选按钮。

4 单击自己喜欢的纹理。

5 设置完成后的效果。

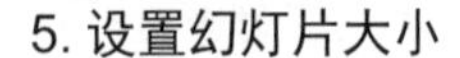

5. 设置幻灯片大小

1 单击【幻灯片大小】下拉按钮。

默认的幻灯片大小有两种格式：标准（4 ∶ 3）和宽屏（16 ∶ 9）。也可以自定义幻灯片大小，根据自己需要来设置。

2 在弹出的下拉列表中选择【自定义幻灯片大小】选项。

3 根据需要设置完成后，单击【确定】按钮。

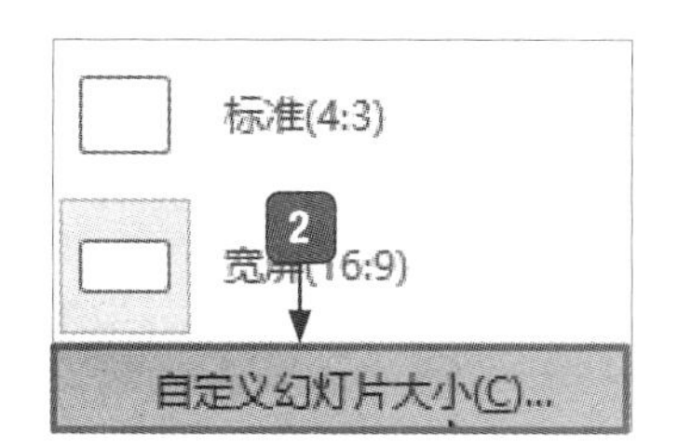


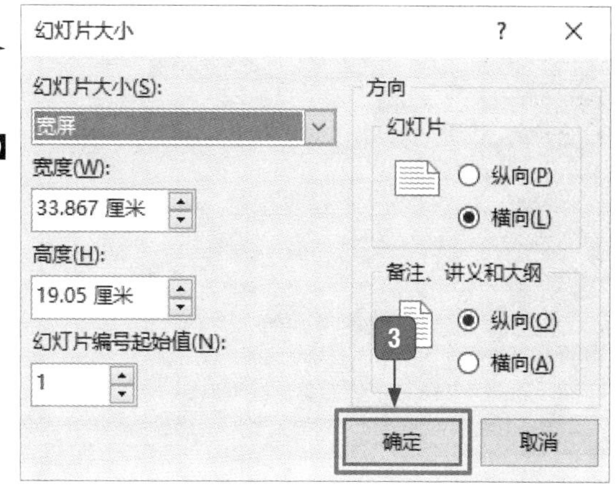


## 8.2.4 设计一个全新的母版

1 打开软件后，切换到【视图】选项卡，单击【模板视图】组中的【幻灯片母版】按钮，进入幻灯片母版编辑模式。

2 选中母版标题。

3 修改字体、字号、颜色等。

除了能对标题进行编辑之外，还可以对文本样式、时间、页脚等样式进行编辑。

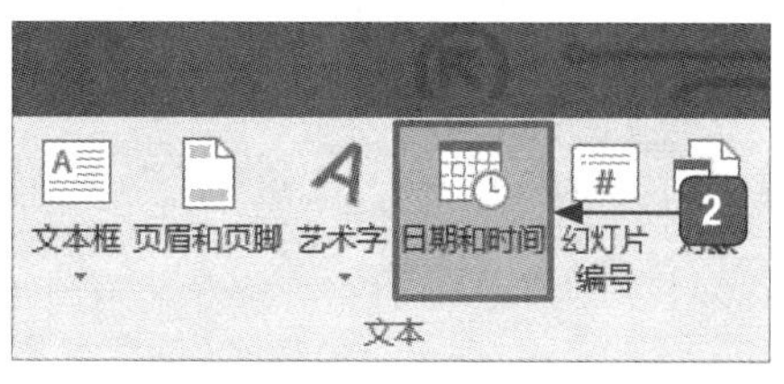


1 在该处插入日期和时间。

2 切换到【插入】选项卡，单击【时间和日期】按钮。

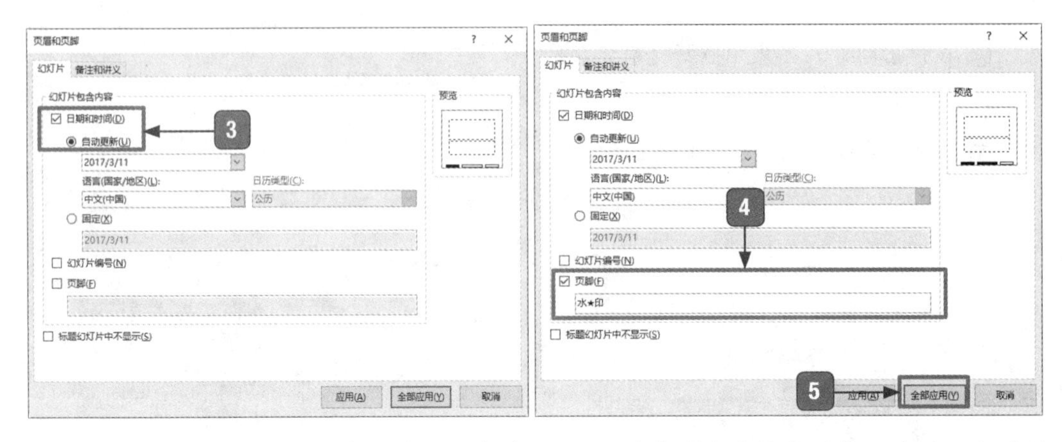


3 在弹出的【页眉和页脚】对话框中选中【日期和时间】复选框，并选中【自动更新】单选按钮。

4 选中【页脚】复选框，在输入框中输入“水★印”。

5 单击【全部应用】按钮。

为了能让 PPT 更加美观，可以添加一张好看的背景图片。

1 切换到【插入】选项卡，单击【图片】按钮。

2 选择需要的图片，单击【插入】按钮。

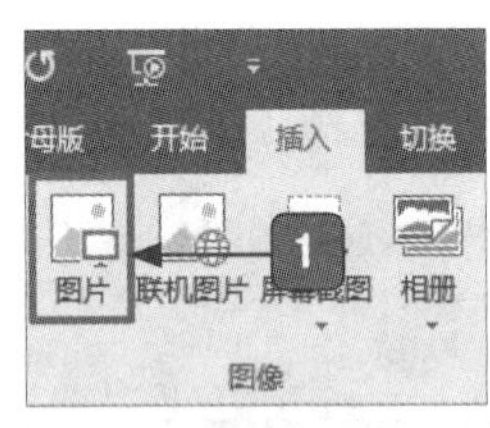


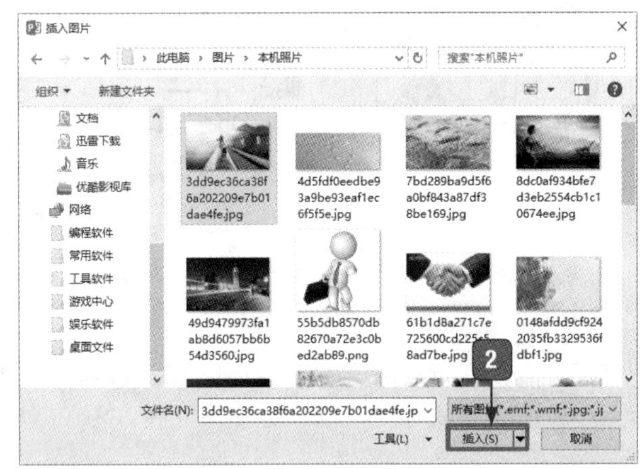


3 按住鼠标左键，拖曳图片到幻灯片大小。

4 选中刚刚插入的图片，选择【置于底层】→【置于底层】选项。

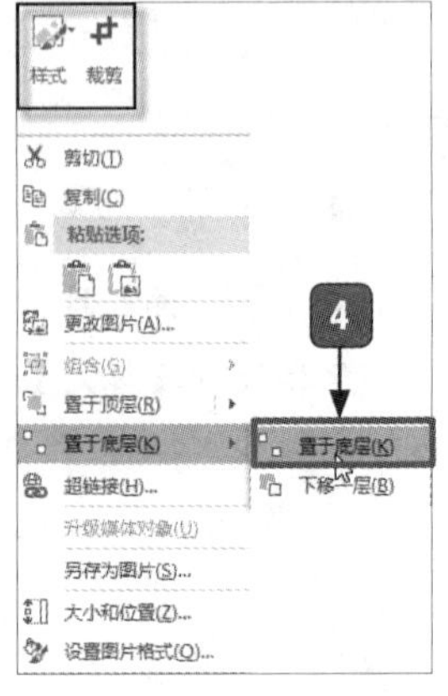

保存制作好的幻灯片母版。

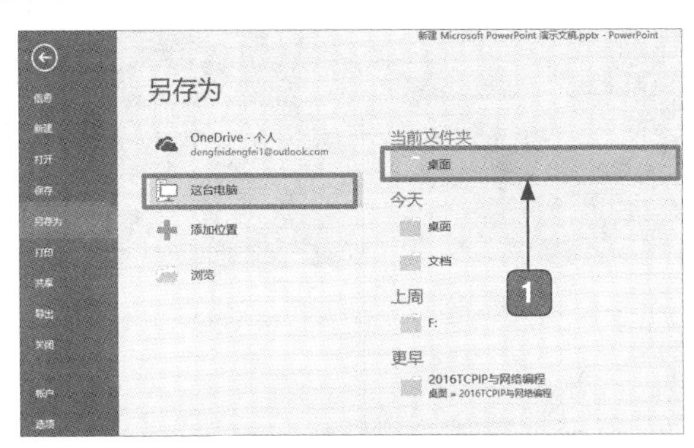


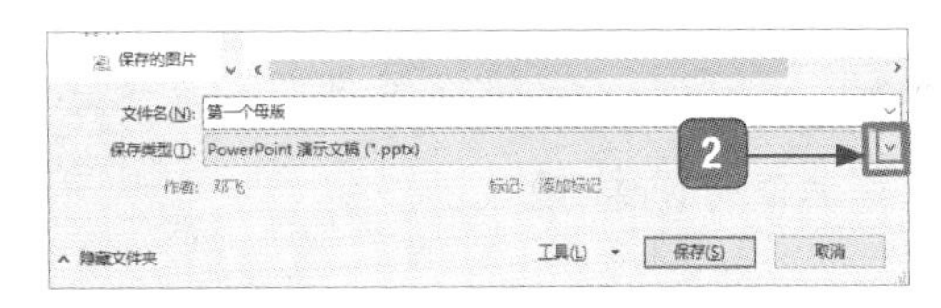


1 选择【文件】→【另存为】→【这台电脑】→【桌面】选项。

2 单击该下拉按钮。

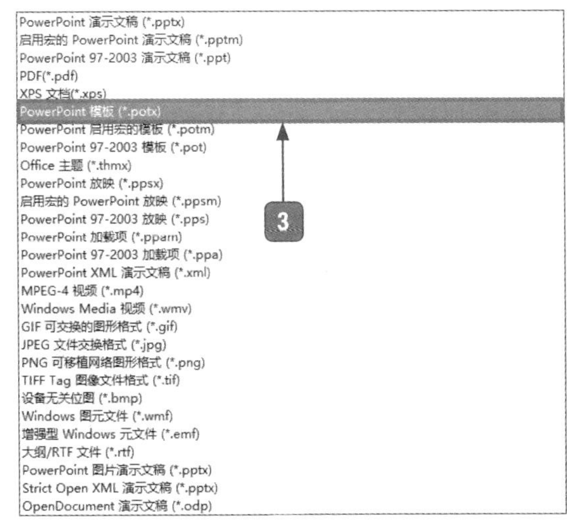


3 选择【PowerPoint 模板（*.potx）】。

4 单击【保存】按钮。

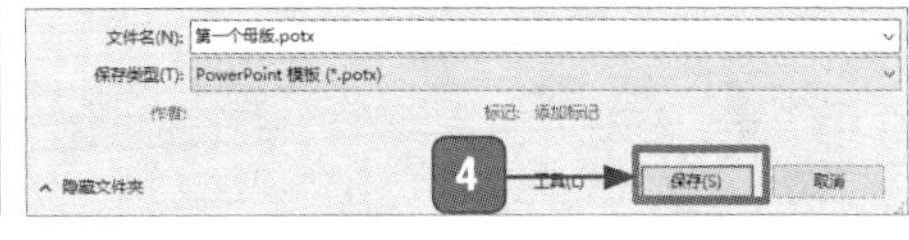

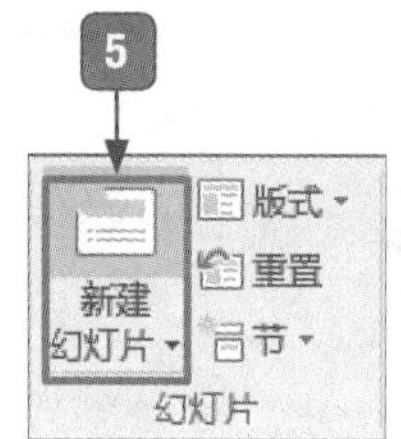


5 单击【新建幻灯片】按钮。

6 新建一张幻灯片，查看效果。

## 8.3 设计主题

主题是一组统一的设计元素，使用颜色、字体和图形设置文稿的外观。

### 8.3.1 设置背景

方法一：打开一个PPT文稿，选择【视图】选项卡。

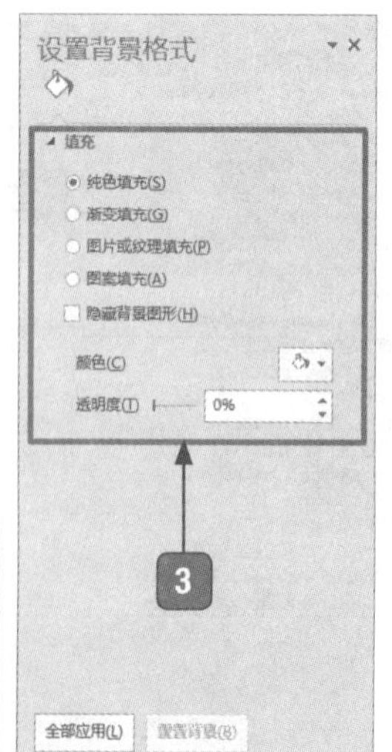


1 选择【幻灯片母版】选项卡。

2 单击该按钮。

3 选择设置母版的背景样式。

方法二：打开一个PPT文稿，选择【视图】→【幻灯片母版】→【背景】→【背景样式】→【设置背景格式】选项进行相应设置。

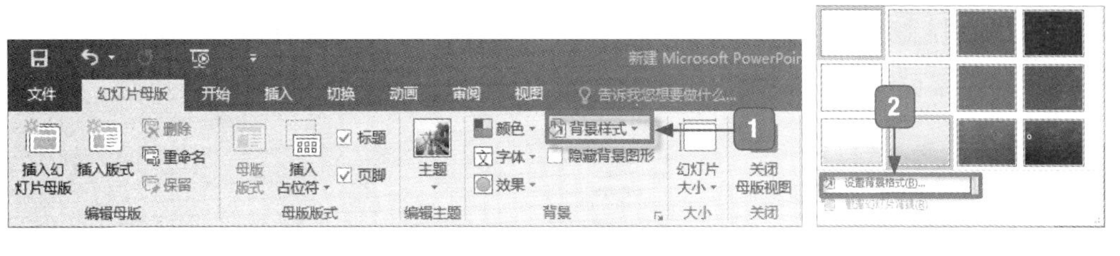


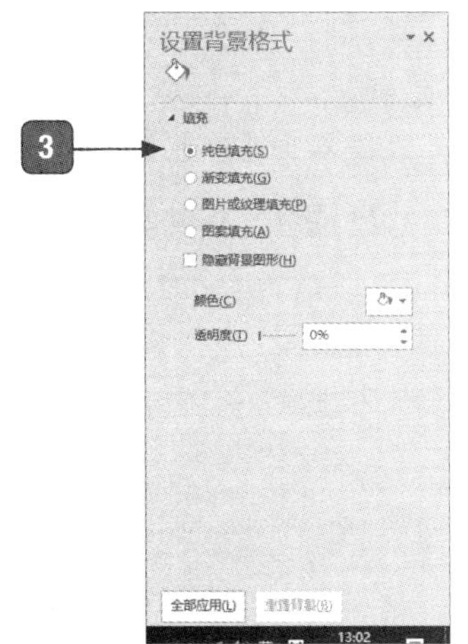


1 单击【背景样式】下拉按钮。

2 选择【设置背景格式】选项。

3 设置背景格式。

方法三：打开一个 PPT 文稿，单击【设计】→【自定义】→【设置背景格式】按钮，在右侧弹出【设置背景格式】窗格。

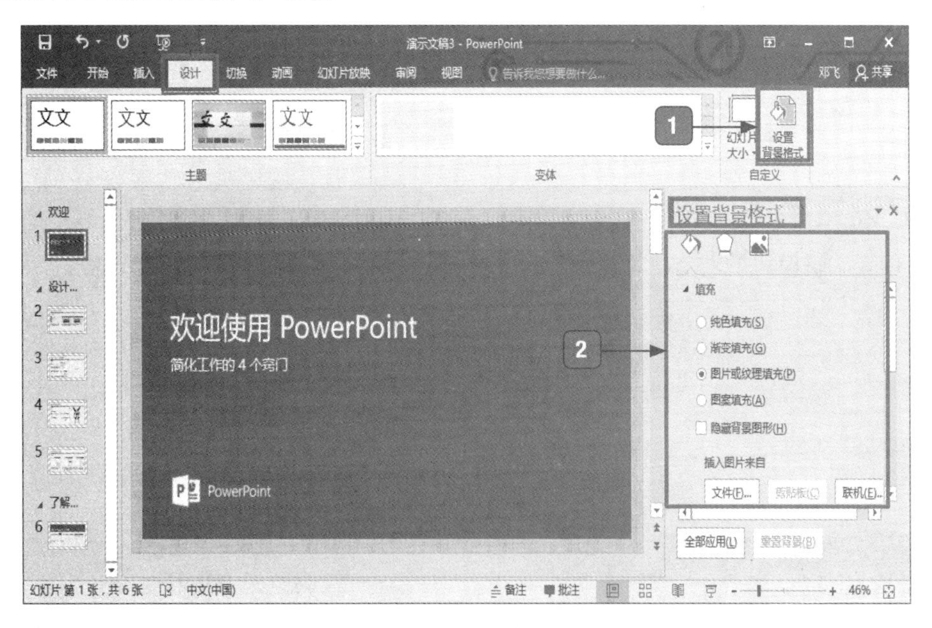


1 单击【设置背景格式】按钮。

2 弹出【设置背景格式】窗格。

## 8.3.2 主题颜色

在母版编辑模式下，单击【背景】组中的【颜色】下拉按钮，编辑主题颜色。

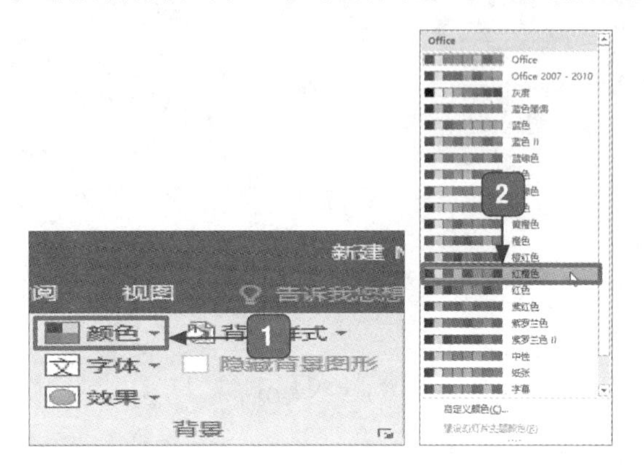


1 单击【颜色】下拉按钮。

2 选择“红橙色”主题颜色。

如果对Microsoft PowerPoint 2016中自带的主题颜色不满意，你还可以自定义主题颜色。

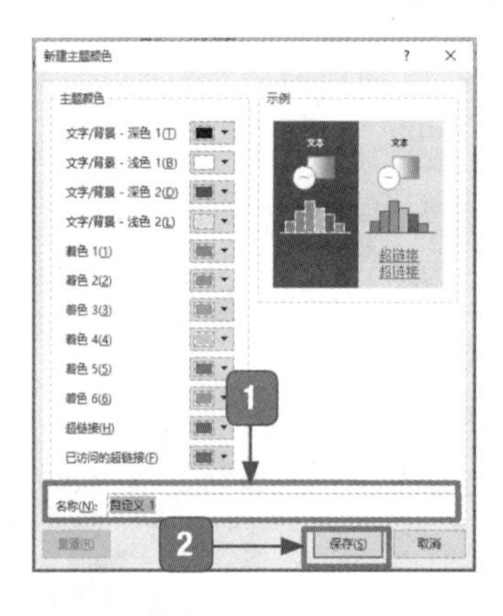


1 修改自定义主题颜色名称。

2 单击【保存】按钮。

## 8.3.3 设置字体风格

在母版编辑模式下，单击【背景】组中的【字体】下拉按钮，编辑字体风格。

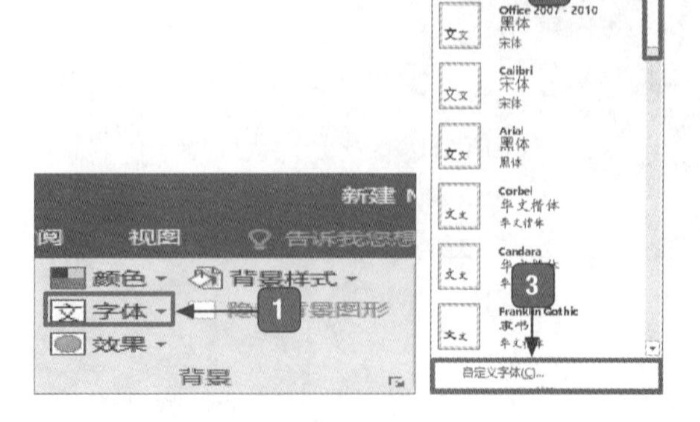


1 单击【字体】的下拉按钮。

2 拖曳滑条选择适合的字体。

3 选择【自定义字体】选项。

如果对 Microsoft PowerPoint 2016 中自带的字体风格不满意，你还可以自定义字体风格，根据提示逐项设置。

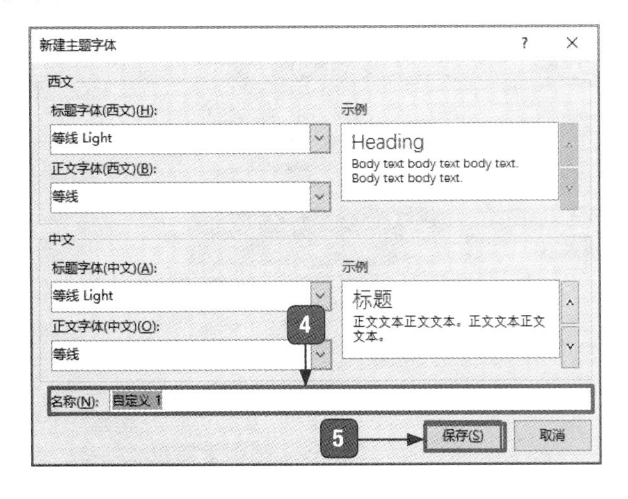


4 修改自定义字体名称。

5 单击【保存】按钮。

## 8.3.4 设置图形效果

在母版编辑模式下，单击【背景】组中的【效果】下拉按钮，编辑图形效果。

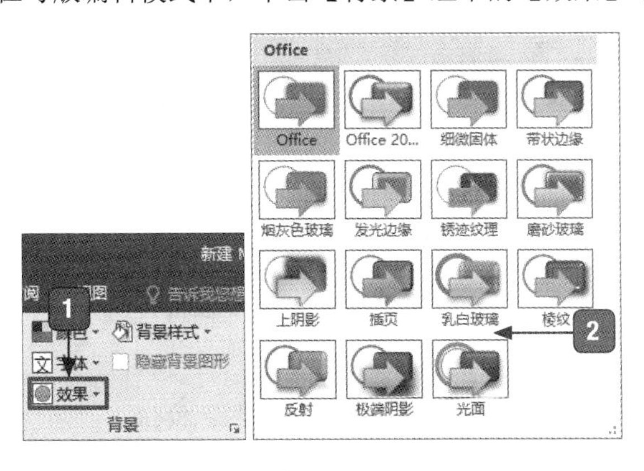


1 单击【效果】下拉按钮。

2 选择需要的效果。

# 8.4 综合实例——设计企业年度工作总结 PPT

一个人的成长少不了总结，从总结中收获喜悦，总结经验。同时，总结还能发现前段工作学习中的不足，给自己以警示，避免在未来的工作学习中再次出现类似的错误。同样的道理，一个企业也需要做这样的工作总结，使企业不断进步。这一节以一个实际的例子把前面学的知识应用到实际，设计制作一个企业年度工作总结 PPT。

1. 设置主题

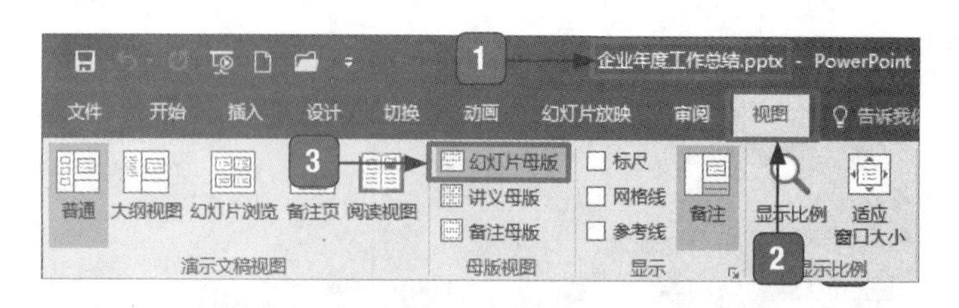

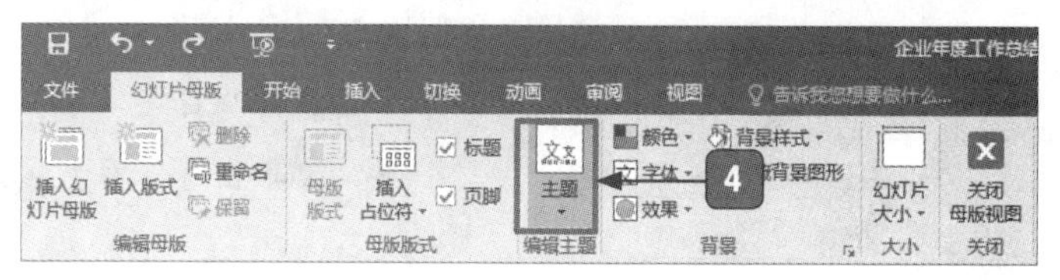

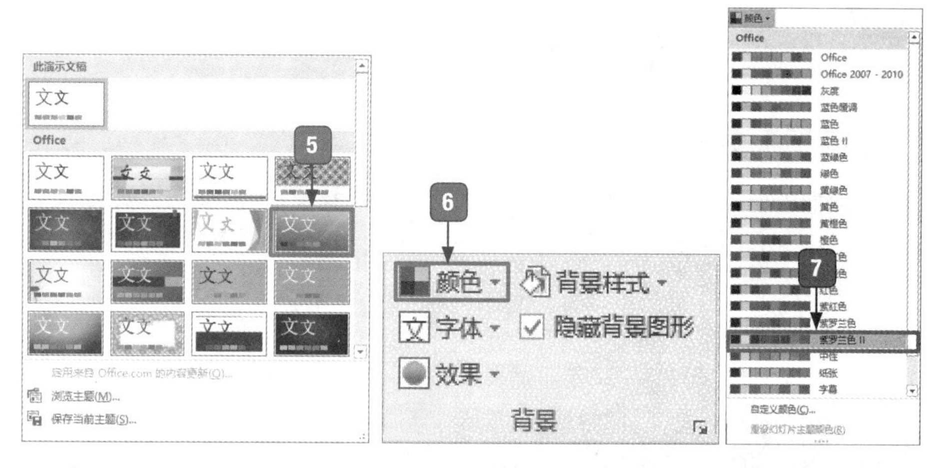

1 新建“企业年度工作总结 .pptx”演示文稿。

2 选择【视图】选项卡。

3 单击【母版视图】组中的【幻灯片母版】按钮。

4 单击【主题】下拉按钮。

5 选择该主题。

6 单击【颜色】下拉按钮。

7 选择该主题颜色。

2. 设置艺术字标题

1 选择【插入】选项卡，单击【艺术字】下拉按钮。

2 单击该款艺术字。

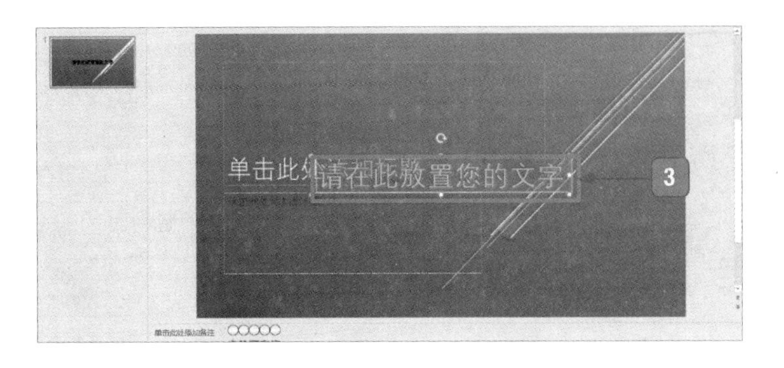


3 在此处输入你需要的文字。

3. 插入图片

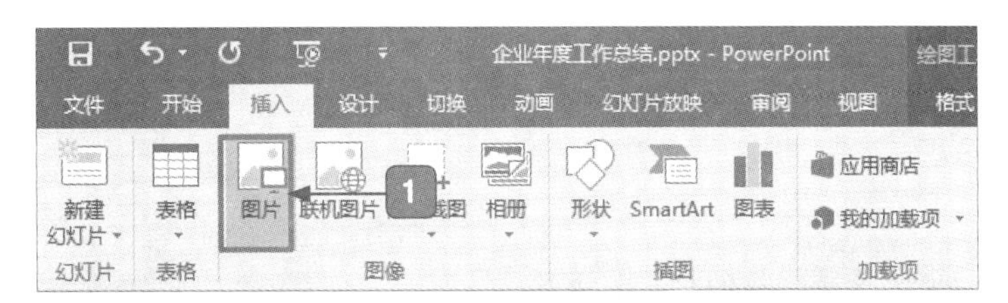


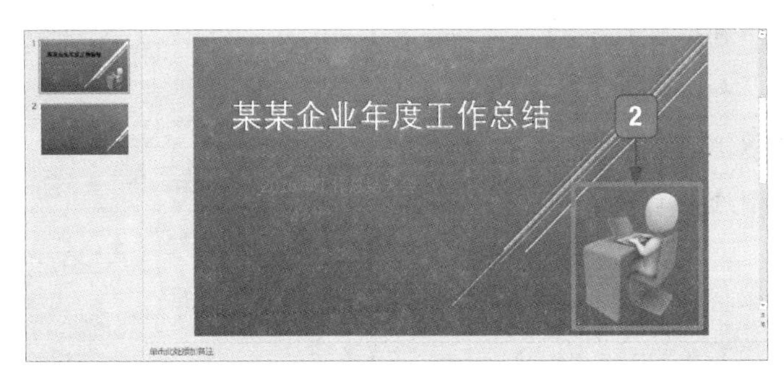


1 单击【图片】按钮，插入目标图。

2 把图片放在此处。

4. 插入日期和时间

1 单击【日期和时间】按钮。

2 选中【日期和时间】复选框，并选中【自动更新】单选按钮。

3 单击【应用】按钮。

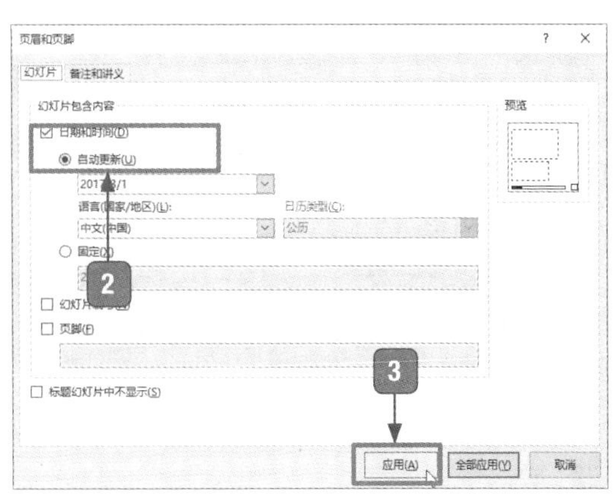

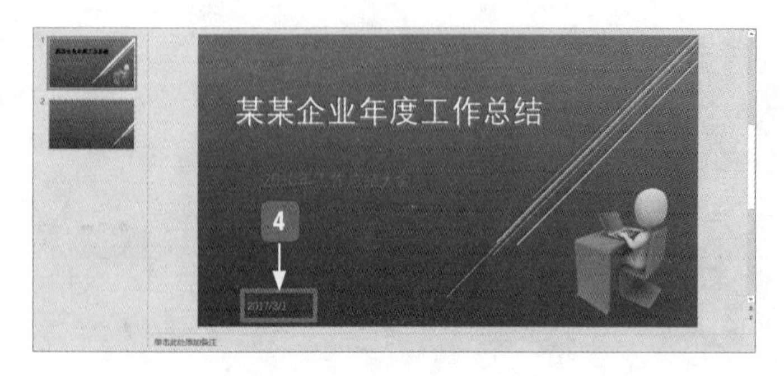


4 在此处插入日期和时间。

注意：因为只在该页显示日期和时间，所以要单击【应用】来保存设置。

5. 制作目录页

1 选择【新建幻灯片】选项。

2 切换到【插入】选项卡，在【插图】组中单击【形状】的下拉按钮。

3 选择【直线】选项。

4 选择【平行四边形】选项。

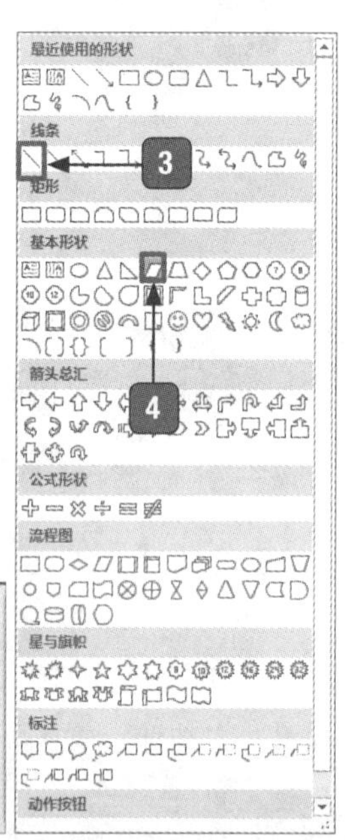


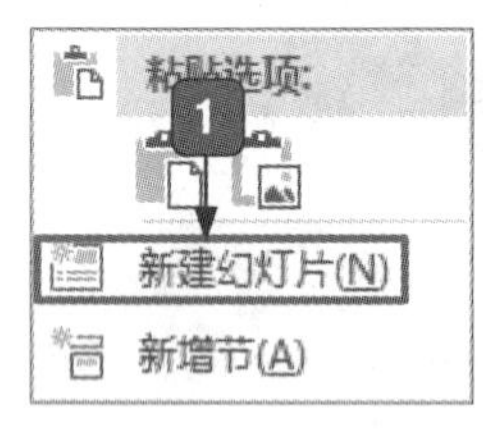


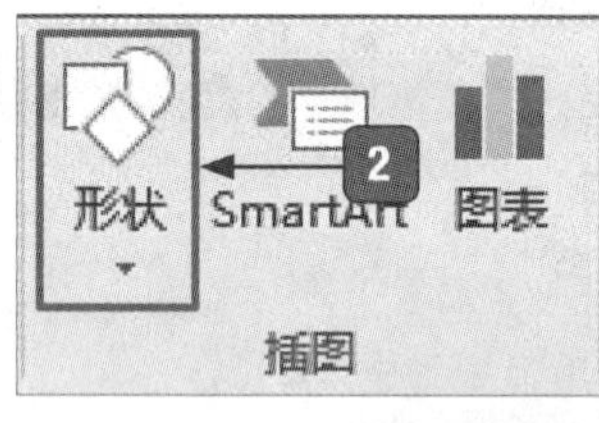


5 绘制该图形。

6 选中图形，将鼠标指针移动到图形上，当鼠标指针变成十字箭头“✣”形状后，按住【Ctrl】键，拖曳复制另外两个图形。

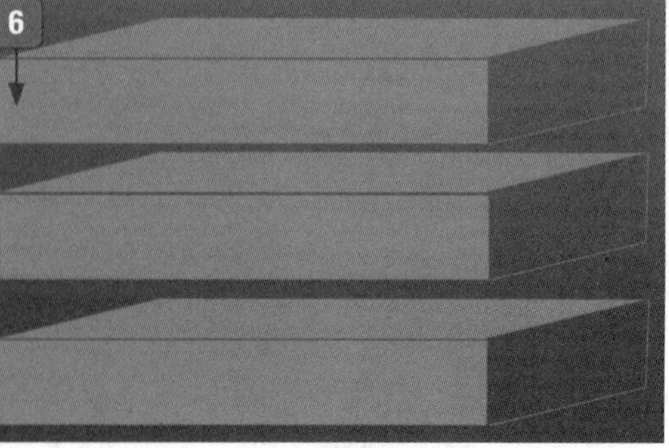

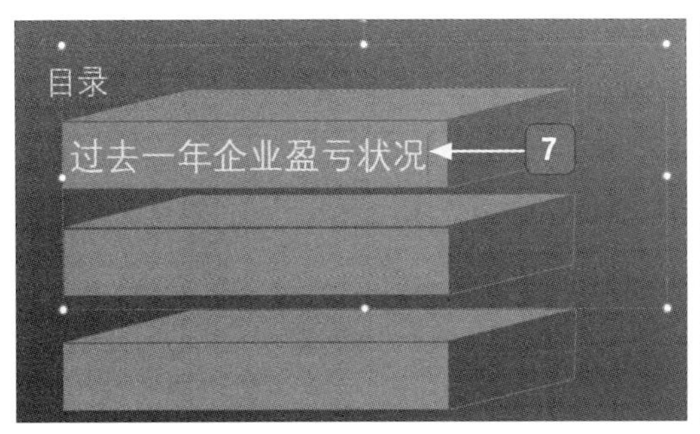


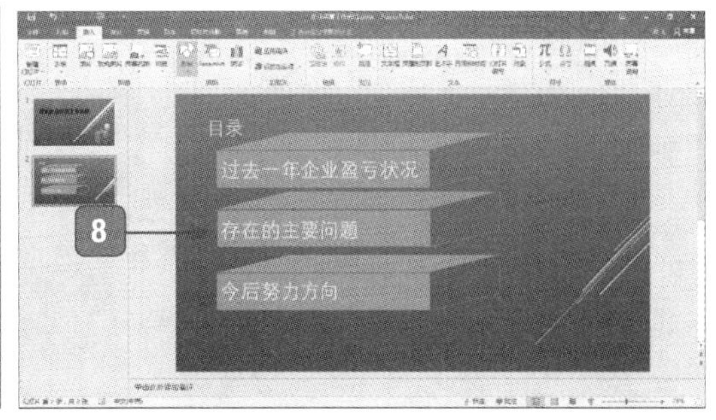


7 单击图形编辑文字。

8 制作目录页完成后的效果。

6. 制作正文页

1 单击【表格】的下拉按钮。

2 选择【插入表格】选项，自定义行数与列数。

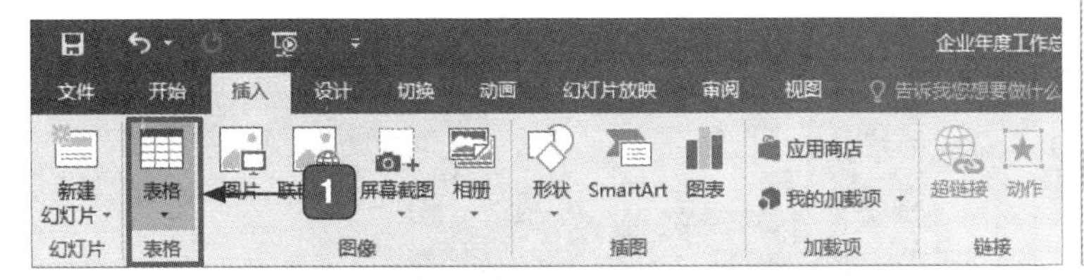


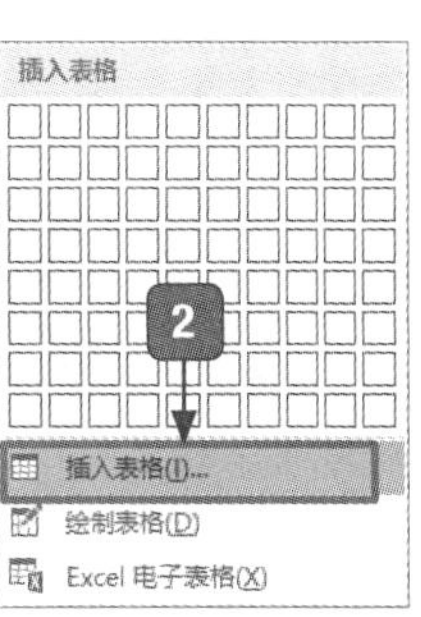


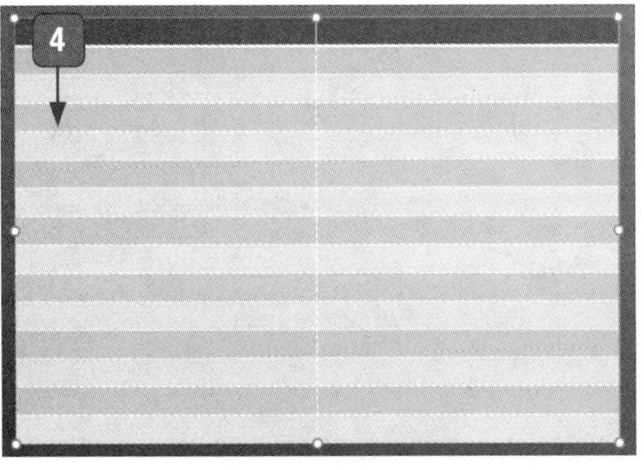


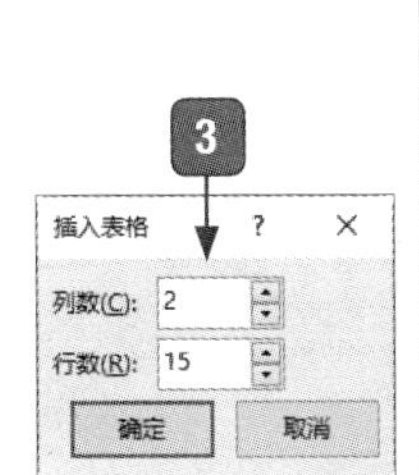


3 在【插入表格】对话框中输入列数与行数之后，单击【确定】按钮。

4 完成表格插入。

5 把“财务报表数据”导入表格。

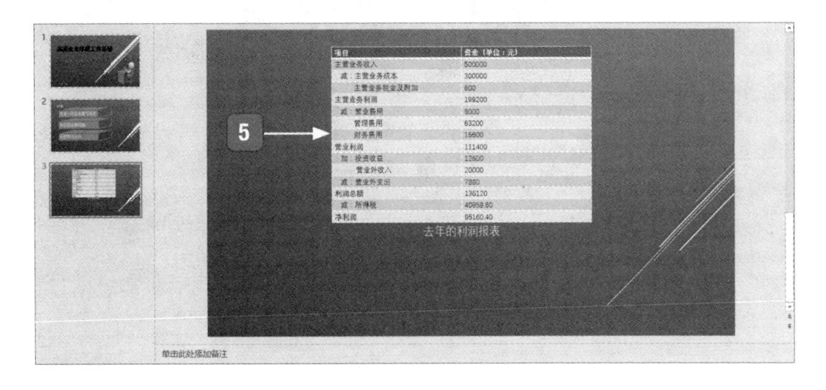

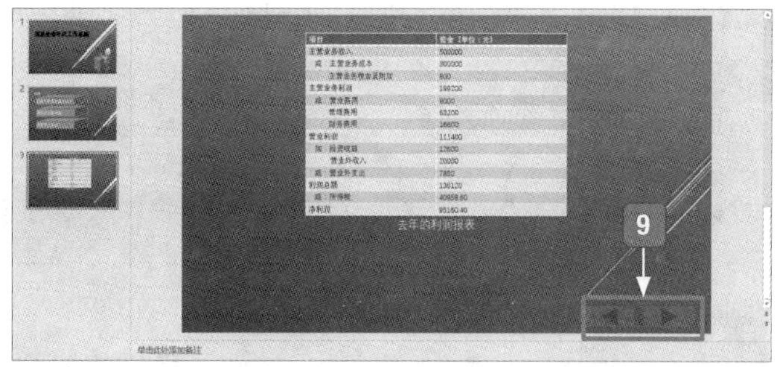


6 选中该按钮，在幻灯片中拖曳出动作按钮。

7 在【操作设置】对话框中设置参数。

8 单击【确定】按钮。

9 完成后的效果。

7. 制作结束页

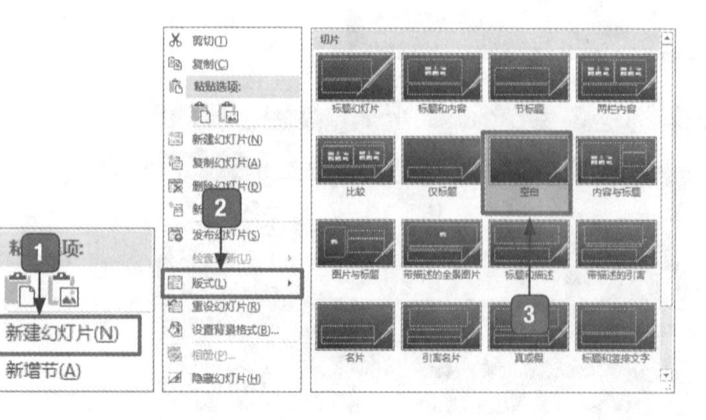


1 选择【新建幻灯片】选项。

2 右击新建的幻灯片，在弹出的快捷菜单中选择【版式】命令。

3 选择【空白】版式。

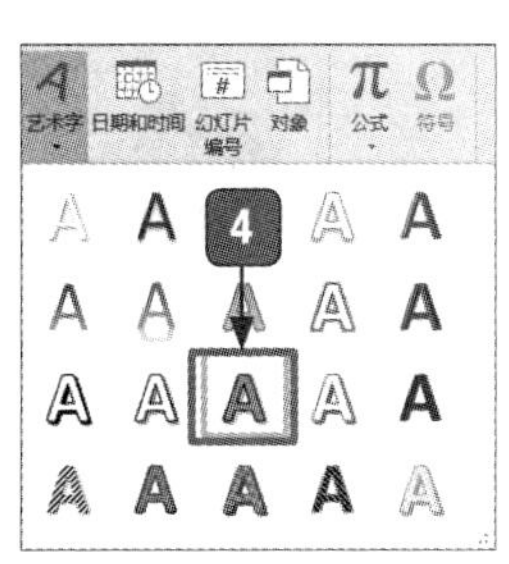


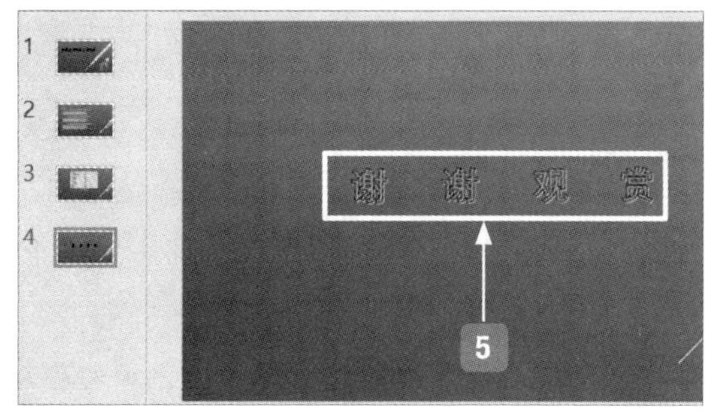


4 插入该艺术字体，插入4次。

5 输入感谢语“谢谢观赏”。

8. 设置动画效果

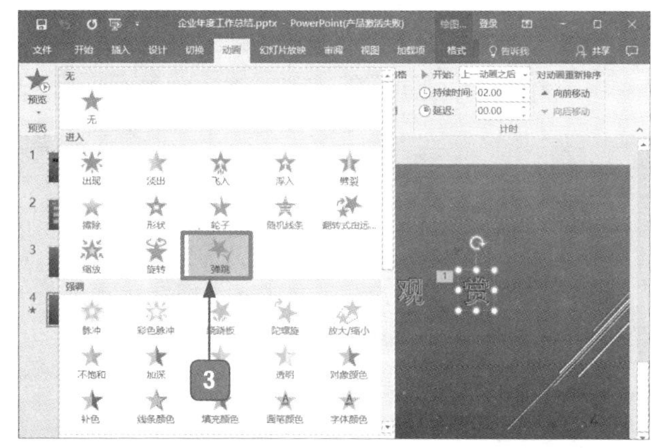


1 选择【动画】选项卡。

2 单击【动画窗格】按钮。

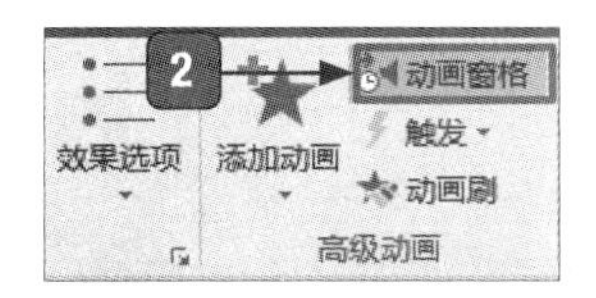


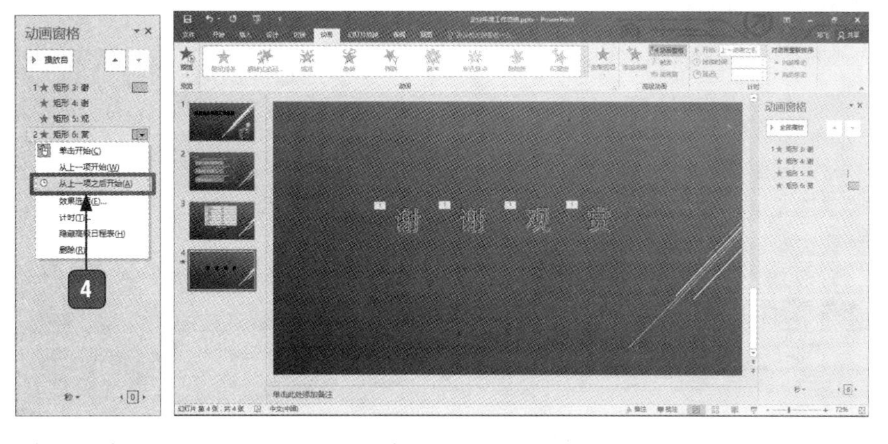


3 给每个字都添加进入动画效果，选择“弹跳”选项。

4 在【动画窗格】中依次选中后3个动画效果，在下拉列表框中选择【从上一项之后开始】选项。

# 痛点解析

## 痛点 1：如何将指定的模板设置为默认模板

PowerPoint 2016 默认的主题是“Office 主题”，那么想把自定义的模板作为默认主题怎么设置呢？下面就教你如何把指定的模板设置为默认模板。

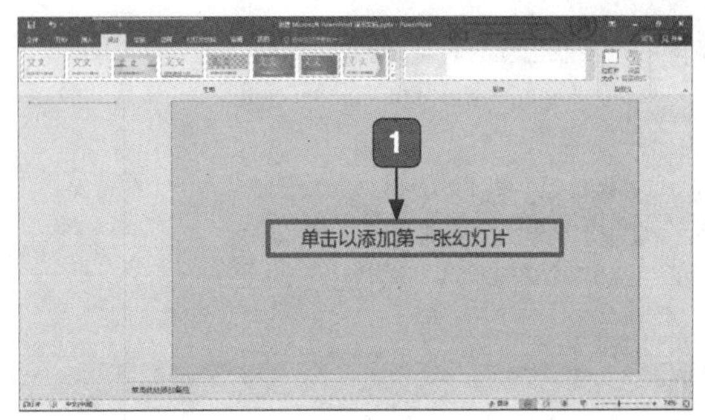


1 单击添加幻灯片。

2 切换到【设计】选项卡，添加指定模板，单击该下拉按钮。

3 选择【浏览主题】选项。

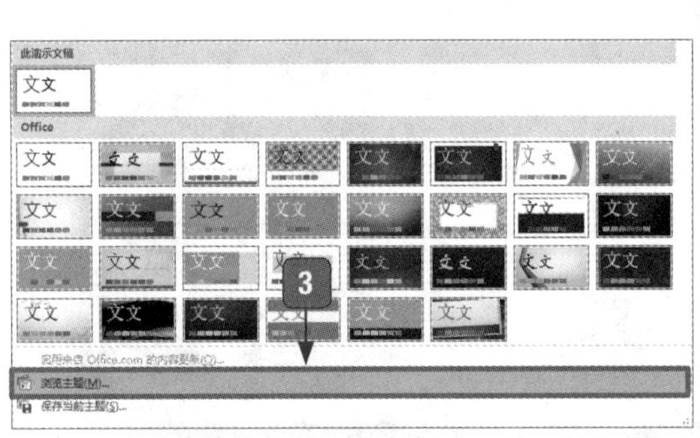


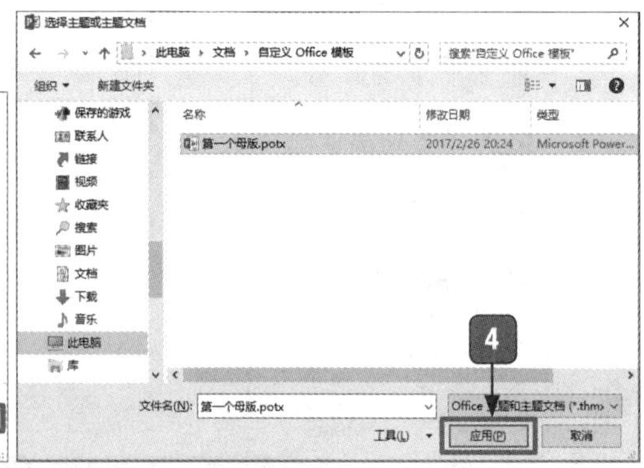


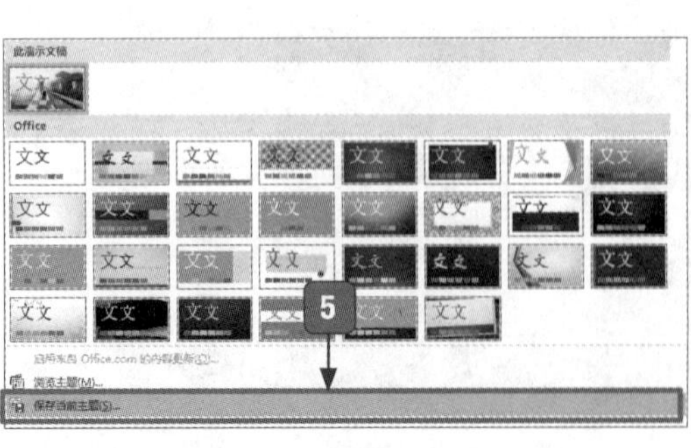


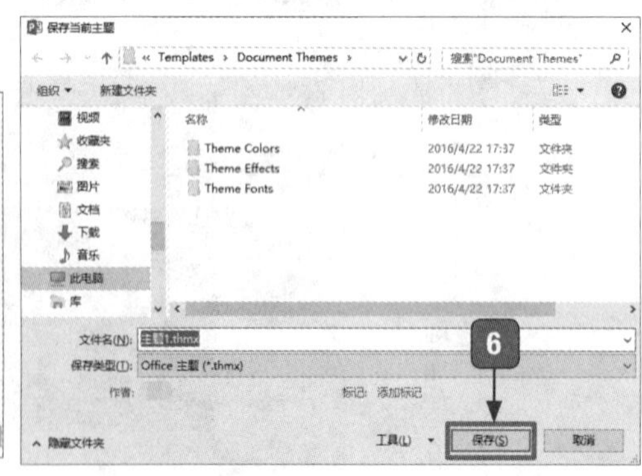


4 选择指定的母版，单击【应用】按钮。

5 回到下拉列表，选择【保存当前主题】选项。

6 单击【保存】按钮。

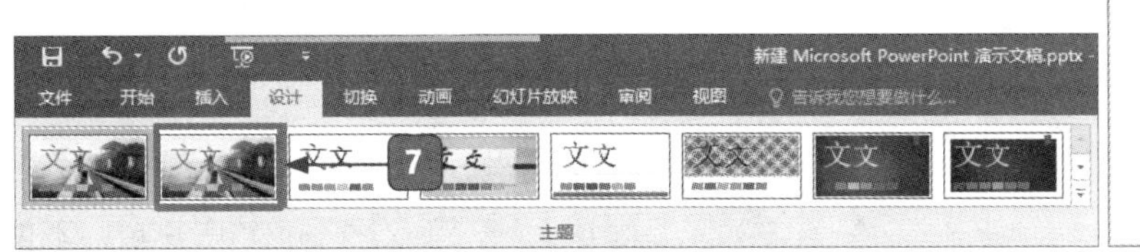


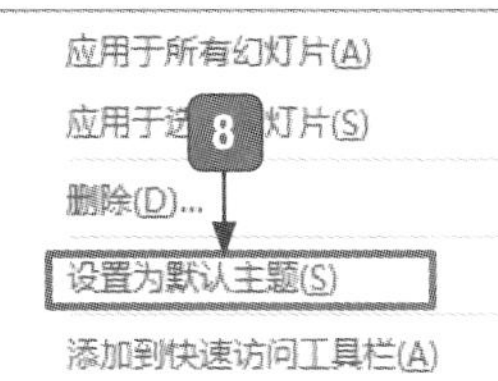


7 右击刚刚保存的主题。

8 在弹出的快捷菜单中选择【设置为默认主题】命令。

### 痛点 2：指定的主题字体为什么无效

是不是经常发现明明在这个计算机设置的字体，怎么到了其他计算机就给变了呢？那是因为其他计算机没有安装相应的字体哦，那么该怎么解决这个问题呢？下面就来告诉你。

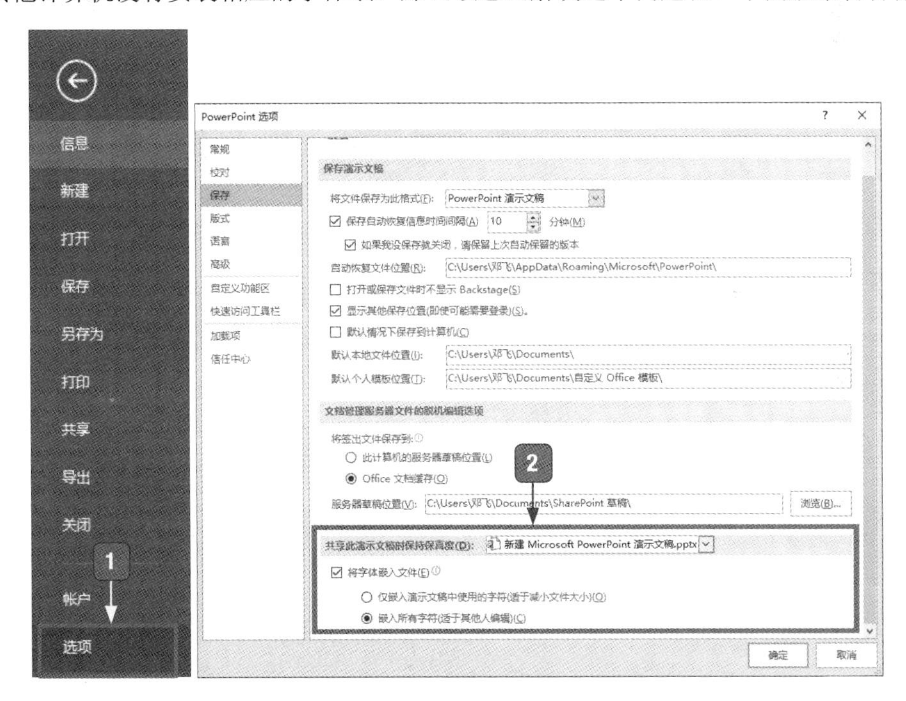


1 切换到【文件】选项卡，选择【选项】选项。

2 在 PowerPoint 选项对话中，把【共享此演示文稿时保持保真度】设置为这个文稿名，选中【将文字嵌入文件】复选框及选中【嵌入所有字符（适于其他人编辑）】单选按钮。这样不管在哪里哪台计算机打开字体都不会变了。

# 大神支招

**问：有多个邮箱时，怎样才能高效管理所有的邮箱？**

有些邮箱客户端支持多个账户同时登录，如网易邮箱大师，登录多个邮箱账户后，不仅可以快速在多个账户之间切换，还可以同时接收和管理不同账户的邮件。

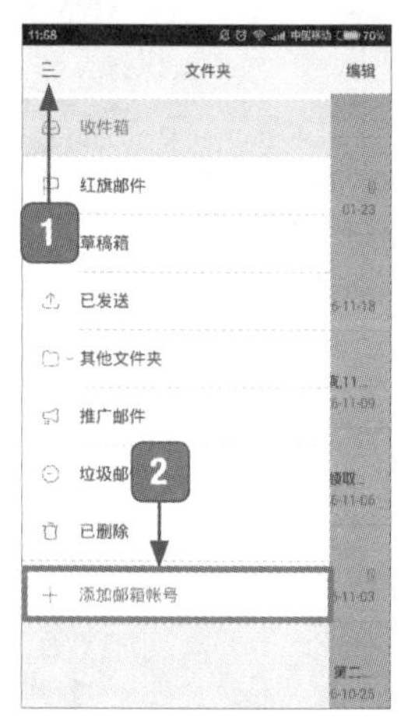


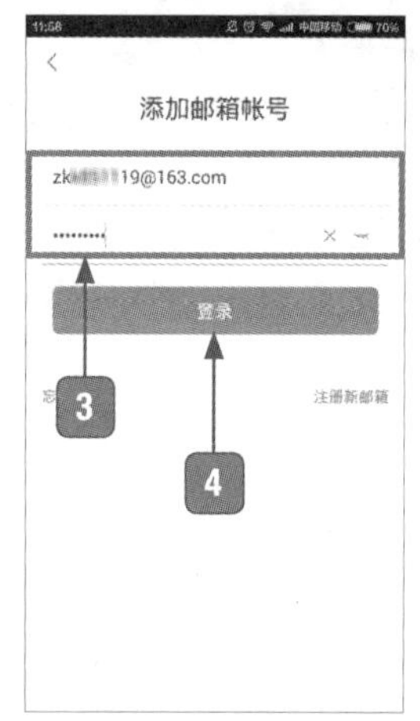


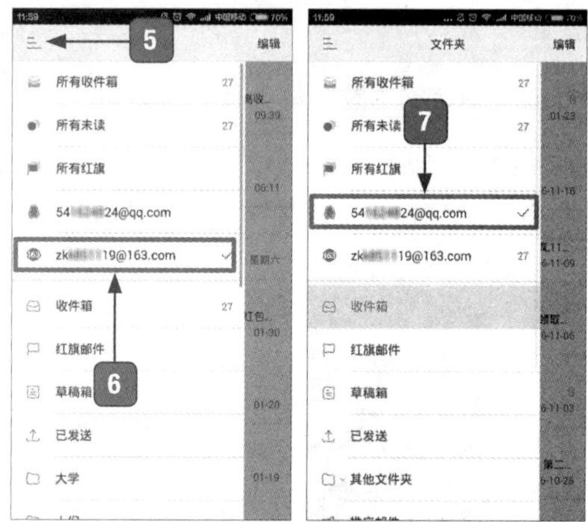


1. 在网易邮件大师主界面点击【选项】按钮。
2. 选择【添加邮箱账号】选项。
3. 输入邮箱账号及密码。
4. 点击【登录】按钮。
5. 点击该按钮，将显示添加的所有账户。
6. 默认情况下将显示新添加账号。
7. 选择其他账户，即可进入其他邮箱界面。

09

CHAPTER

# 第9章 PPT逻辑结构与版式设计

>>> 在制作 PPT 之前，如何构建逻辑结构？

>>> 构建逻辑结构后，怎样呈现出来？

>>> 怎样玩转版式？

好吧，我就是个问题人，不过既然提出了问题，还是来解决问题吧。

## 9.1 构建你的逻辑

读者在看书的时候，无论从什么角度都能看懂。但是对于一个听者，如果演讲者没有按序讲，那听者未必能弄明白演讲者所讲的意图。这就好比火车的行驶，必须一站一站地到达，不可能绕过中间站直达终点。PPT 的制作也一样，如何让观众很轻松地听懂你讲的内容，而不会让他们“目光呆滞”呢？

这就需要你演讲的各个部分有层次，条理清晰，有较强的逻辑结构，即“PPT 叙述框架”。根据需要的不同，在制作 PPT 时可以选择不同的框架。

### 9.1.1 构思逻辑主线

主要的“PPT 叙述框架”类型如下表所示。

| 序号 | PPT 框架类型 | 序号 | PPT 框架类型 |
| --- | --- | --- | --- |
| 1 | 模块型 | 9 | 特色—利益型 |
| 2 | 时间型 | 10 | 案例—研究型 |
| 3 | 区域型 | 11 | 以退为进型 |
| 4 | 空间型 | 12 | 比较—对比型 |
| 5 | 问题—方法型 | 13 | 矩阵图表型 |
| 6 | 议题—对策型 | 14 | 平行结构型 |
| 7 | 机遇—手段型 | 15 | 自问自答型 |
| 8 | 形式—功能型 | 16 | 数字榜单型 |

由于各种类型基本思想大同小异，目的都是有结构地展示你的思维过程。这里主要就模块型框架做简单的讲解。

模块型：由多个类似的板块组合在一起，这些板块之间没有确定的顺序，能够随意调整板块之间的顺序。这种类型的框架具有很强的自由性，可以根据个人需要随意增减、交换板块。但是这种框架的缺点也很明显，结构太松散难以记忆。

大神建议：少用、慎用，如果用尽量简洁为佳。

框架举例如下。

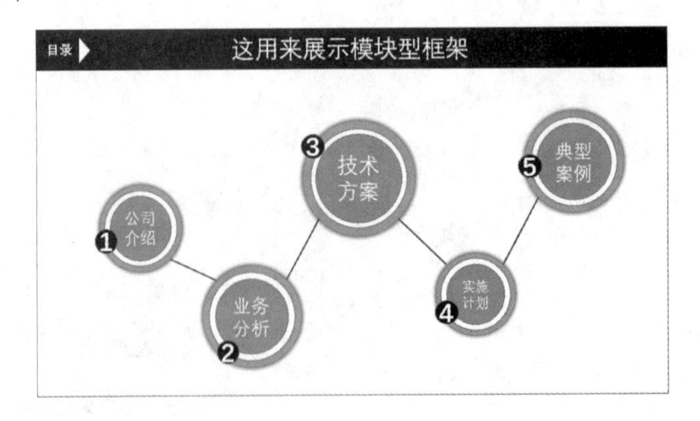

## 9.1.2 使用软件构建思维导图

有了想法，就要把想法表达出来，无论是写下来还是画下来。但有时候还需要借助一些软件，更加清晰、完整地展现想法。目前这类软件非常多，主要有 Xmind、Coggle、Mindmaps、FreeMind、MindMeister 等。这里主要以 Xmind 为例给大家讲解思维导图的构建。

在官网下载并安装 Xmind 8 中文版完成后，在所有程序中找到 Xmind 8 中文版快捷方式打开软件，开始思维创建之旅。

进入软件主页后，在【文件】选项卡中打开【新建】页面，可以选择【空白图】选项卡，也可以选择【模板】选项卡。这里将选择【空白图】选项卡。

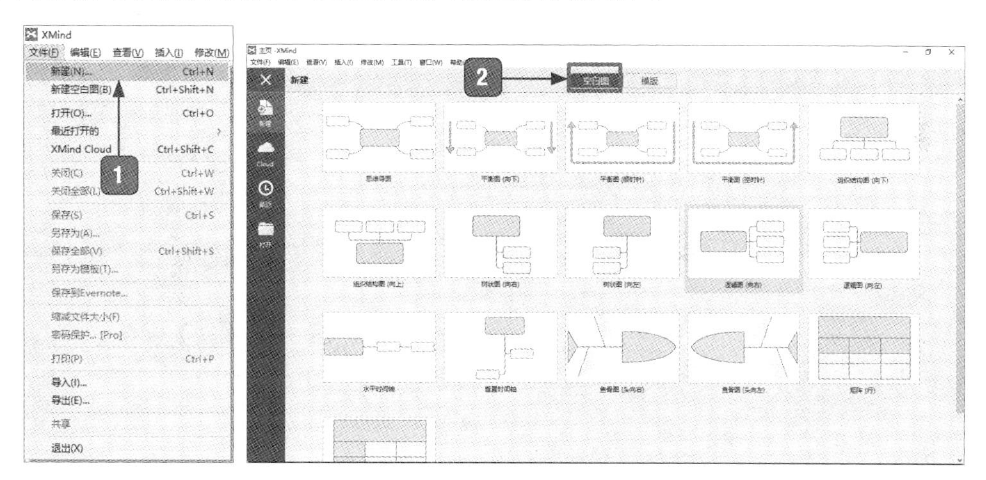


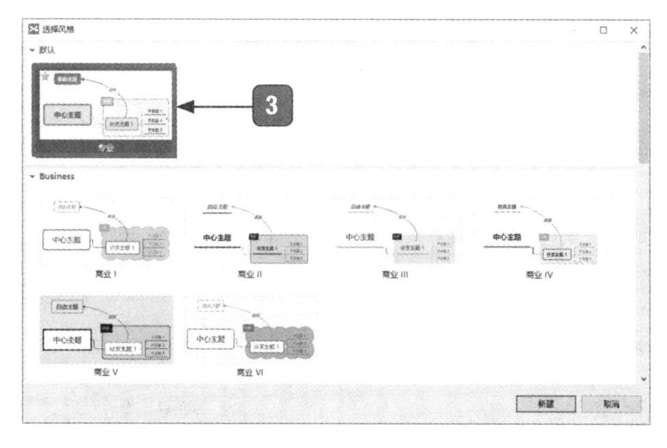


1 选择【新建】选项。

2 在【空白图】选项卡中选择一种思维导图。

3 默认选择【专业】思维导图，然后单击【新建】按钮。

在刚刚新建的空白图中心会看到一个蓝色的写有【中心主题】的按钮。



中心主题

选中【中心主题】并右击，在弹出的快捷菜单中选择【插入】→【主题】命令，插入一个新的主题。

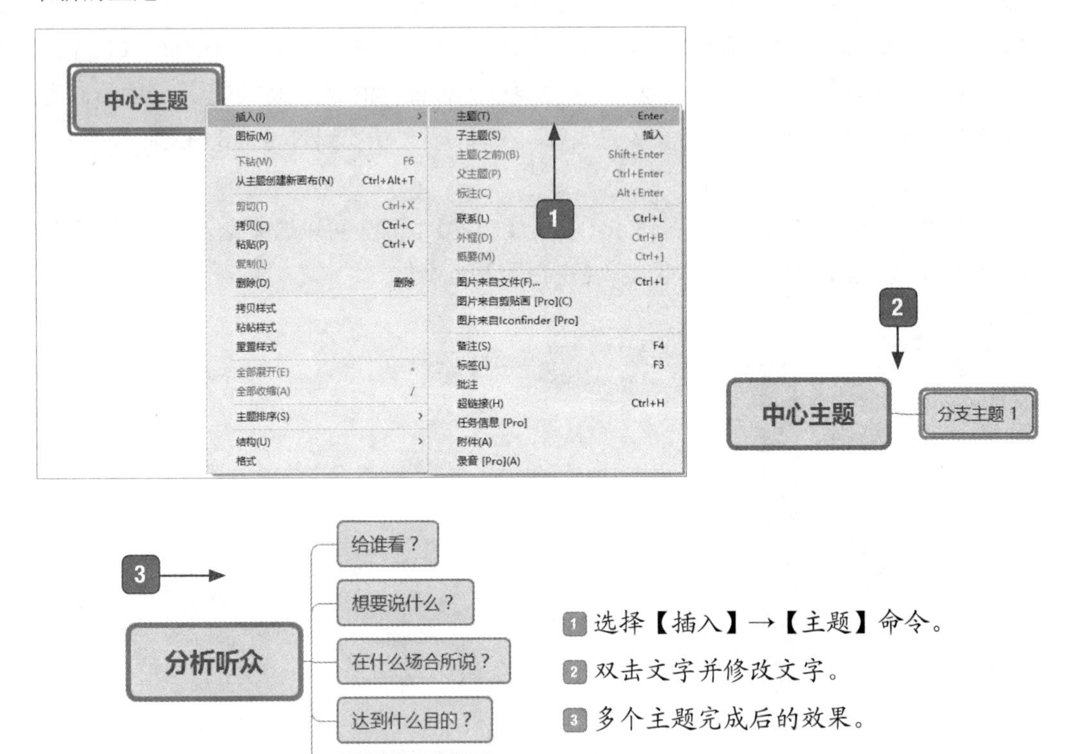


1 选择【插入】→【主题】命令。

2 双击文字并修改文字。

3 多个主题完成后的效果。

选中一个主题并右击，在弹出的快捷菜单中选择【插入】→【子主题】选项，完成下一级主题的插入。

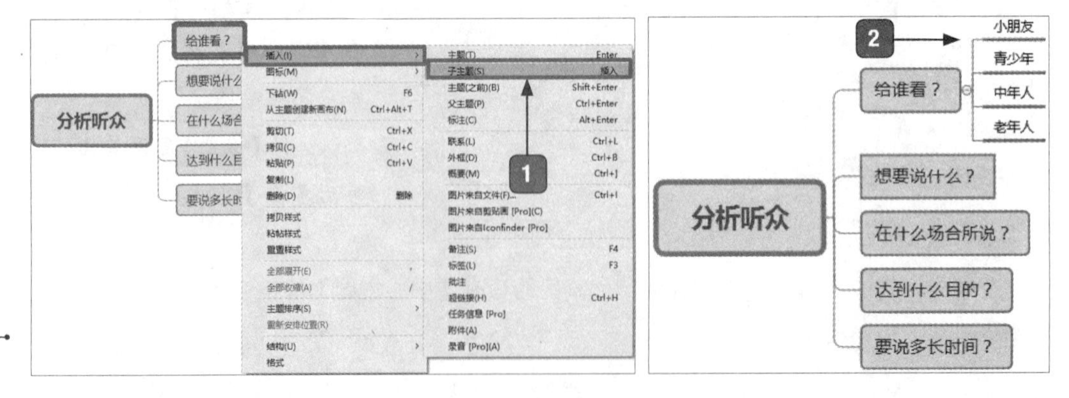


1 选择【子主题】选项。　　2 插入后的效果。

改变结构，调整框图。选中【分析听众】主题的按钮并右击，在弹出的快捷菜单中选择【结构】→【组织结构图（向下）】选项来调整主题的样式。

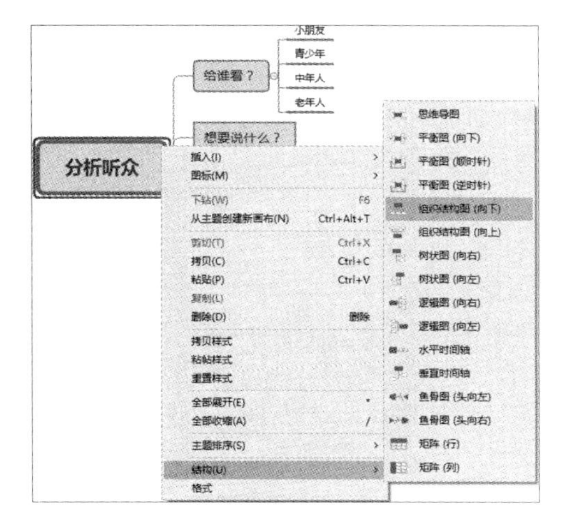

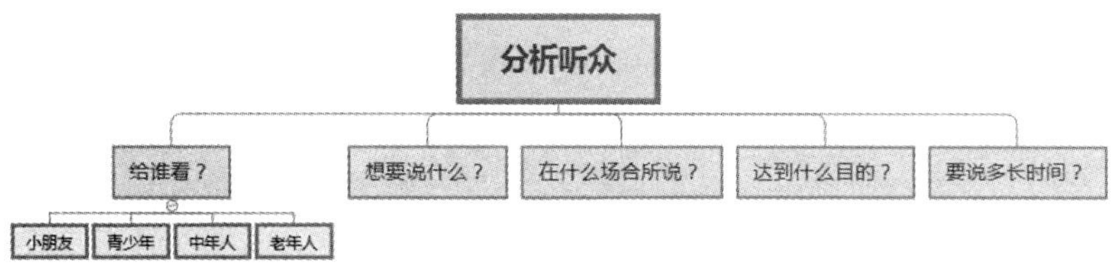


选中“给谁看？”按钮并右击，在弹出的快捷菜单中选择【图标】→【人像】→【深灰】选项来添加图标。

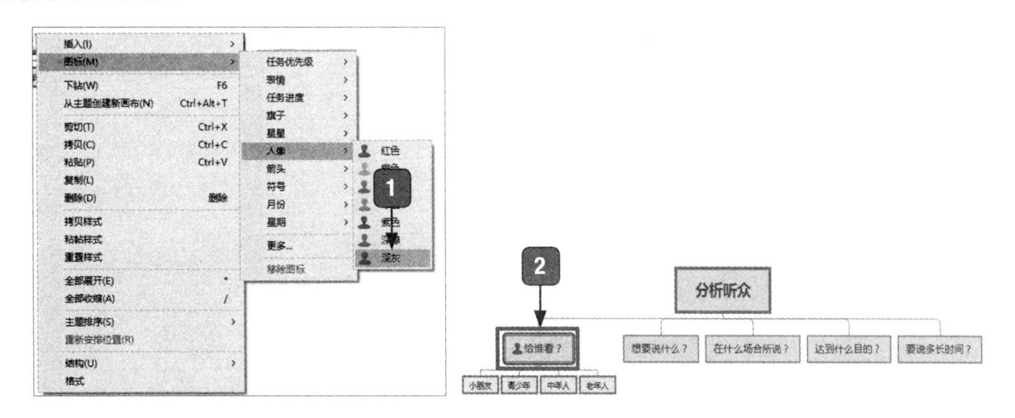

1 选择【深灰】选项，也可以选择其他颜色的人像。

2 添加图标后的效果。

在子主题与主题之间的⊖号可以合并子主题，同样的也可以单击⊕号展开子主题，如下图所示。

创建完成，接下来进行保存。

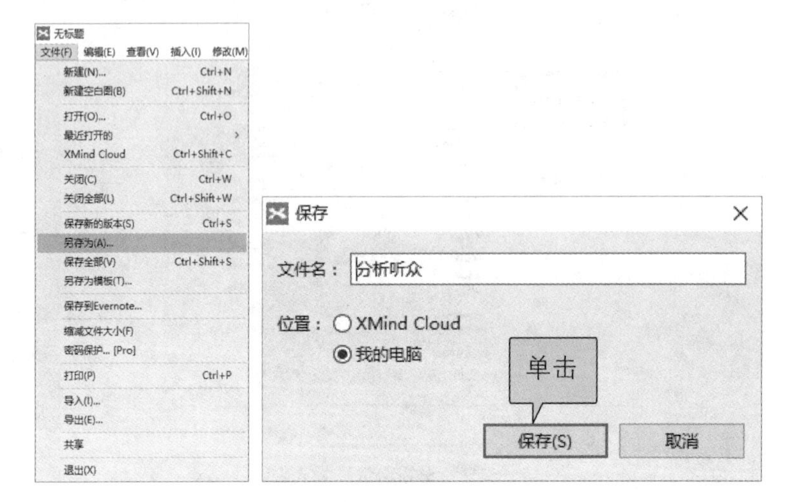


## 9.1.3 寻找有用的素材

思维导图是目前非常流行的一种高效工具图，因此大神建议你可以借鉴资源丰富的网络，搜索需要的思维导图素材，下载保存以备不时之需。

大神强烈建议你要学会使用百度这个强大而又普遍的搜索引擎。在百度中，你能搜索到海量的信息和素材。

1 输入要搜索的内容，如思维导图素材。

2 搜索到相关的信息和素材。

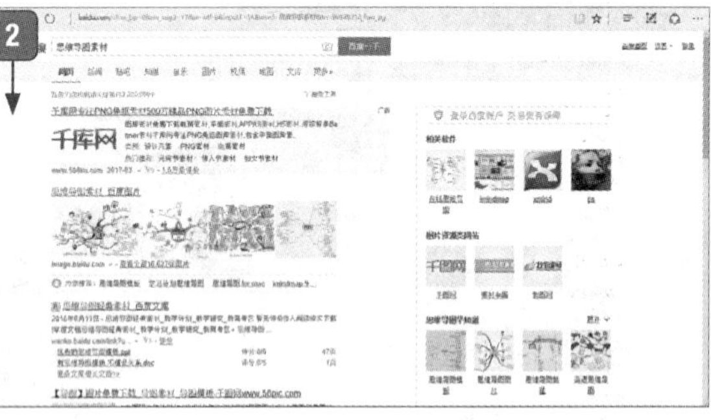


下面本大神挑选了几张思维导图仅供参考。

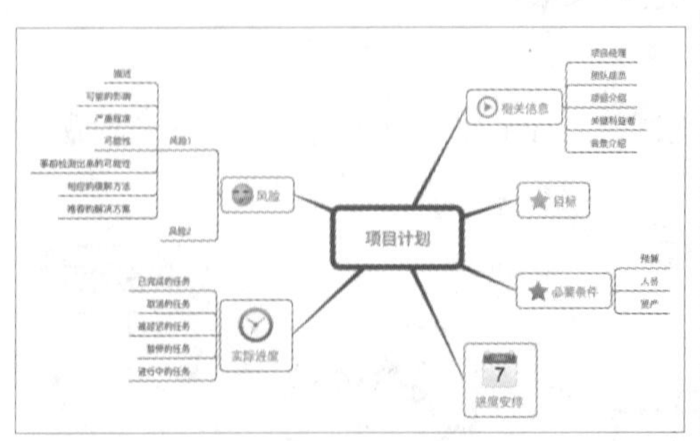


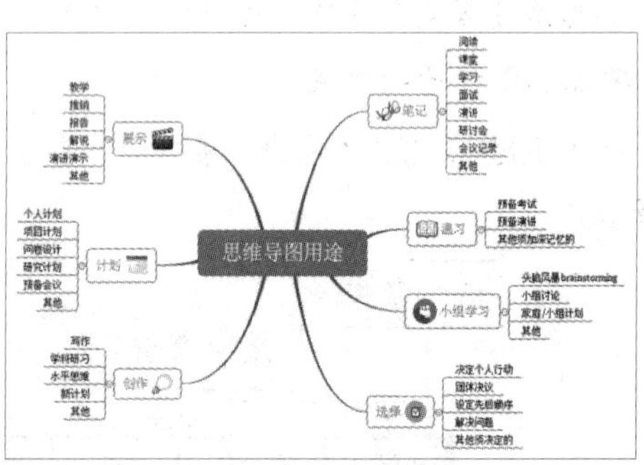

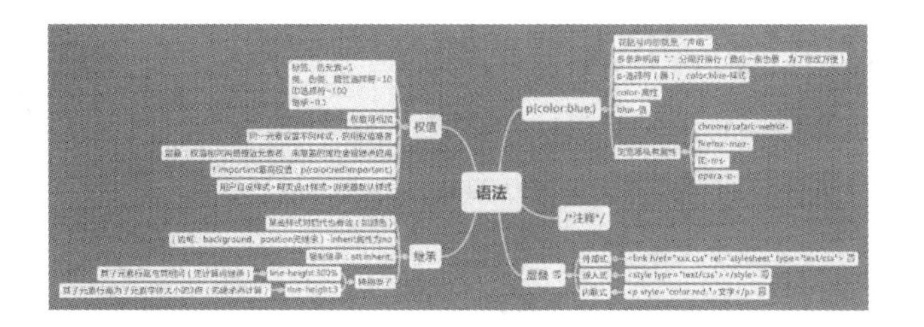


## 9.1.4 搭建章节和标题框架

这里所说的章节和标题框架就好比是人的面部特征，让人们一眼就能识别当前幻灯片是属于哪一章哪一节。所以本大神接下来将要介绍如何构建这样的框架。

制作 PPT 都是为了讲解演示工作生活中的某个问题，而这个问题又能再次拆分为多个方面进行叙述，把再分出的多个方面称为 PPT 的章节，每个章节通过几点细化，让 PPT 内容更加充实。下面以家庭年支出分析为例。

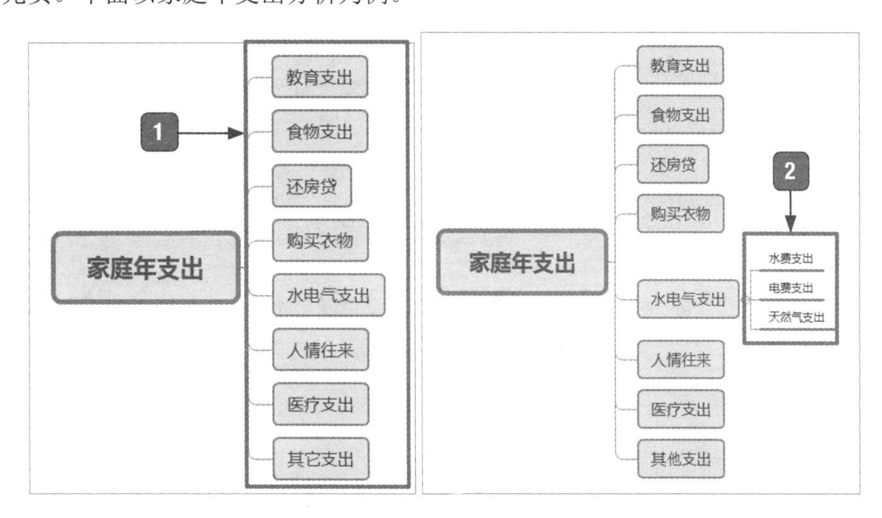


1 这就是该 PPT 的章节，在它下面还有子标题。

2 这是章节下的子标题。

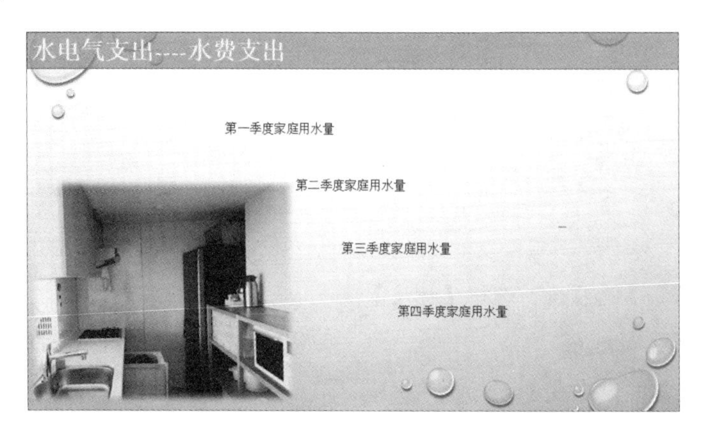

## 9.1.5 确定 PPT 的整体风格

日常常说一个人制作的PPT风格很让人喜欢，绝大多数都是因为人家制作的PPT在边距、背景、形状、线条、字体、标题、配色等方面让人感到非常舒适。

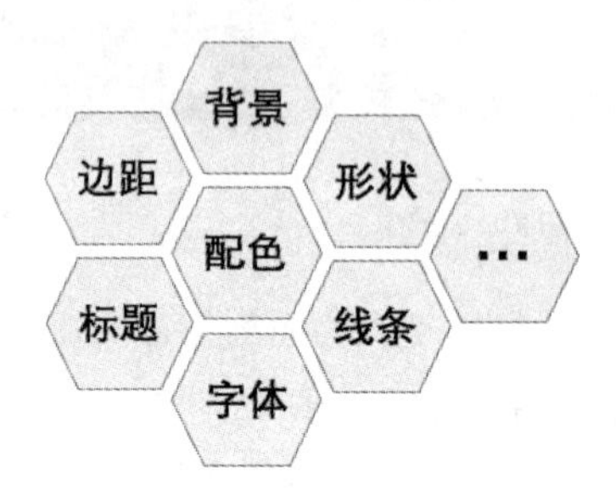


话不多说，接下来本大神也将从以上7个方面挑选两个，重点进行讲解如何确定PPT的整体风格。

### 1. 如何统一边距

PPT中的页边距是指PPT中元素与幻灯片页面边缘之间的间距。

在PPT排版之前，可以通过建立参考线和标尺的方式，先统一PPT的页边距，如下图所示。

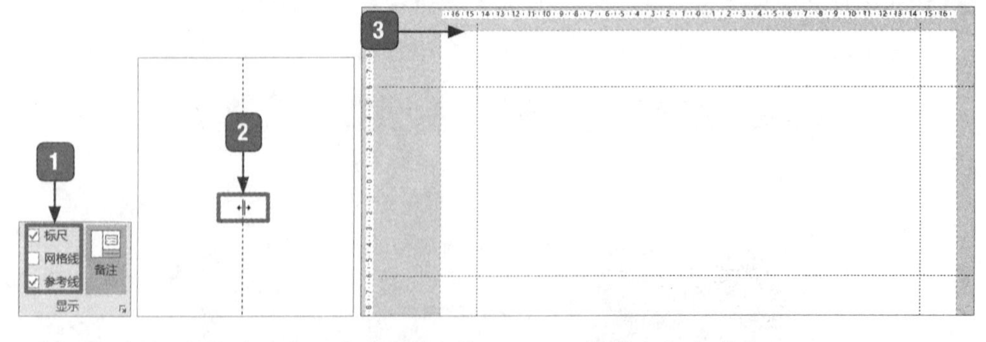


1 切换到【视图】选项卡，选中【标尺】和【参考线】复选框。

2 按住【Ctrl】键，拖曳参考线，可快速复制出新参考线。

3 开启标尺和参考线后的效果。

保持统一的页边距，能让 PPT 页面看起来非常整洁有序，如下图所示。

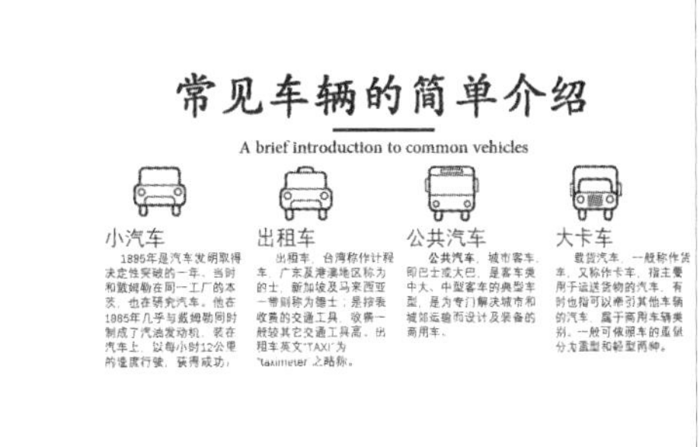


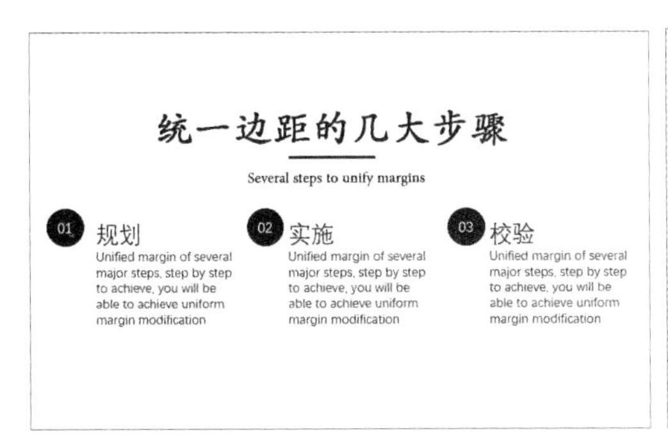


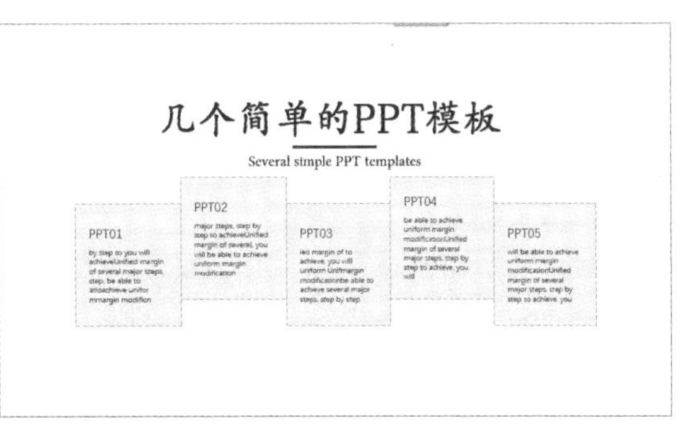


## 2. 如何统一背景

看看下面这一组 PPT，你觉得怎么样？

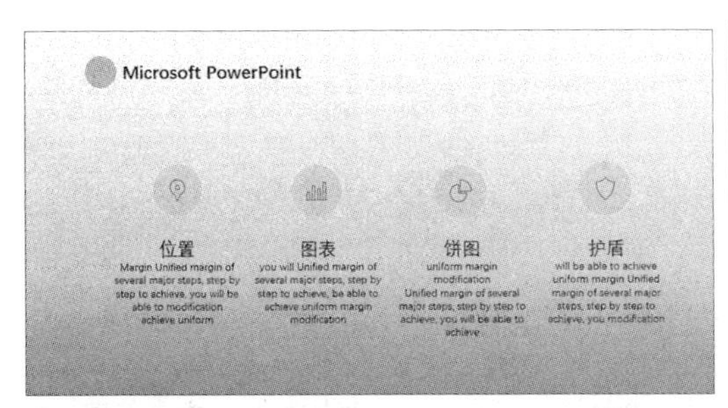


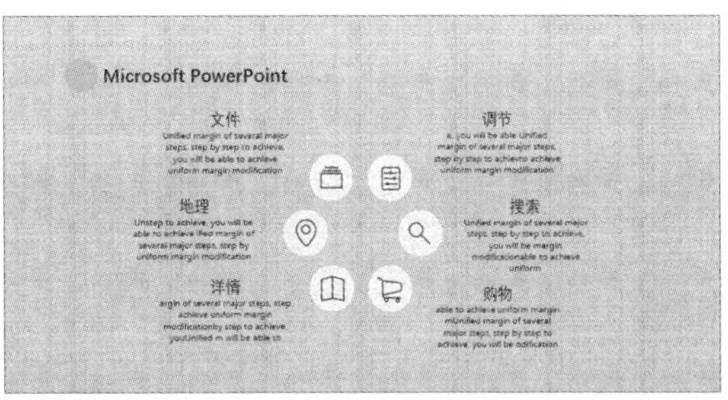

是不是太花哨了？接下来，本大神来统一一下背景。

1. 右击幻灯片，在弹出的快捷菜单中选择【设置背景格式】命令。
2. 在【设置背景格式】窗格中选中【渐变填充】单选按钮。
3. 调整颜色渐变。
4. 单击【全部应用】按钮。

统一背景之后，是不是瞬间清爽多了！

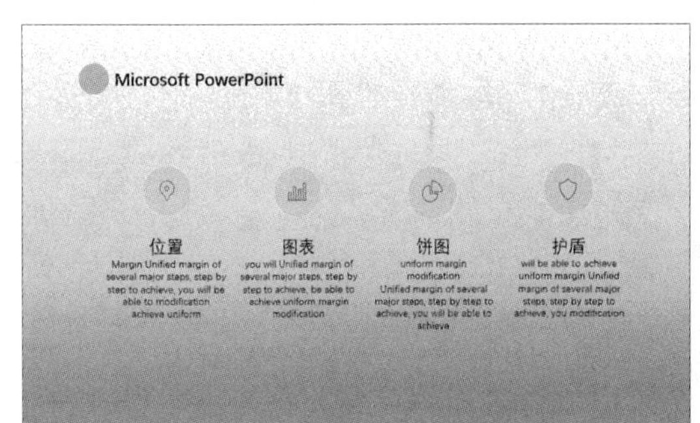


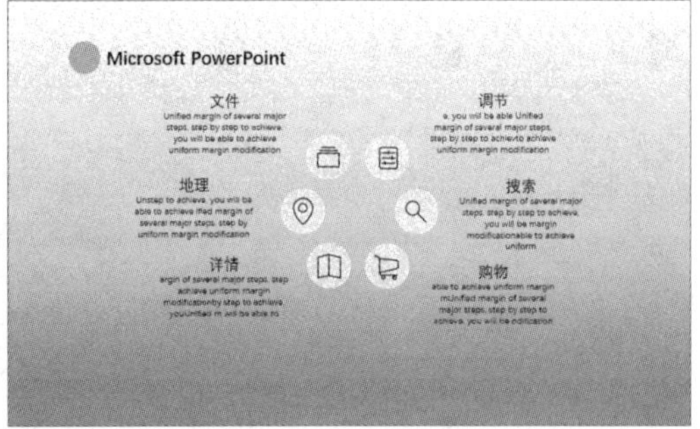


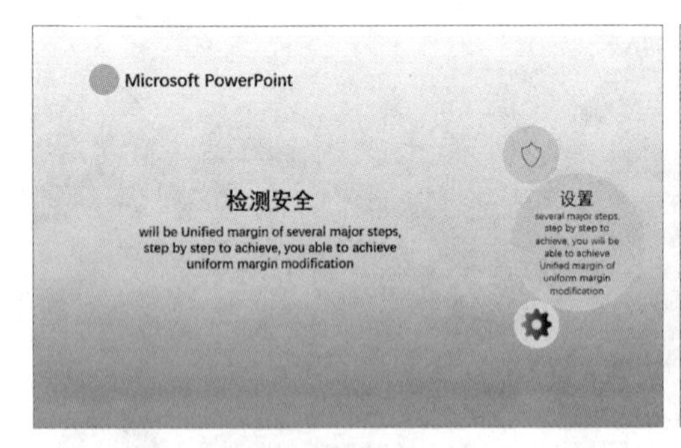


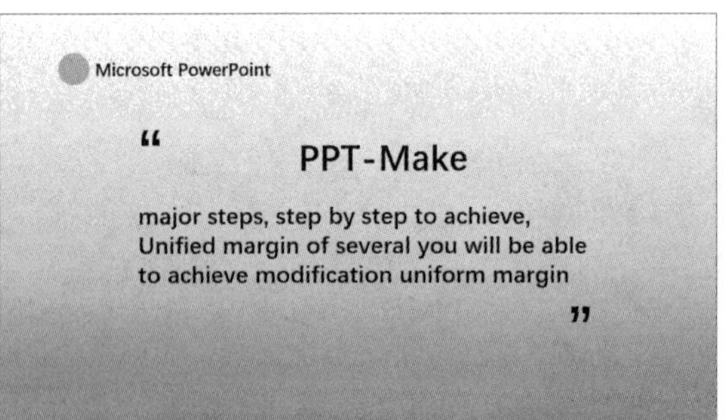


其他的风格统一交给你啦，让你来练练手，我相信你一定不会让本大神失望的！



## 9.2 呈现你的逻辑

经过众多工作和演讲经历，大神得出一个结论——只要能表达好重点，听众是能理解你所要表达的内容的，从而实现演讲演示的目的。如果有一个合理的结构安排，在演讲中会大放光彩，给听众留下深深的印象。本次教程主要讲解“PPT 制作过程中篇章逻辑安排”。

主要的逻辑有总分、分总、并列、环状、线性、总分总等。但最常见的是总分结构和并列结构。

1. 总分

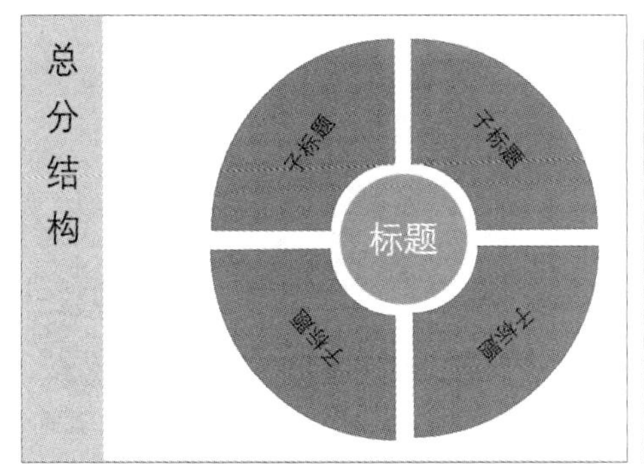


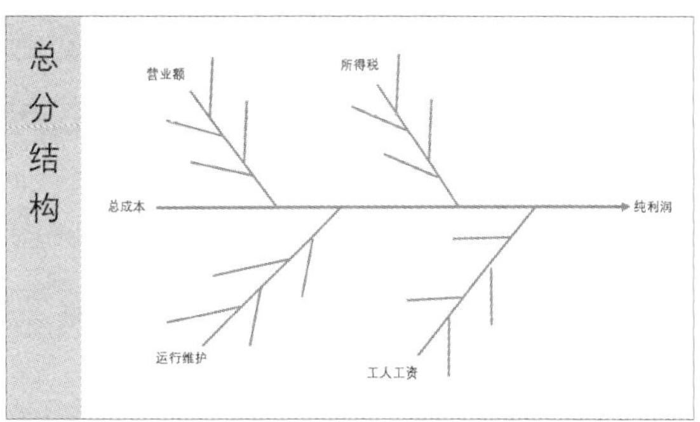


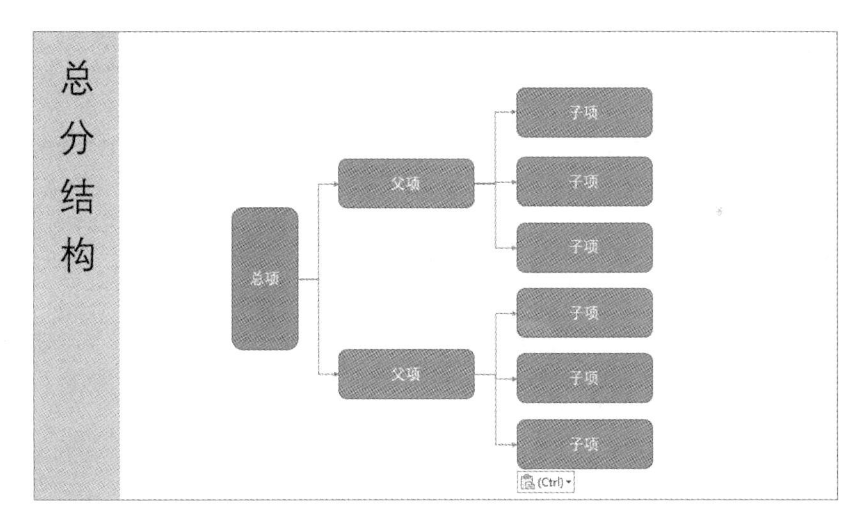


2. 并列

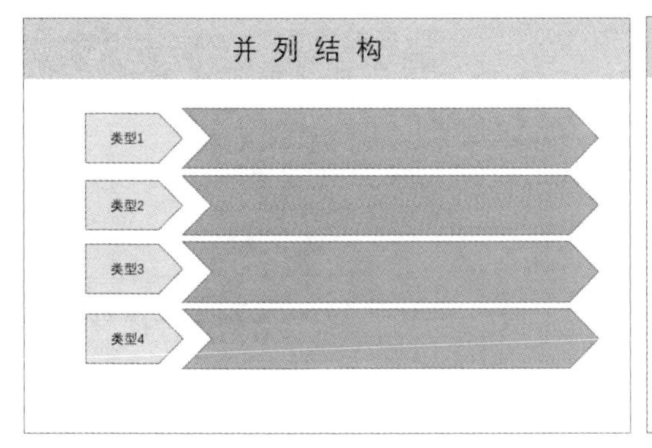


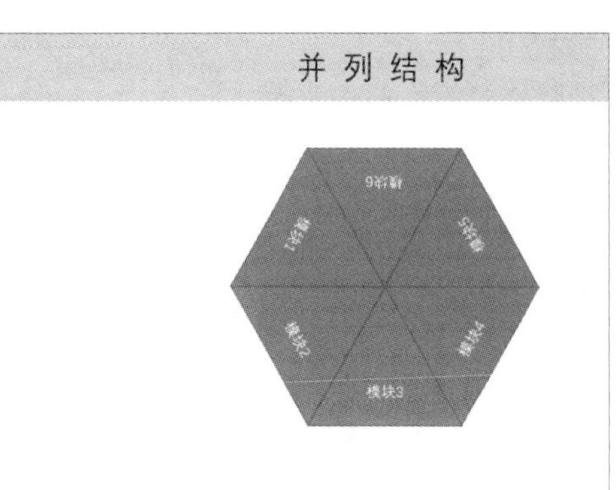

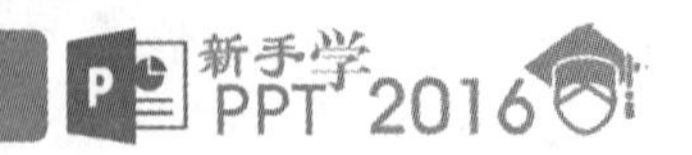

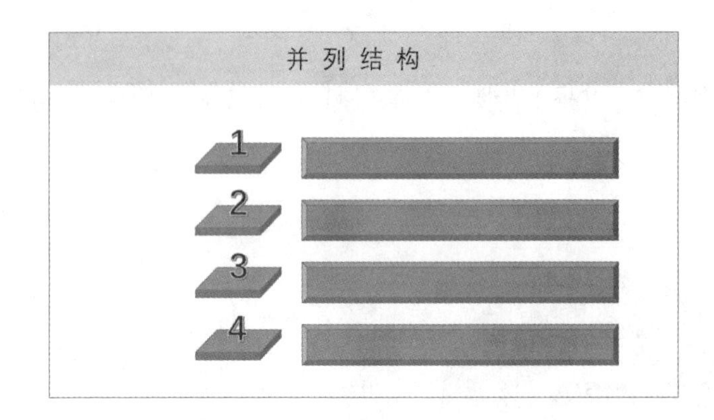


## 9.3 设计版式

### 9.3.1 什么是版式

幻灯片版式包含要在幻灯片上显示的全部内容的格式设置、位置和占位符。PowerPoint中包含标题幻灯片、标题和内容、节标题等，在创建演示文稿时选择的内置模板不同，幻灯片的版式种类也不相同，空白演示文稿有 11 种内置幻灯片版式，如果选中平面内置模板，则有 16 种。

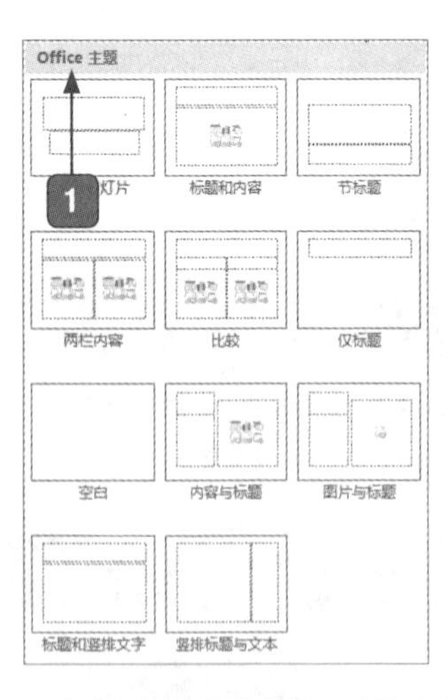


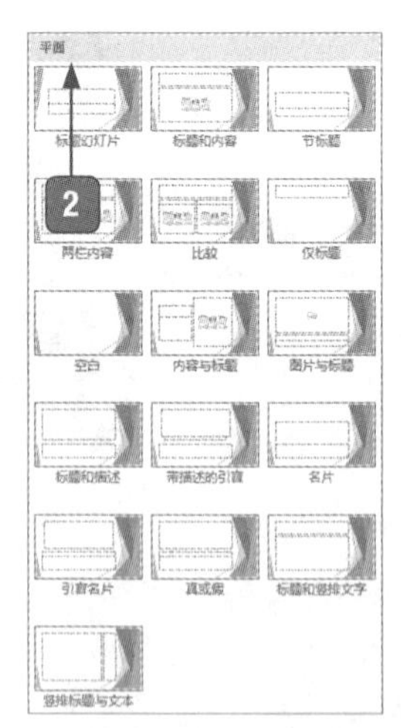


1 空白模板。

2 平面模板。

以上每种版式均显示了将在其中添加文本或图形的各种占位符的位置。



### 9.3.2 添加幻灯片编号

当幻灯片太多时，就要给每张幻灯片添加一个页码。打开一个没有幻灯片编号的 PPT 模板，给每页添加编号有两种方法：第一种插入编号；第二种视图模式编辑编号。其实这两种的本质是一样的，就选择简单的前者。

1 选择【插入】选项卡，单击【文本】组中的【幻灯片编号】按钮。

2 在【页眉和页脚】对话框中，选中【幻灯片编号】复选框。

3 对所有的幻灯片都应用编号，单击【全部应用】按钮。

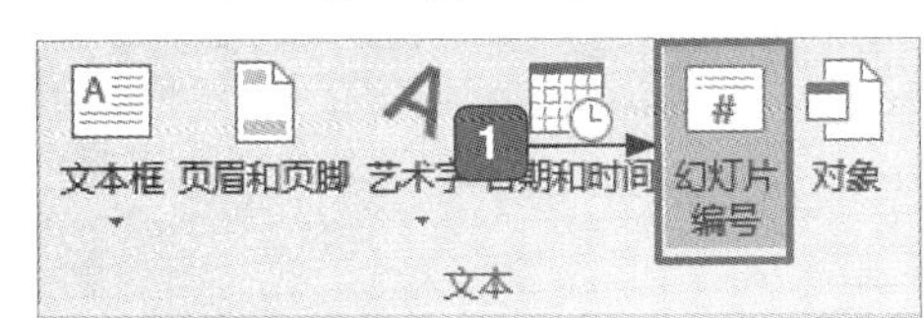

4 添加完毕后的效果。

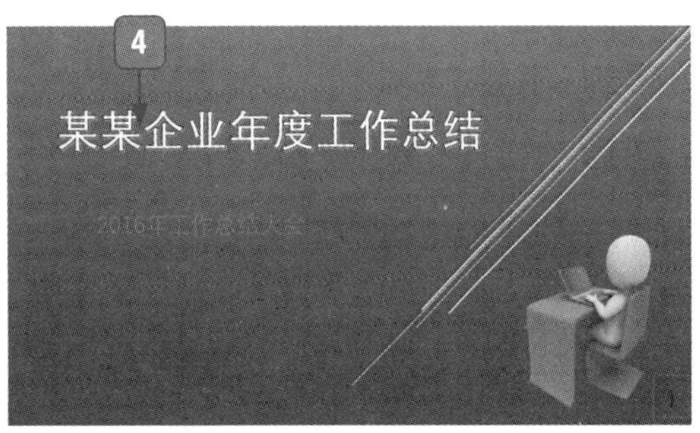


## 9.3.3 添加备注页编号

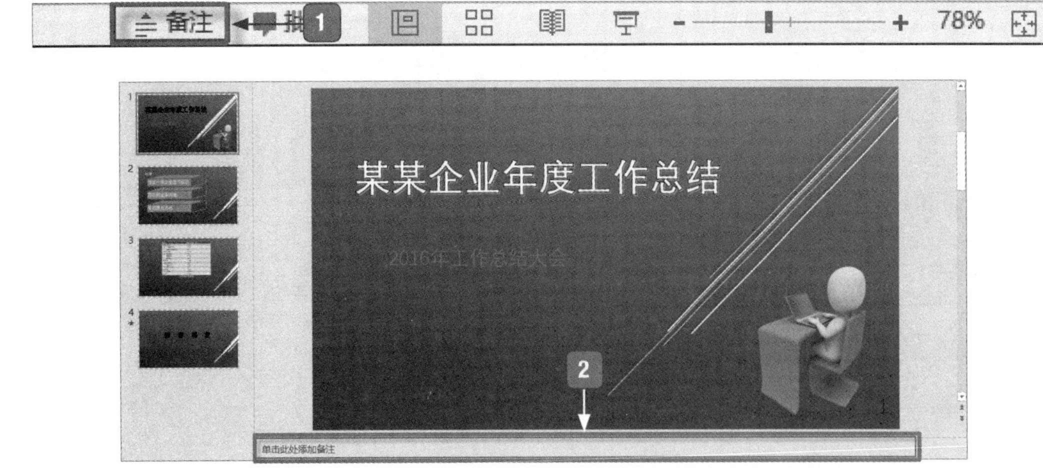


1 在窗口底部找到【备注】，并右击该按钮打开备注框。

2 添加备注。

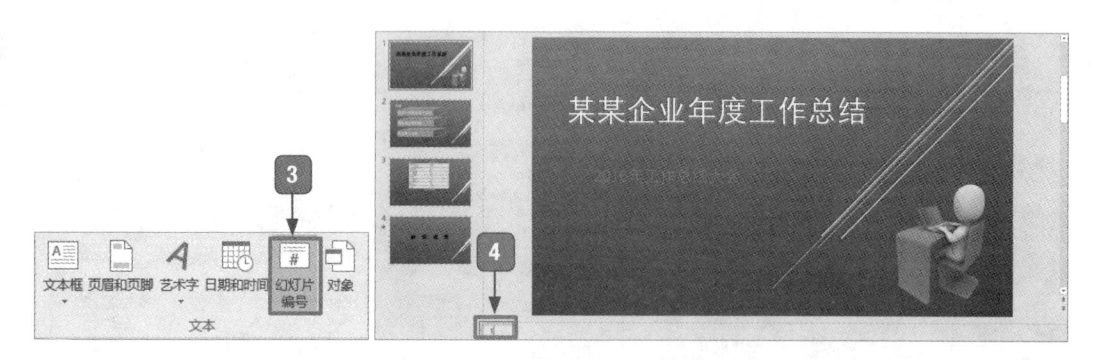


3 选择【插入】选项卡，单击【文本】组中的【幻灯片编号】按钮。与添加幻灯片编号一样。

4 添加完成后的效果。

## 9.3.4 添加日期和时间

1 选择【插入】选项卡，单击【文本】组中的【日期和时间】按钮。

2 在弹出的对话框中选中【日期和时间】复选框与【自动更新】单选按钮。

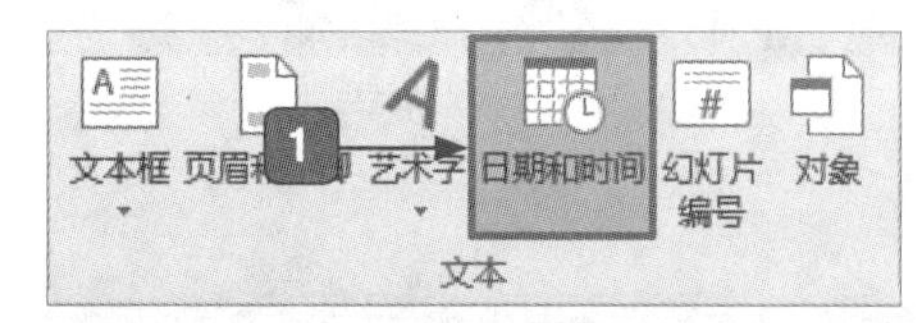


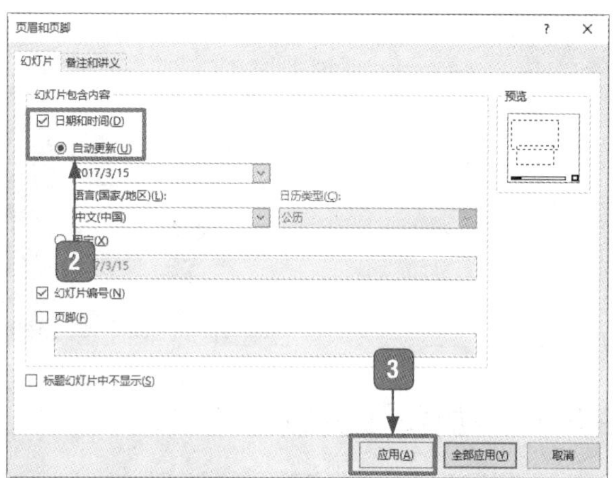


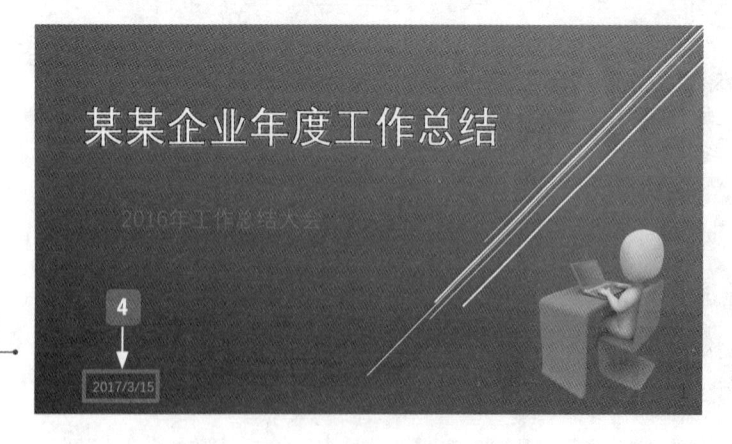


3 单击【应用】按钮。

4 添加完成日期和时间后的效果。

### 9.3.5 添加水印

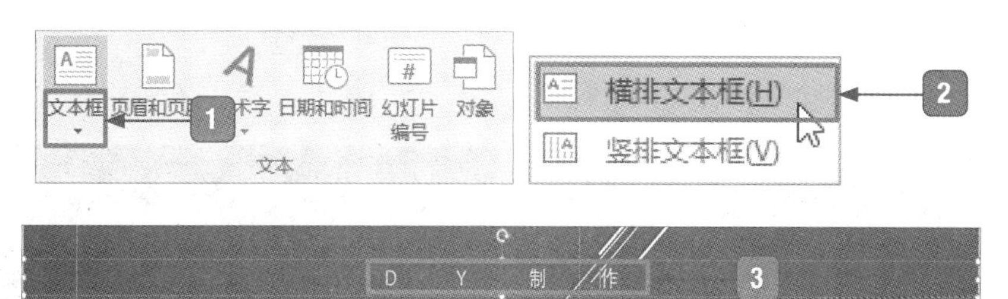


1 切换到【视图】选项卡，单击【幻灯片母版】→【插入】→【文本框】的下拉按钮▼。

2 在弹出的下拉列表中选择【横排文本框】选项。

3 拖曳绘制出文本框，输入水印文字。

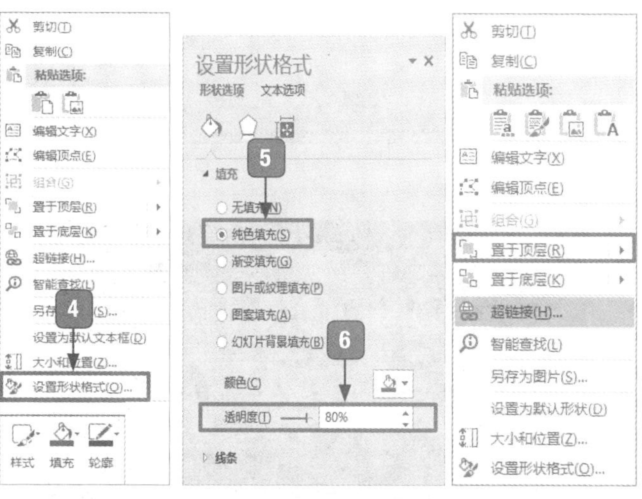


4 右击文本框，在弹出的快捷菜单中选择【设置形状格式】命令。

5 在【设置形状格式】窗格中的【填充】下拉列表中选中【纯色填充】单选按钮。

6 输入固定透明度为【80%】。

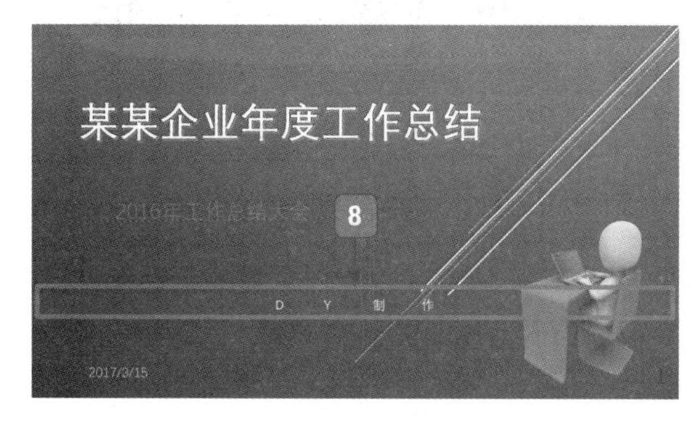


7 将水印置于图层最顶层，右击文本框，在弹出的快捷菜单中选择【置于顶层】→【置于顶层】选项。

8 添加水印后的效果。



## 9.4 综合实例——PPT 各结构页版式的设计

下面就结合本章的内容，介绍 PPT 各结构页版式的设计。

## 9.4.1 封面页的设计

小白：每次我制作的 PPT 封面，都好像哪里不对，感觉丑得要命。

**大神**：记住封面要领“少字图美”！接下来跟大神一起来制作一个“高端大气”的封面。

> **提示：**
> 标题可以使用艺术字，让字体更美观！

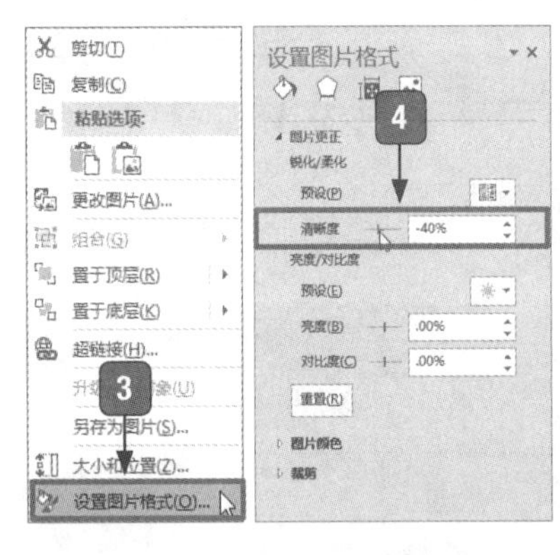

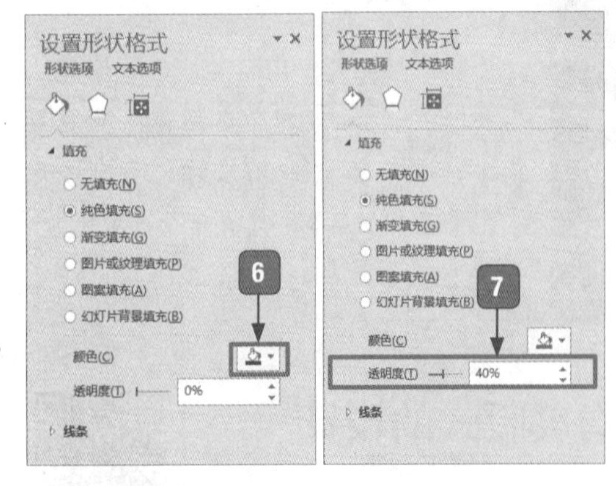


1. 新建幻灯片，输入标题、副标题等文字。
2. 切换到【开始】选项卡，修改文字颜色、字体、字号与标题位置。
3. 选中背景图片并右击，在弹出的快捷菜单中选择【设置图片格式】命令。
4. 在【设置图片格式】窗格中将图片的清晰度调为【-40%】。
5. 切换到【插入】选项卡，选择【形状】中的【直角三角形】选项。
6. 选中插入的【直角三角形】，在右侧【设置形状格式】窗格中单击该按钮修改形状填充色。
7. 设置形状透明度为【40%】。

完成后的效果如下图所示。

## 9.4.2 目录页设计

幻灯片目录的版式有很多种类型，可简单可复杂，但总之要美观明了。

下面，本大神举个例子演示一下。

1 单击【开始】选项卡下的【新建幻灯片】下拉按钮，在弹出的下拉列表中选择【空白】选项。

2 在空白幻灯片上右击，在弹出的快捷菜单中选择【设置背景格式】命令。

3 选择该颜色，PPT 会显得很清新。

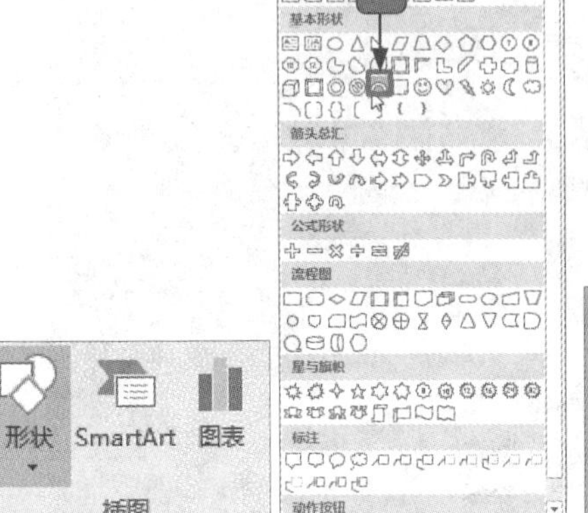


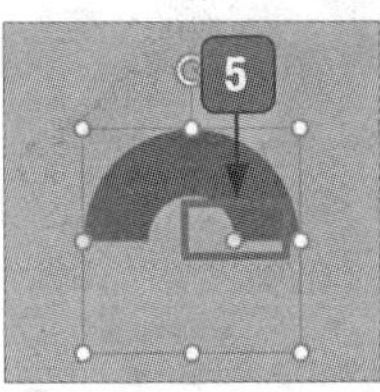


4 切换到【插入】选项卡选择【形状】中的【空心弧】选项。

5 拖曳出空心弧，调整图形大小和形状。

**提示：**

使用【Shift】键绘制正多边形。

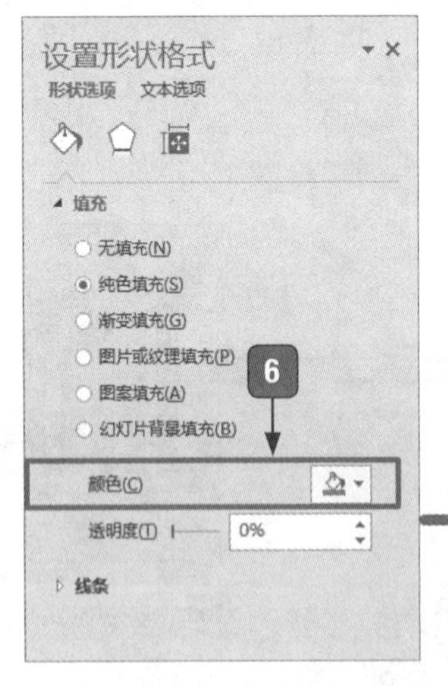


6 选中空心弧并右击，在【设置形状格式】窗格中修改形状填充色。

7 选中形状，使用【Ctrl+鼠标拖曳】复制多个形状。

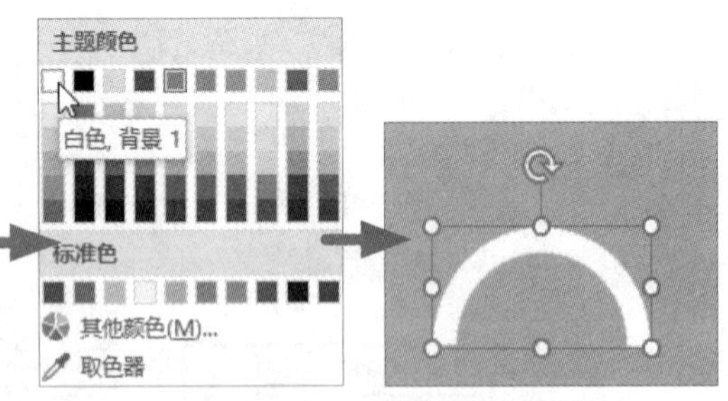

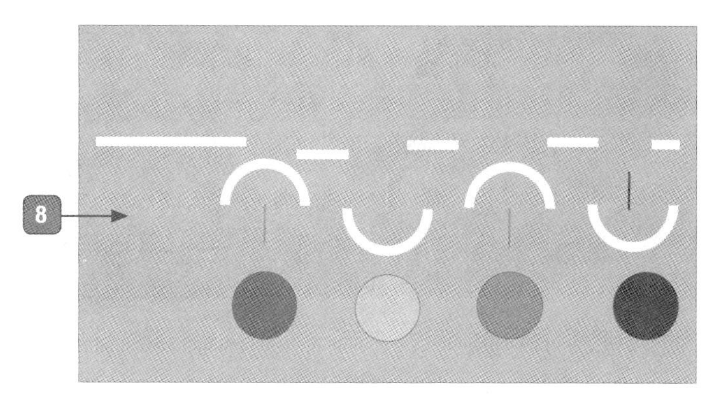


8 重复上述操作，绘制出长方形、圆形、直线形状后的效果。

9 组合完成后的效果。

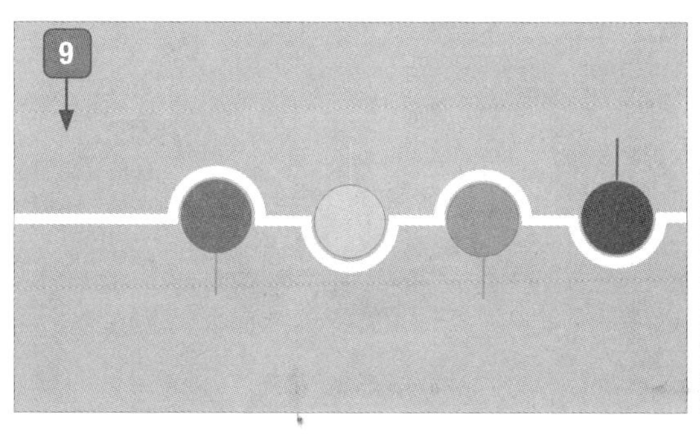


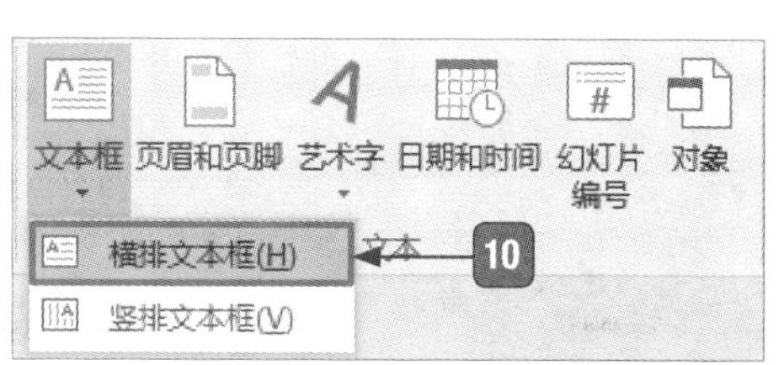


10 切换到【插入】选项卡，选择【文本框】→【横排文本框】选项。

11 在文本框中输入【目录】，将字体设置为“等线（正文）”，字号设置为40号，黑色加粗。

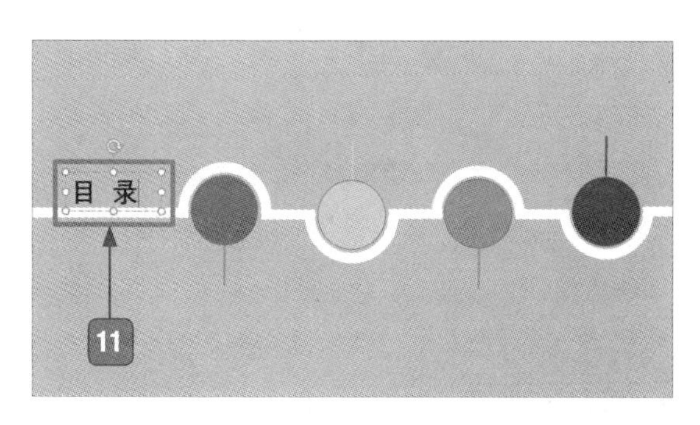


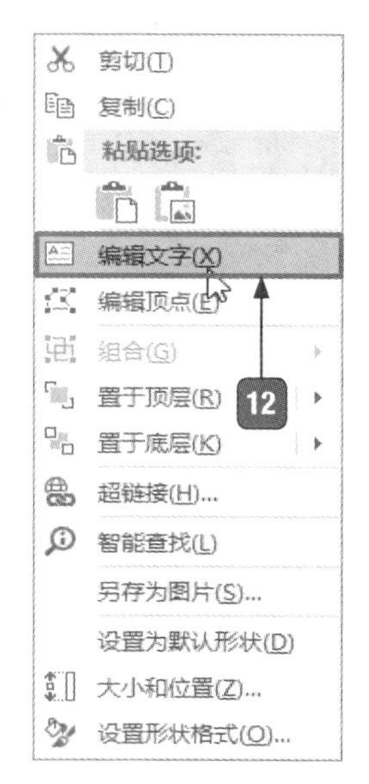


12 选中彩色圆，并右击，在弹出的快捷菜单中选择【编辑文字】选项，添加序号。

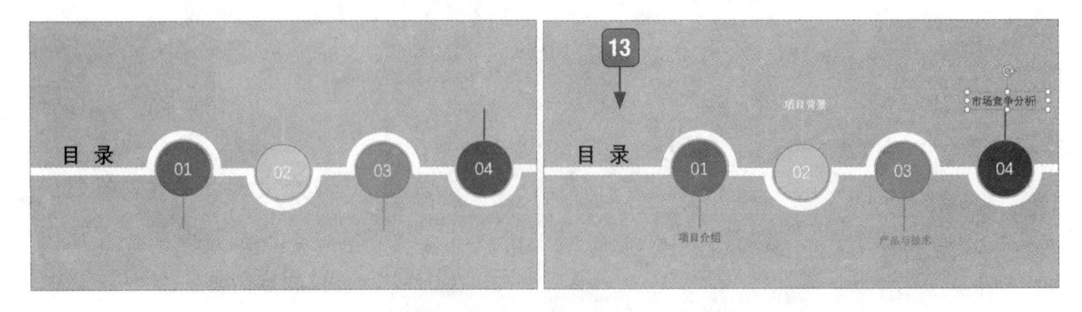


为了查找方便，还可以给目录内标题添加超链接。

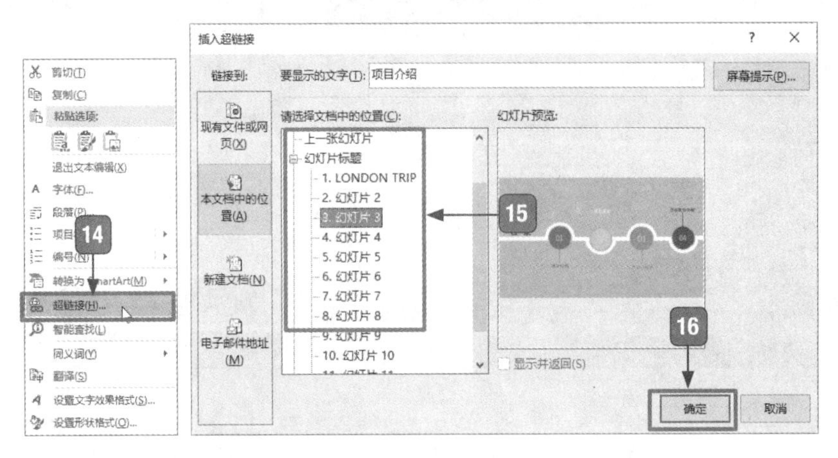


**提示：**

这里同样可以链接到网页。

完成后的效果如下图所示。

⑬ 添加目录内容，字体设置为“等线（正文）”，字号设置为 24 号，加粗，颜色先不设置。

⑭ 选中小标题文字，并右击，在弹出的快捷菜单中选择【超链接】命令。

⑮ 在【插入超链接】对话框中选择【本文档中的位置】选项，选择需要链接的幻灯片。

⑯ 单击【确定】按钮。

⑰ 添加完超链接后字体颜色全部变成蓝色带下画线。

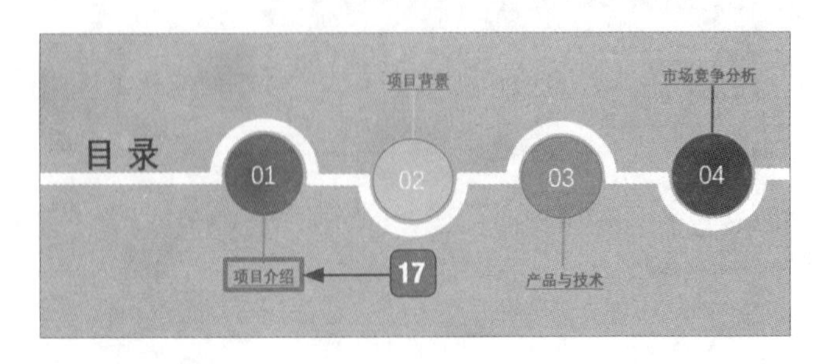

## 9.4.3 过渡页的设计

小白：幻灯片之间不连贯，这让我很头疼呀！

**大神**：别急，这个很好解决，只要在不同内容之间添加过渡页就 OK。

小白：什么是过渡页呀？

**大神**：简单来讲，过渡页就类似于把目录放大，下面我给你举个例子！

接下来让本大神传授秘笈吧。

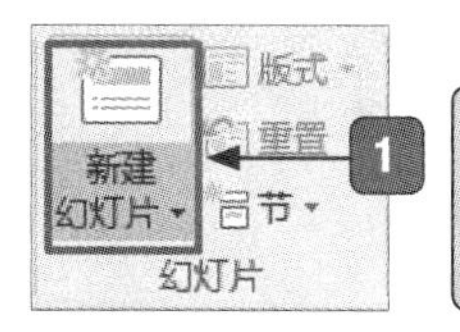


**提示**：

是新建空白幻灯片哦！

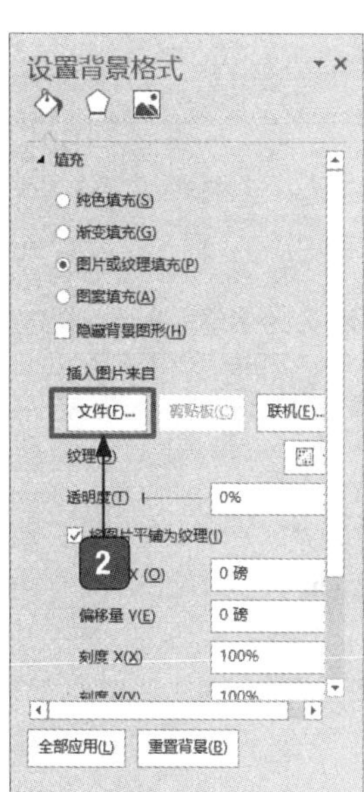


1 新建一张空白幻灯片，单击【开始】→【幻灯片】→【新建幻灯片】按钮。

2 右击空白幻灯片设置背景格式。这里将要填充自定义图片，选中【填充】→【图片或纹理填充】单选按钮，然后单击【插入图片来源】→【文件】按钮。

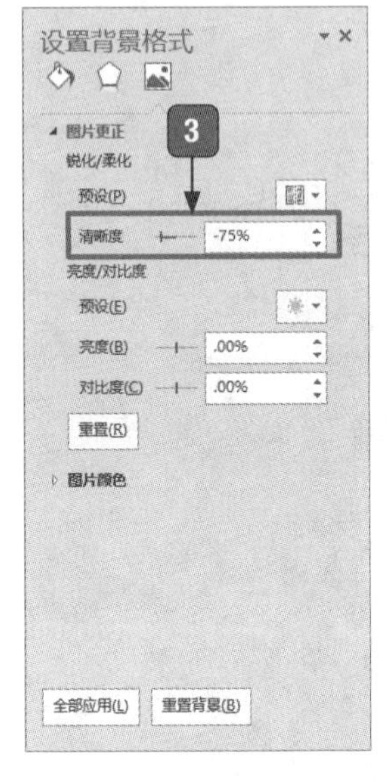


3 在【设置背景格式】窗格中修改图片清晰度为【-75%】。

4 绘制3个圆形、5个梯形、1个矩形、6个圆角矩形、1条直线如图填充颜色和纹理。

5 将所有形状拼成如图效果。

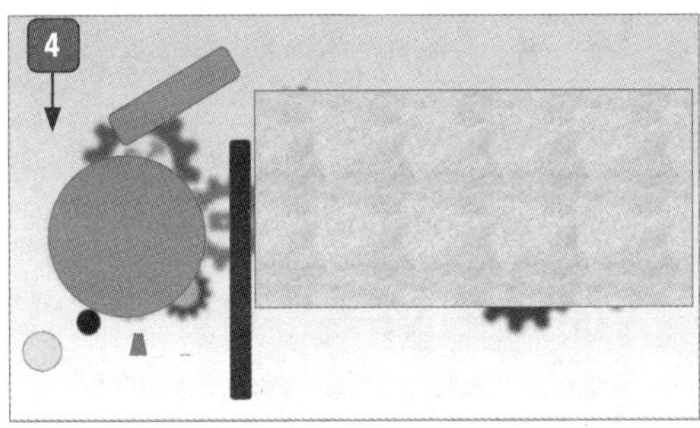

**提示：**

如果形状相互遮盖，可以通过右击调整图层层次。

6 选中矩形并右击，在弹出的快捷菜单中选择【编辑文字】命令，并编辑文字。

7 绘制圆并右击，填充设置为无色，轮廓设置为黑色，并编辑文字。

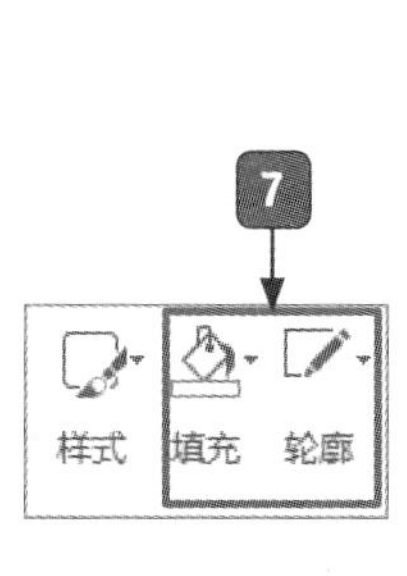

## 9.4.4 标题页的设计

小白：大神，我想让幻灯片标题页美观一点，该怎么做呀？

**大神**：哈哈哈，简单，不要用 PowerPoint 自带的，自己做！

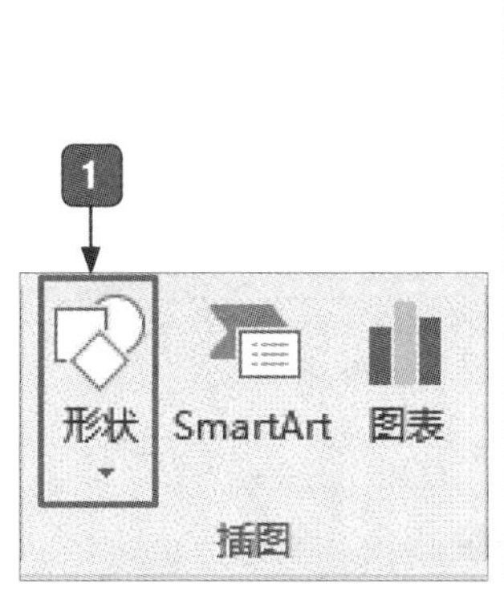


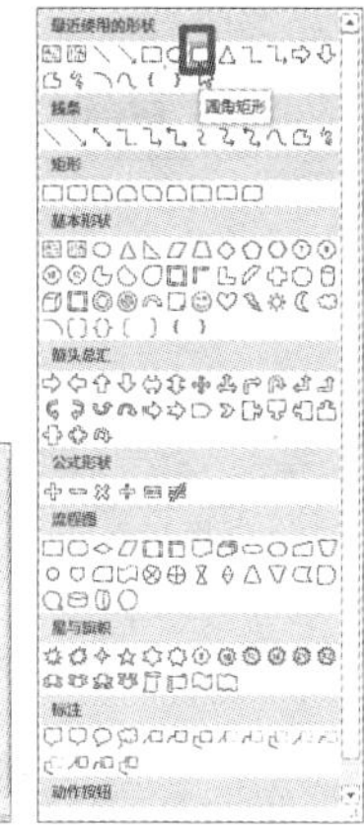

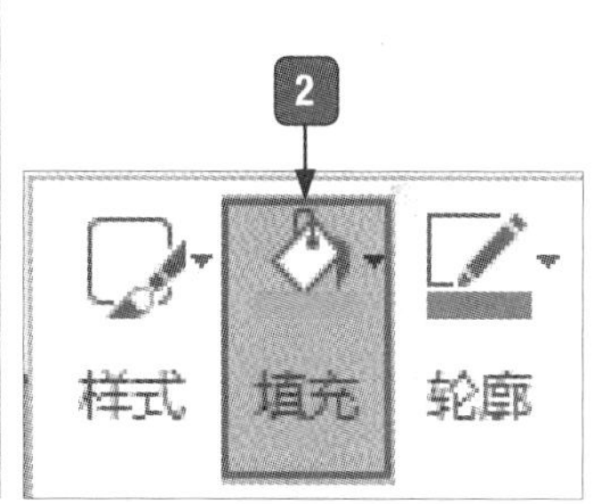


1 新建一张空白幻灯片，然后单击【填充】→【圆角矩形】图标，即可插入圆角矩形形状。

2 鼠标放在绘制好的圆角矩形上并右击，再单击【填充】按钮，修改填充色为“浅绿”。

3 直接输入文字，调整字体、字号、颜色等。

4 在出现的快捷菜单中选择【设置形状格式】命令。

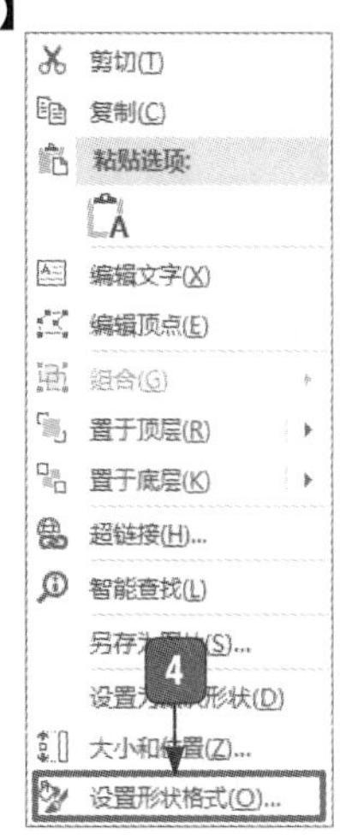

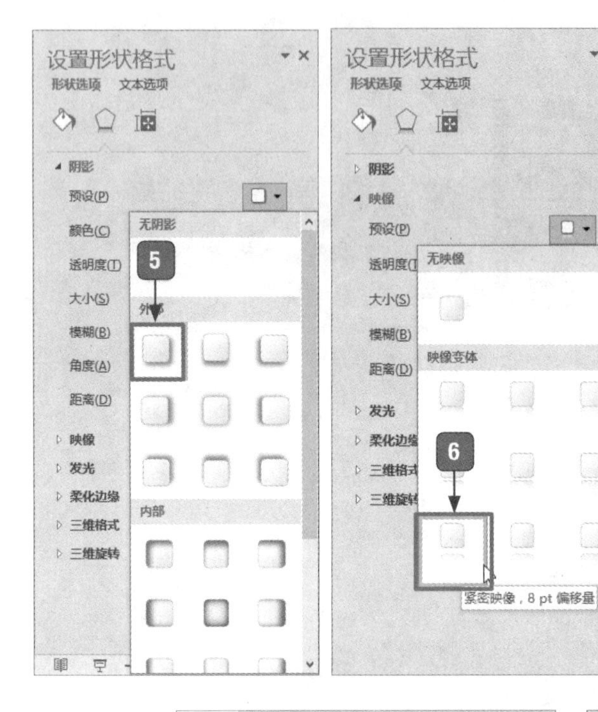


5 在【设置形状格式】窗格中选择【效果】→【阴影】→【预设】下拉按钮，选择外部下的【左下斜偏移】选项。

6 单击【映像】→【预设】下拉按钮，选择映像变体下的【紧密映像，8 pt 偏移量】选项。

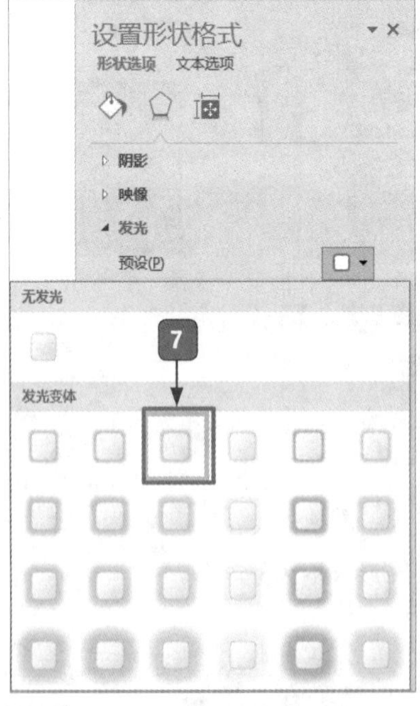


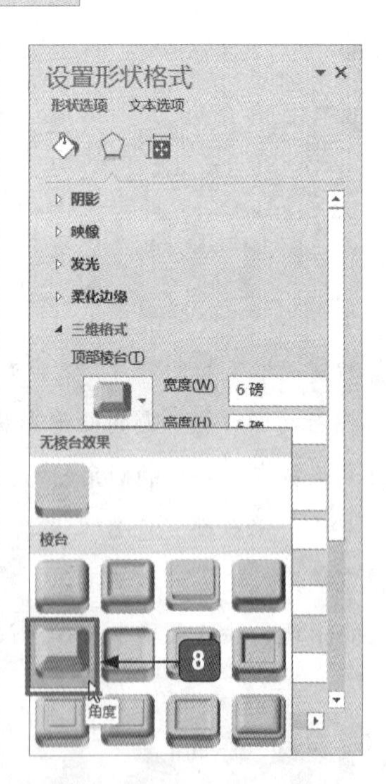


7 单击【发光】→【预设】下拉按钮，选择发光变体下的【灰色 -50%，5 pt 发光，个性色 3】选项。

8 单击【三维格式】→【顶部棱台】下拉按钮，选择棱台下的【角度】选项。

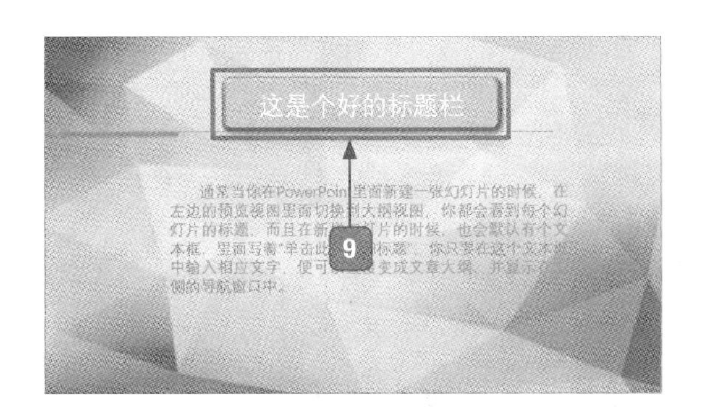

这是个好的标题栏
9
通常当你在PowerPoint里面新建一张幻灯片的时候，在
左边的预览视图里面切换到大纲视图，你都会看到每个幻
侧的导航窗口中。


9 最终效果。

## 9.4.5 结束页的设计

小白：PPT 最后一页是要一句“谢谢！”就行了吗，大神？

**大神**：当然不是啦！一个好的、有个性，但又不让人感觉画蛇添足的结尾能最后让你个人魅力得到升华！

接下来，大神将展示几个优秀的结束页，你准备好“盗图”了吗？

（1）将中文“谢谢”写成英文形式，稍微添加点纹理，修改一下字体。

（2）呆萌一点，也不乏是一种不错的选择。

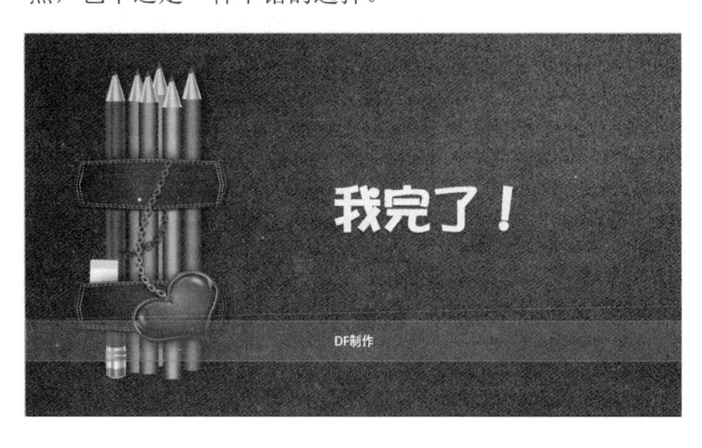

（3）与观众互动吧。

（4）自信点，你是最棒的。

## 痛点解析

**痛点：如何提高 PPT 的逻辑思考能力**

如果要从 PPT 的制作中找出几个重难点，那么 PPT 的逻辑结构是所有人的痛点，因为一个好的 PPT 要由一个好的逻辑支撑，这就好比修房子的框架，框架决定房子的形状与功能。

那么，如何提高逻辑思考能力就成了制作优秀 PPT 的最大“瓶颈”。不要怕，让大神来告诉你方法——树根伸展法。

第一步：大神会给你一个名词“食物”你会想到什么？水果、蔬菜、肉类、主食、零食……

例如，汉堡是食物！

第二步：如果把水果细化呢，你又会想到什么呢？苹果、菠萝、香蕉、桃子、西瓜……

第三步：有人喜欢吃菠萝，想在家自己种，那么考虑的事有很多哦，如品种、生长周期、抗病性、生长温度、生长湿度等。

把上面的过程画成图，如下图所示。

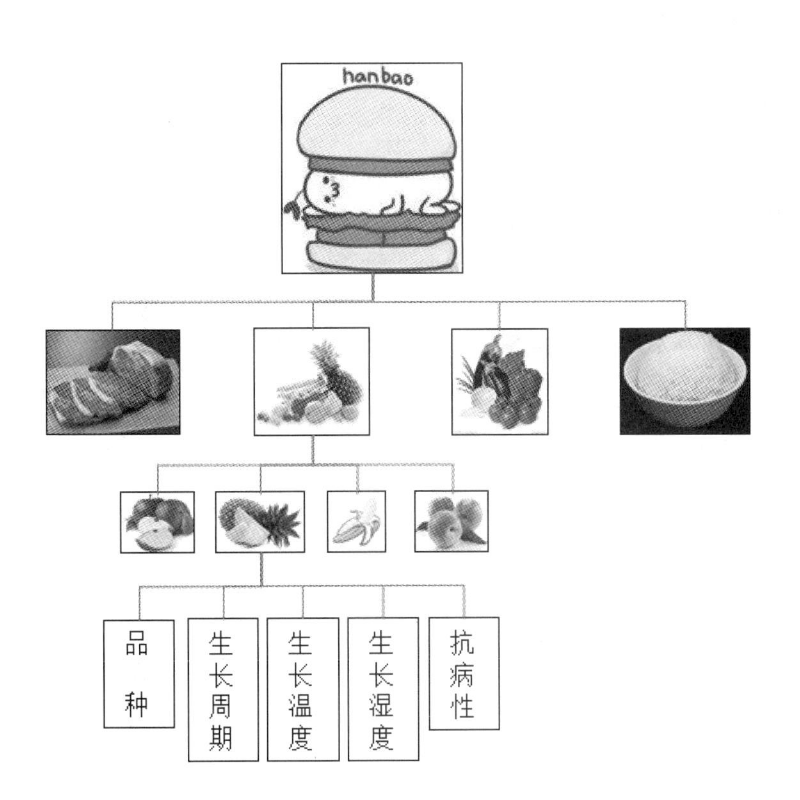

不要求一开始就想到所有，但是一定要有这种层次思想，把这种层次思想的根深深扎入PPT。

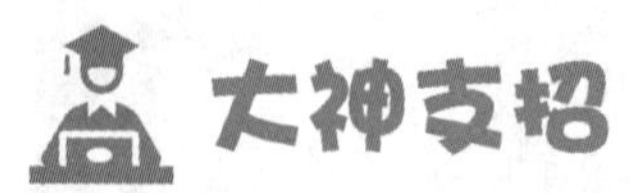


**问：使用手机办公，记住客户的信息很重要，如何才能使通讯录永不丢失？**

人脉管理日益受到现代人的普遍关注和重视。随着移动办公的发展，越来越多的人脉数据会被记录在手机中，掌管好手机中的人脉信息就显得尤为重要。

### 1. 永不丢失的通讯录

如果手机丢了或者损坏，就不能正常获取通讯录中联系人的信息，为了避免意外的发生，可以在手机中下载“QQ 同步助手”应用，将通讯录备份至网络，发生意外时，只需要使用同一账号登录“QQ 同步助手”，然后将通讯录恢复到新手机中即可，让你的通讯录永不丢失。

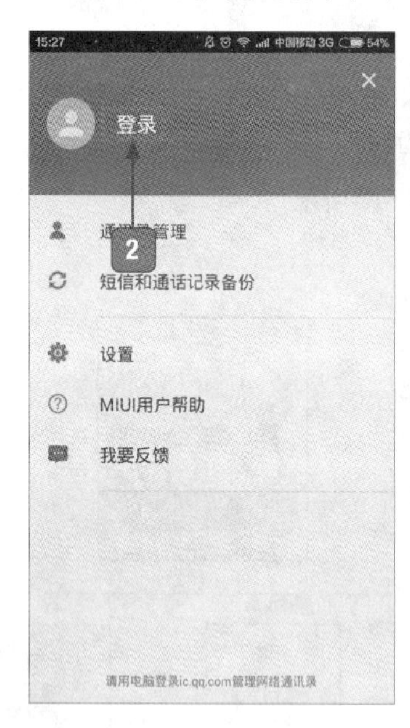

1 打开 QQ 同步助手，点击【设置】按钮。

2 点击【登录】按钮，登录 QQ 同步助手。

3 点击【备份到网络】按钮。

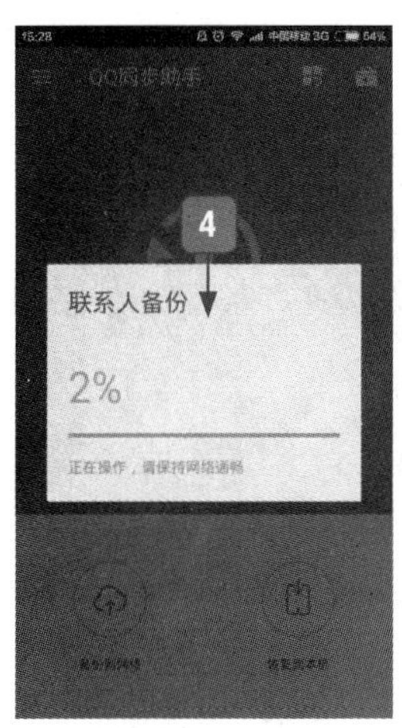


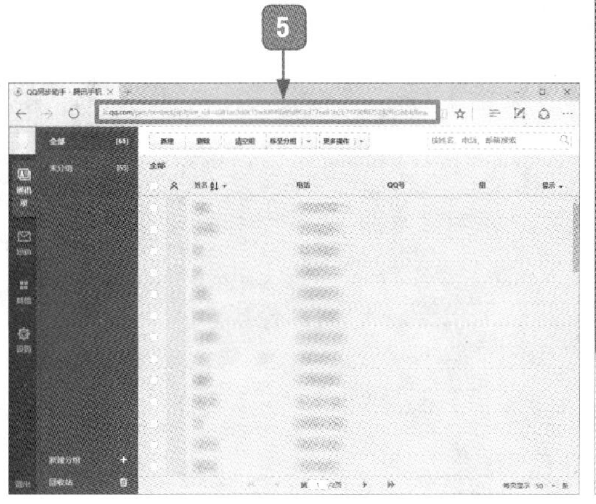


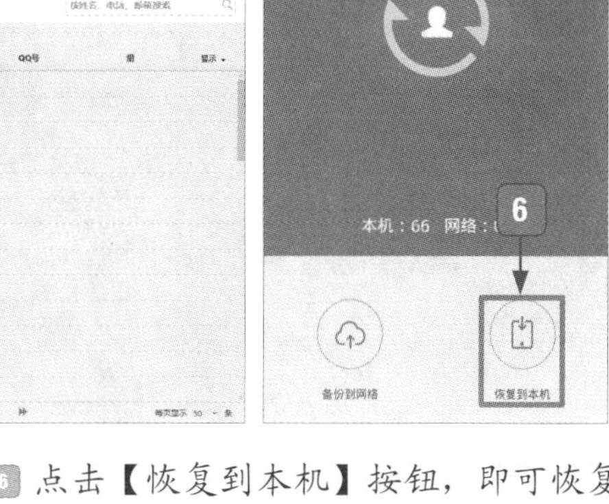

4 显示备份进度。

5 打开浏览器，输入网址 http://ic.qq.com，即可查看到备份的通讯录联系人。

6 点击【恢复到本机】按钮，即可恢复通讯录。

### 2. 合并重复的联系人

有时通讯录中会出现一人多号，或者一个号码对应多个联系人的情况。这会使通讯录变得臃肿杂乱，影响联系人的准确快速查找。这时，使用 QQ 同步助手可以将重复的联系人进行合并，解决通讯录联系人重复的问题。

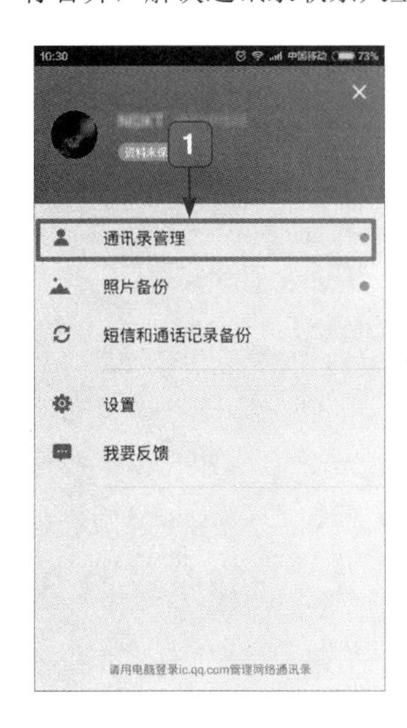


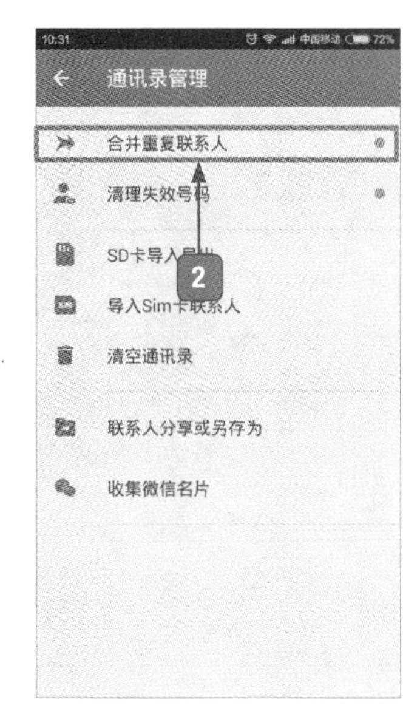


1 进入 QQ 同步助手【设置】界面，选择【通讯录管理】选项。

2 选择【合并重复联系人】选项。

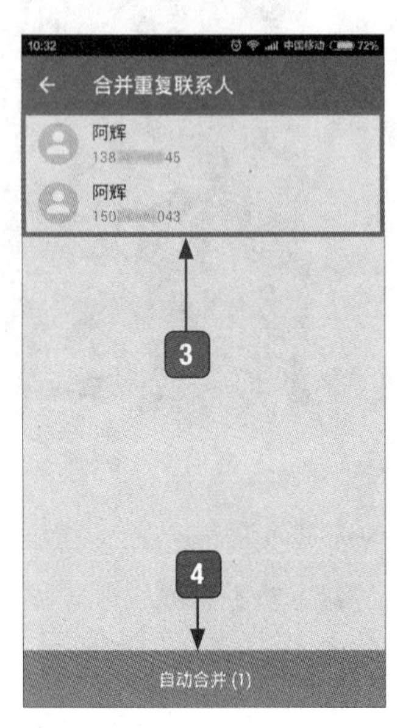


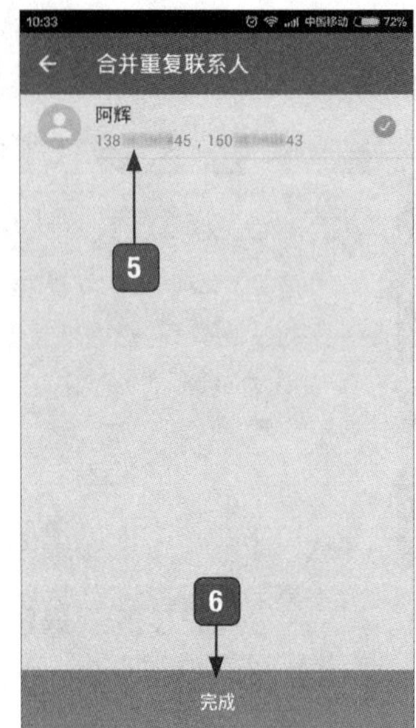


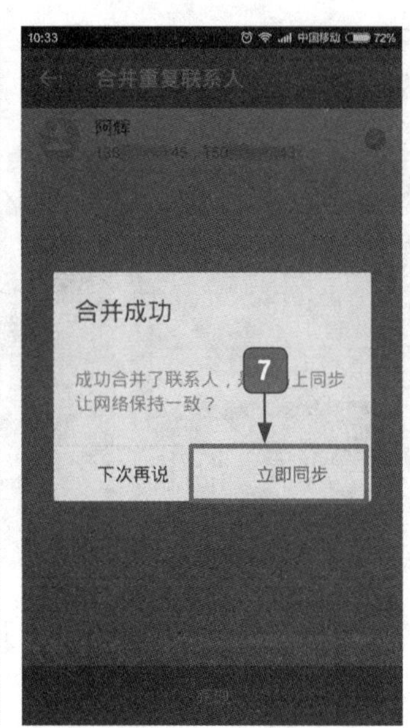


3 显示可合并的联系人。

4 点击【自动合并】按钮。

5 显示合并结果。

6 点击【完成】按钮。

7 点击【立即同步】按钮，重新同步通讯录。

10

CHAPTER

第10章

# 不懂得配色，如何美化PPT

>>> PPT 色彩越鲜艳，越能吸引人？

>>> 配色应该怎么玩？

>>> 怎样用好近似色和对比色？

>>> 如何通过搭配来突出重点？

其实，PPT 的配色，比女孩子们挑选漂亮衣服的颜色难多了……当然了，我还是希望，不管是你，还是你的 PPT，都是最漂亮的！

## 10.1 配色的那些事

作为一个 IT 工作人员，身边围绕的也基本都是审美水平一般的技术男，每次看到的 PPT 报告、课程设计等，都是下面这样的。

一种就是各种颜色都来点。你觉得可能会好看？你回去给自己换一身五颜六色的衣服看看就有答案了。

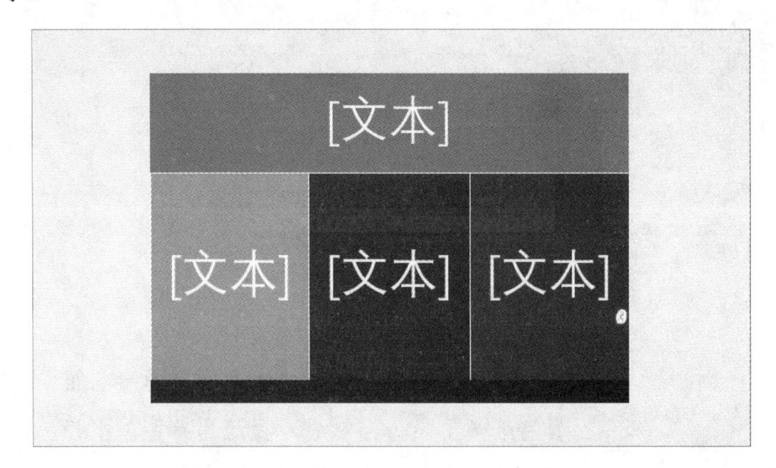


还有一种是单页看起来没啥不对。

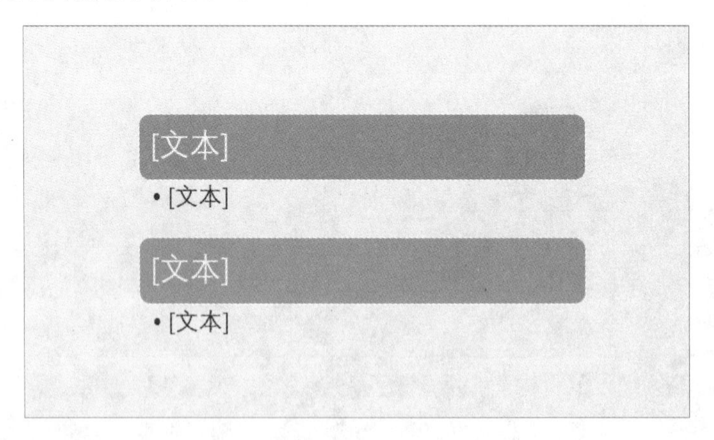


但是，整片看下来……



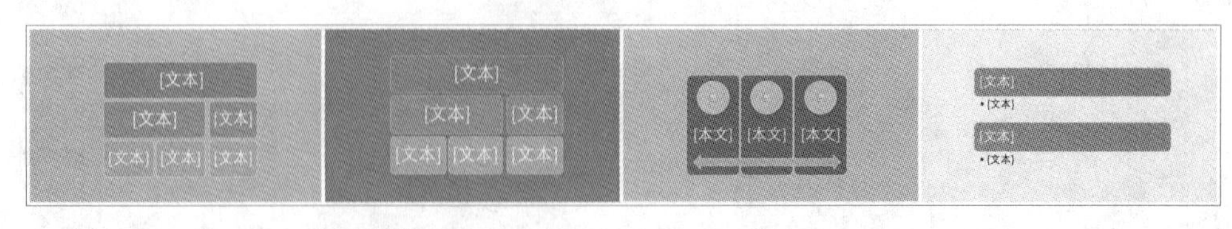

这是要集齐所有颜色“召唤神龙”吗？

啊！辣眼睛！

看了这么多失败的案例，那么到底什么样的才是正确应用配色的方法呢？

## 10.2 选择主题色

首先，是“主色选角大赛”。确定了主色才能更好地避免“百色齐放”的尴尬。

别以为只是随便选选，这里头可是有加分“小套路”的，让我偷偷告诉你。

大部分企业都有自己的“御用色”，所以在制作 PPT 的时候选取“御用色”当主色是绝对不会错的。

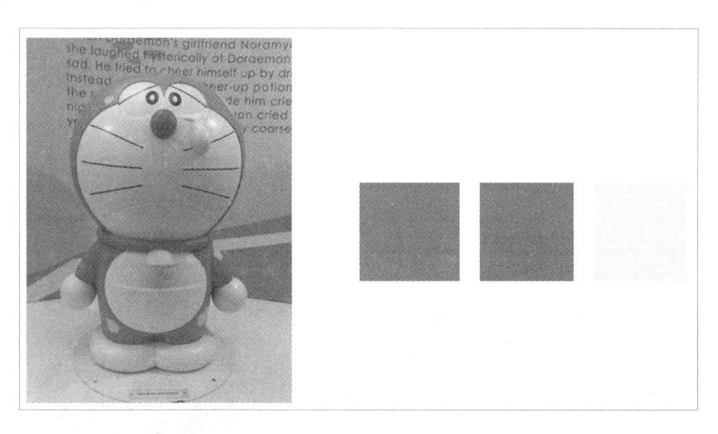

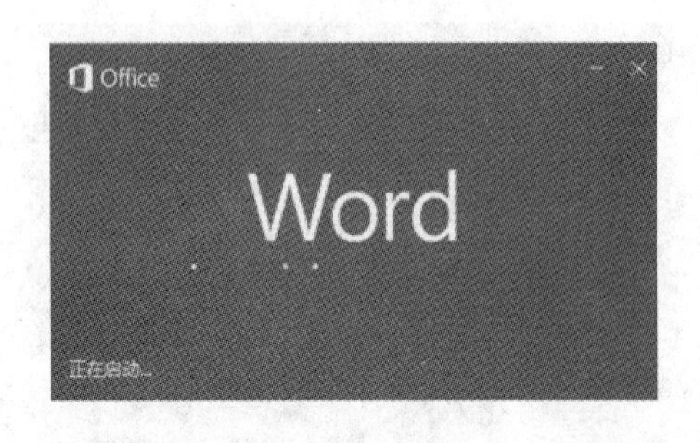

那如果没有独立的产品是不是就没有“御用”的颜色了？怎么会，公司总有自己的LOGO吧，把颜色提取出来用啊。

还有，选择的颜色一定要跟你的主题匹配。不然的话……

你说这是绿茶？

看，这才是绿茶的“好楷模”。

这下你知道选择一个与主题贴切的主色多重要了吧！所以选择的时候一定要注意了！

## 10.3 配色应该怎么玩

确认了主色后就可以开始搭配其他颜色。

### 10.3.1 万能颜色黑白灰

有了主色不知道怎么搭配？知道百搭色黑白灰吗？用啊！简洁、舒适、易上手，如果你是个配色小白，天生色彩搭配技能点为负值，那这简直就是来拯救你的。不管是大范围的色彩使用还是小范围的点缀，都能完全掌握住！

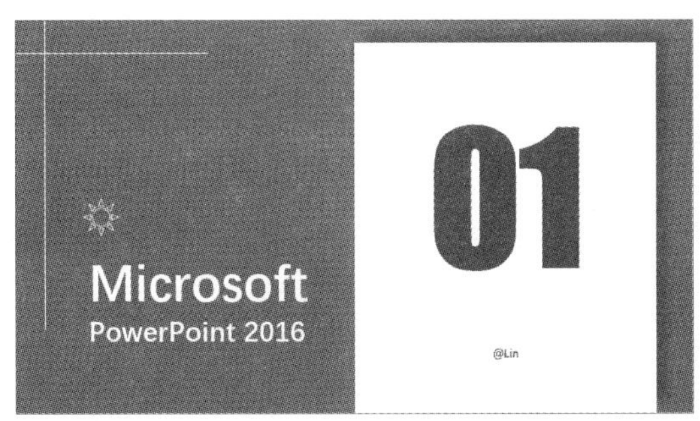

但是只用单色有点单调，可以给主色找个辅色搭个伴，也别太麻烦，灰色就非常合适。

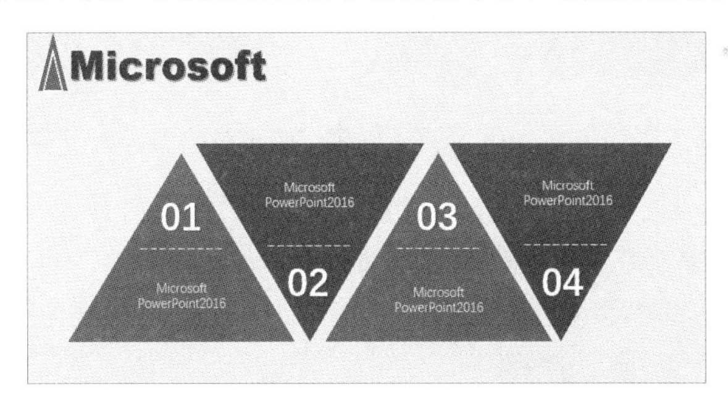


### 10.3.2 同色系颜色来助攻

一个颜色不够酷？那还不简单，同色系的颜色来帮忙。

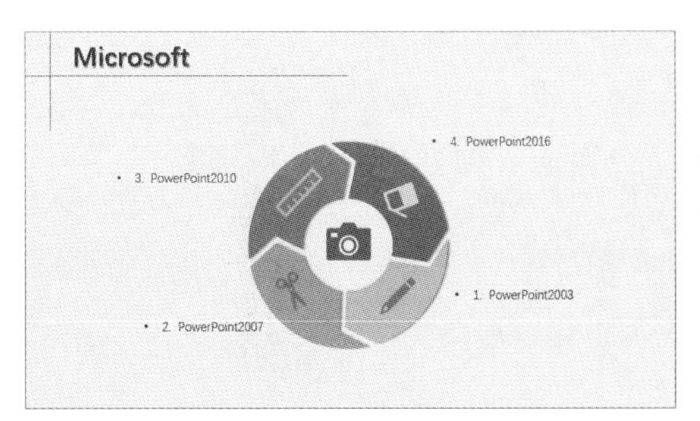

不知道怎么提取同色系颜色？看下面这张图。

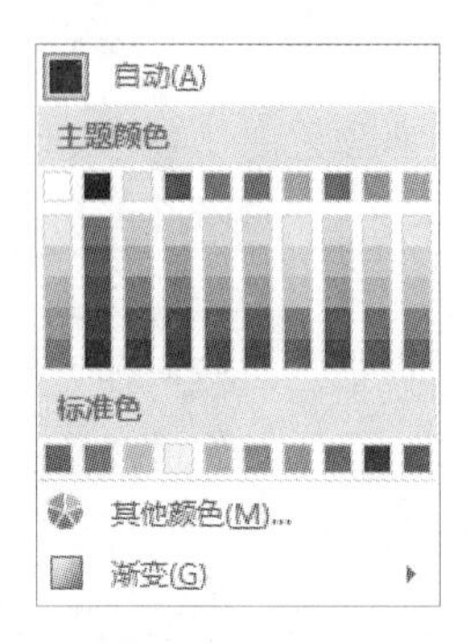


是不是经常见到这张颜色选项卡，没错，其实它们就是同一个颜色的不同深浅度表现，也就是我们说的同一色系。

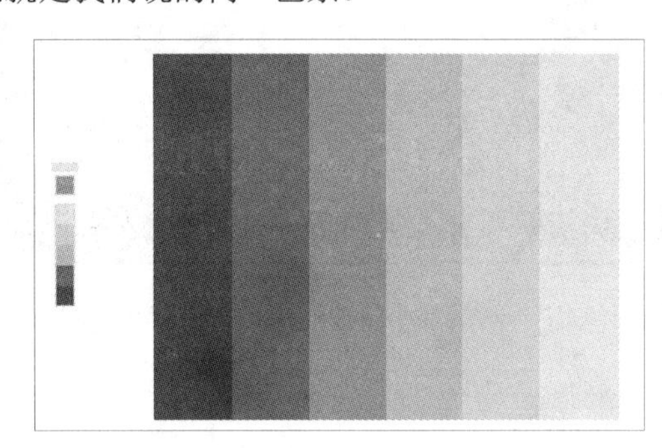

这种可以直接在颜色选项卡找到色系的还好说，如果是自己定好的主题色怎么确定色系呢？往下看。

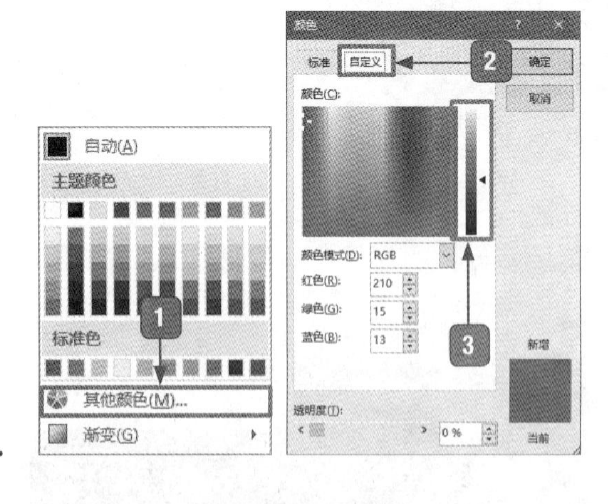


1. 右击色块，单击【填充】按钮，选择【其他颜色】选项。
2. 选择【自定义】选项卡。
3. 同色系颜色，单击选取颜色。



## 10.3.3 近似色也很好用

学会了使用同色系，那怎能不知道近似色？！

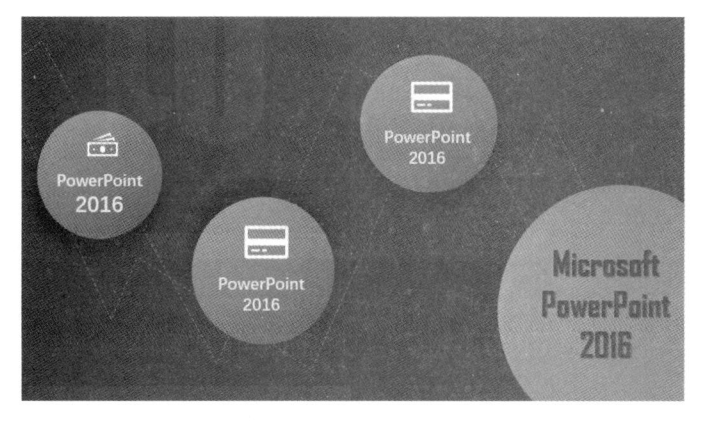


同样可以在颜色选项卡上找到。

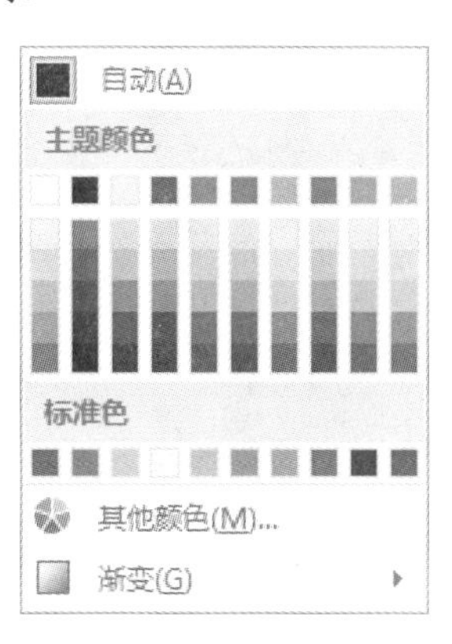


横排提取出颜色看看——

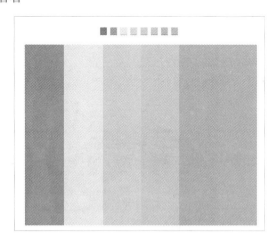



也可以先在颜色选项卡选取相同色，围绕其周围的颜色就是近似色，大胆选取没问题。

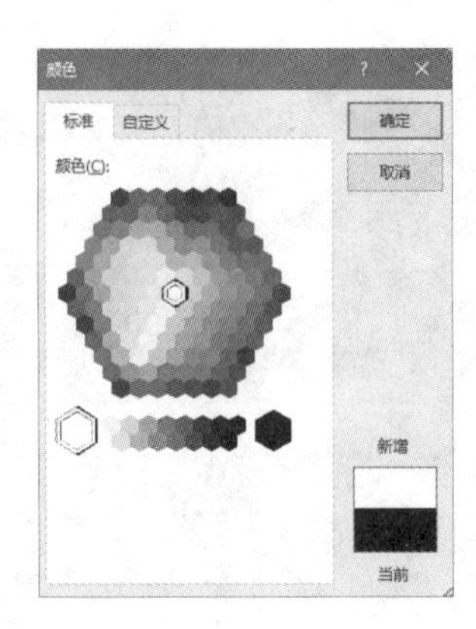

还可以选择周围颜色看一看。

## 10.3.4 不一样的对比色

再说一种用得适量效果奇佳，但用力稍微猛一点就“辣眼睛”的神奇组合——对比色。也就是色盘里 180° 螺旋式差别的对立颜色。



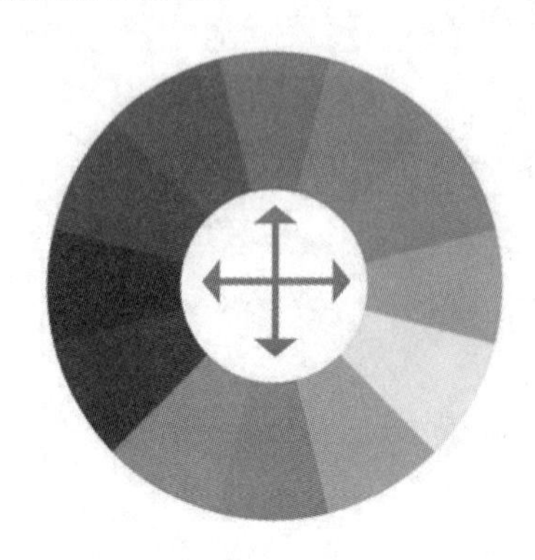

小白：大神，你别乱说啊，别人都说：“红配绿，赛那个啥”。说的不就是对比色用在一起

很丑吗？你居然还建议用对比色。

**大神**：你别不信啊。虽然是有这个话，但那是没把握好度，好吗？不然你看看人家时尚大秀，还有咱东北红绿大花袄，那可是上过国际时尚杂志的。

这是反面举例，都别笑人家，对比色用不好，就是这样的效果。

那应该怎么正确使用对比色呢？往下看。

## 10.4 是“美”还是“霉”？搭配技巧告诉你

选择配色只是其中一步，你还欠一个“东风”，那就是使用秘籍。使用不得法，再好看的配色都无济于事。

如果定下的主色很鲜亮，那千万不要大幅度使用。不信把开头的例子换个颜色对比看看。

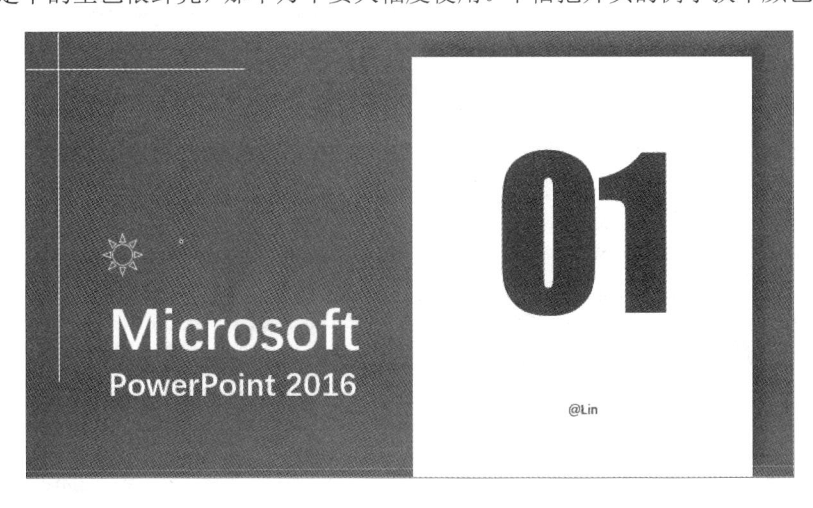

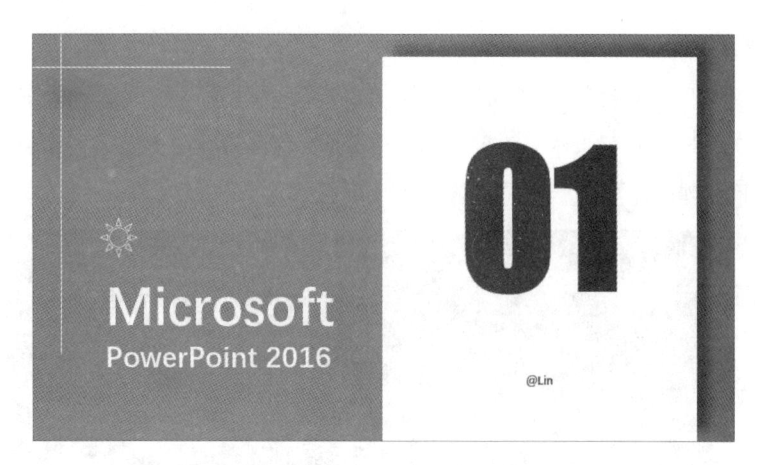

虽说亮色第一眼比较吸引人，但是哪一张看着更舒服不用再说了吧。

难道说这时候就只能放弃这个颜色了？当然不！小范围使用才是高亮度颜色的舞台。

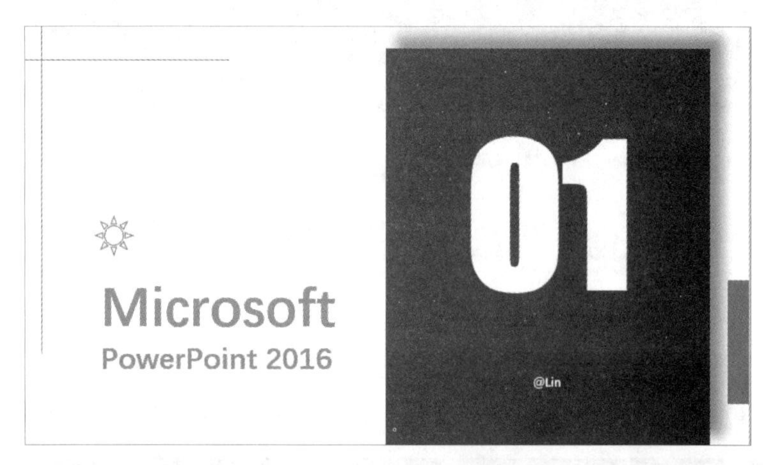


另外，如果一定要大面积用这个颜色，可以设置色块的透明度来调和。如下图所示，如果是背景图片，就绘制一个背景大小的色块修改透明度。

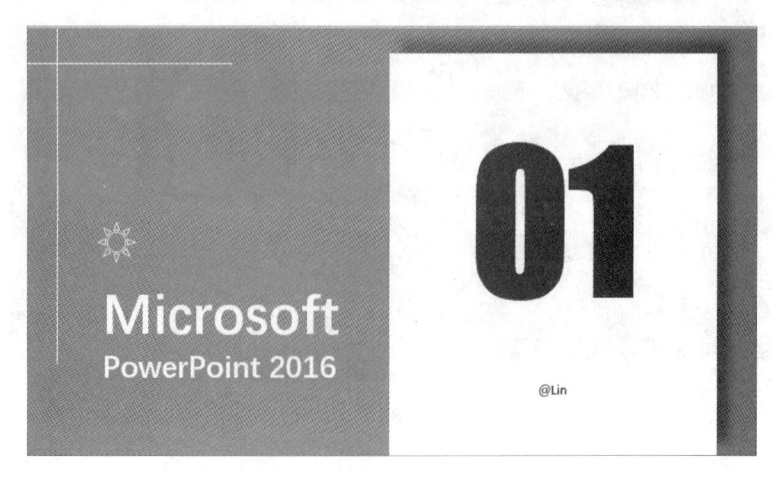

在设置了透明度后，还可以在色块下贴张图。

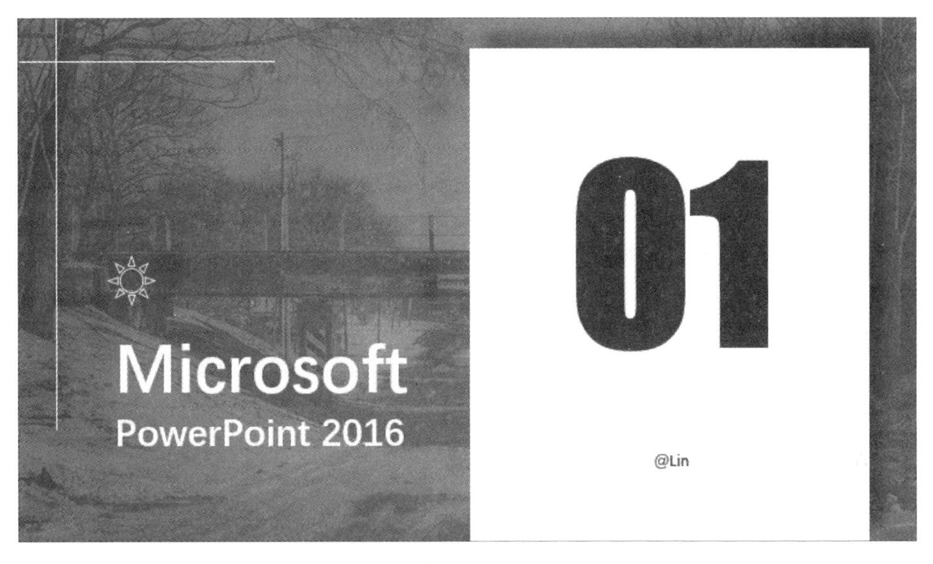


可以使原始的颜色不那么扎眼。当然，“好钢用在刀刃上”，将主色应用在重点上，才是最好的打开方式，不然重点被抢了镜头可不太好。

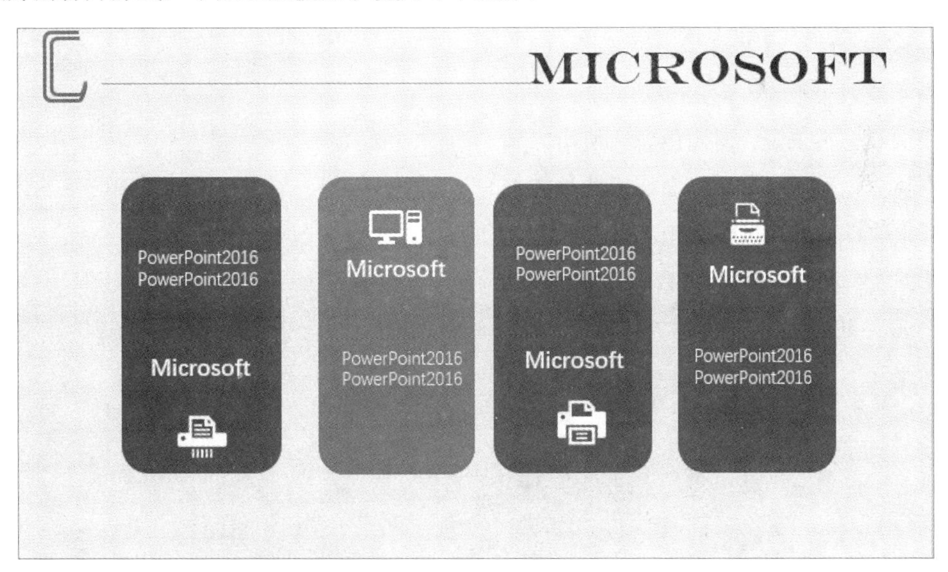


这样看，谁是主角不言而喻了吧。

还要注意控制好颜色个数，特别是同色系跟近似色，将同色系控制在两个，近似色控制在 3 到 4 个是合适的。不然会显得很杂乱，如下图所示。

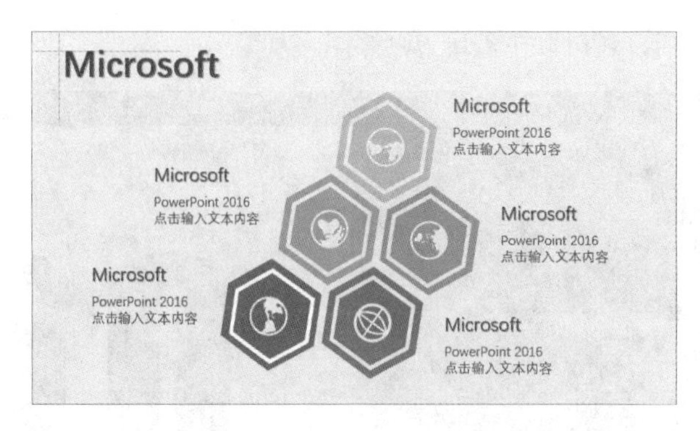


看起来很乱没重点？那我们减少颜色再看看。

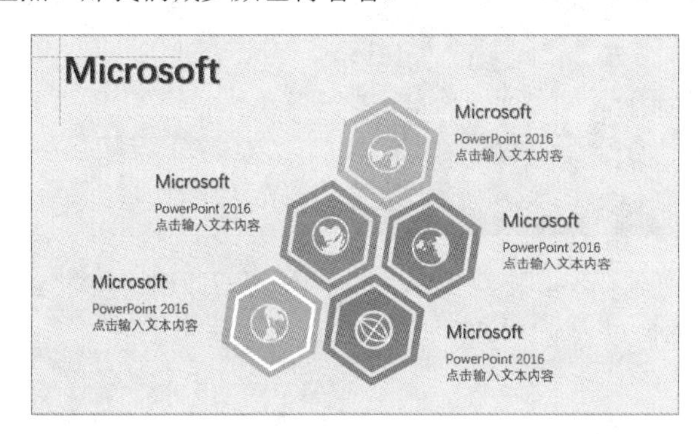


是不是效果不错？

下面我们再来说说对比色怎么使用。

对比色，从名字就可以看出来两种颜色的对比有多强烈，放在一起使用的时候冲击力可想而知。所以如果你这时候还大范围地使用的话……比如，下面这样——

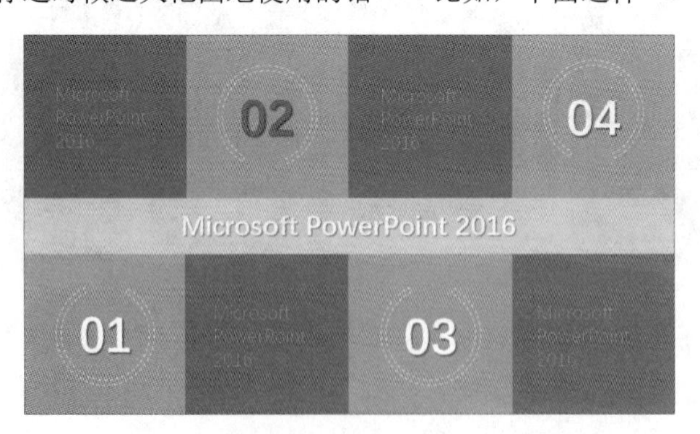




“辣眼睛”！所以一定不要这样大面积使用对比色。

现在给大家示范一下正确的使用方式，缓解一下刚刚受到的“暴击”。

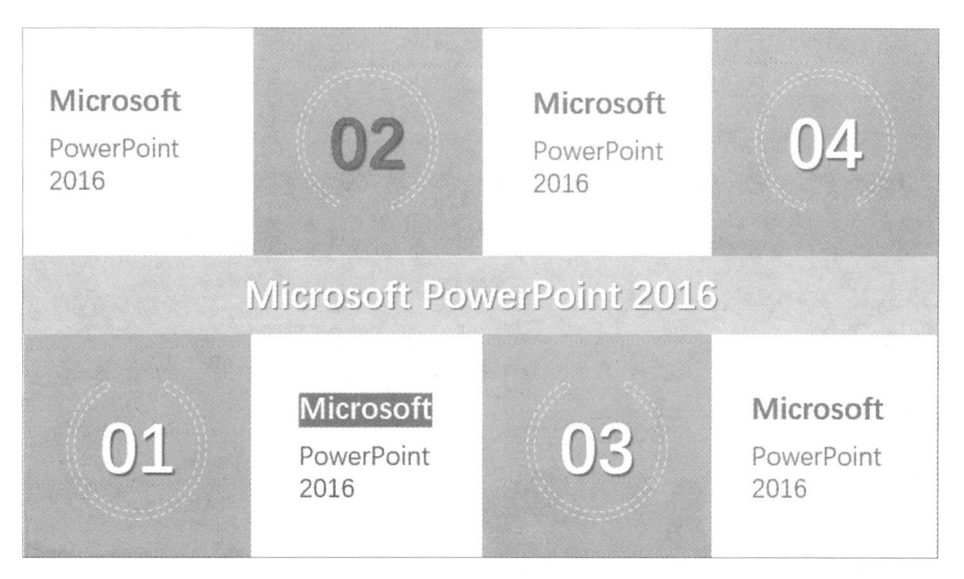


看，一样的配色是不是完全不一样的感受？而且红绿的对比还能让人一眼就看到重点！简直不能更棒了。

值得注意的是，确定了配色方案以后一定要整体统一，千万不要换来换去，颜色变化太快就会使观众眼花缭乱。

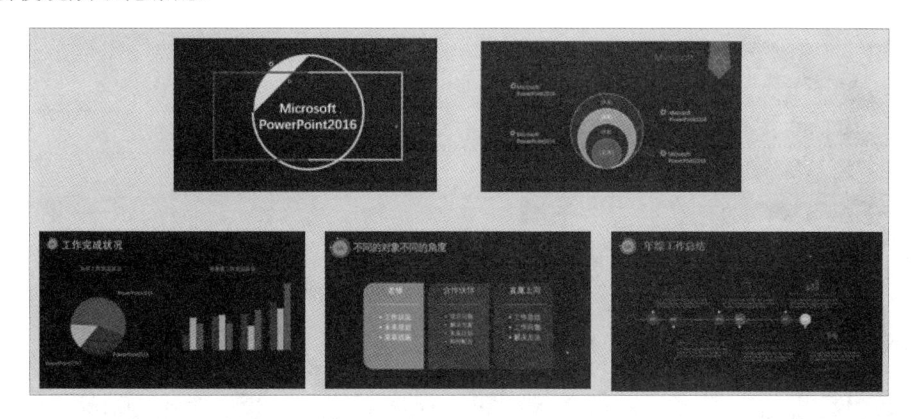


## 10.5 Color Scheme Designer 拯救你

小白：大神，这个颜色的配色怎么选？

**大神**：我刚刚说了那么多配色技巧，你都没听啊！

小白：我听了，道理我都懂，可是选出来的配色还是一塌糊涂。

**大神**：既然这样，那就只能使用“终极绝招”来拯救你了。

没错，最后要给大家讲的“神器”就是Color Scheme Designer。这个“神器”有多厉害呢？即使你色搭技能点是负数，也能帮你分分钟变身“色感大神”。看看它该怎么用吧。

首先，在浏览器搜索Color Scheme Designer，进入其官网，你会看到下面的界面。

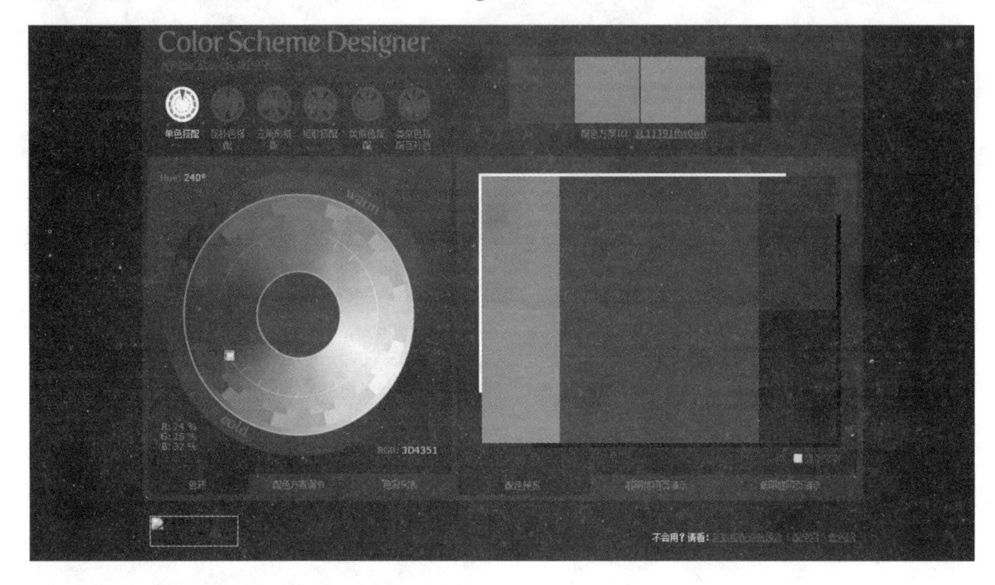


两步操作，即可了解用法。

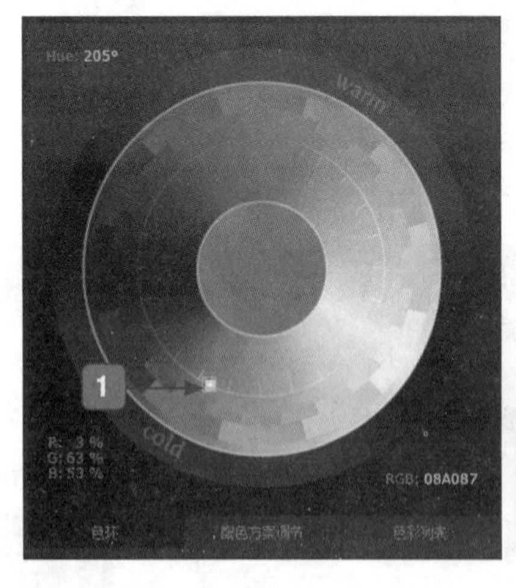


1 在色环上单击选择颜色。

2 选择搭配类型。

这样在页面右边就可以看到搭配方案啦。

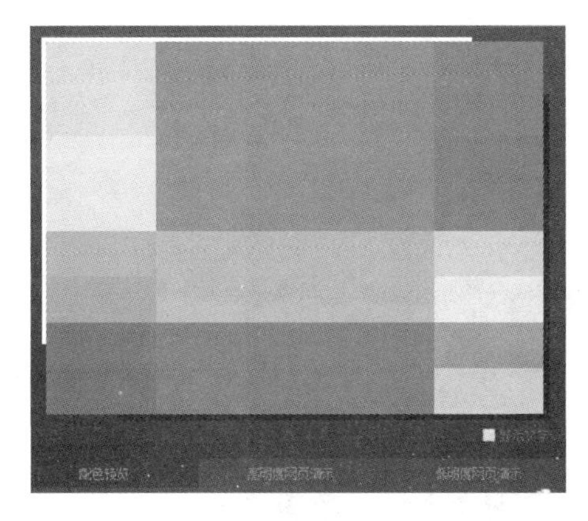

想查看色号？那还不简单。将鼠标移动到色块上方就可以看到颜色编号了。

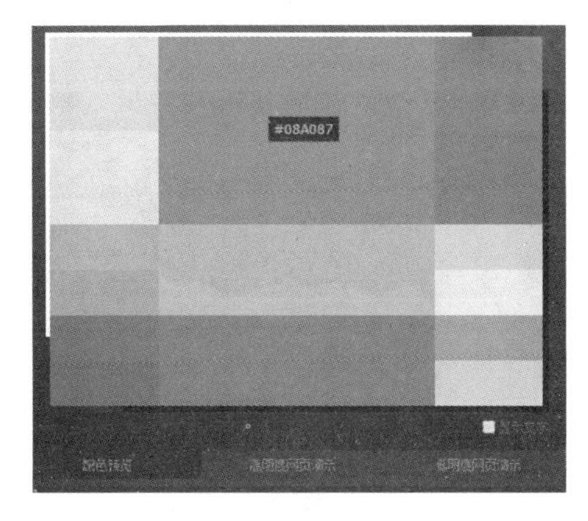


颜色太多分不清？“神器”还贴心地给你准备了这个——

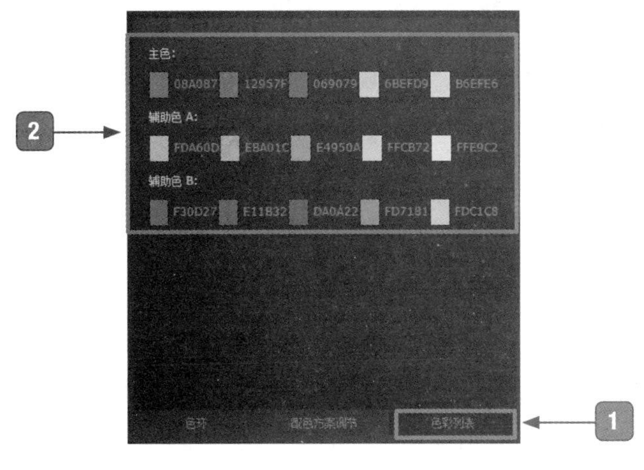


1 单击【色彩列表】按钮。

2 在列表查看颜色编号。

这样是不是很简洁明了？！

突然觉得颜色不满意，想要微调一下，也很简单。

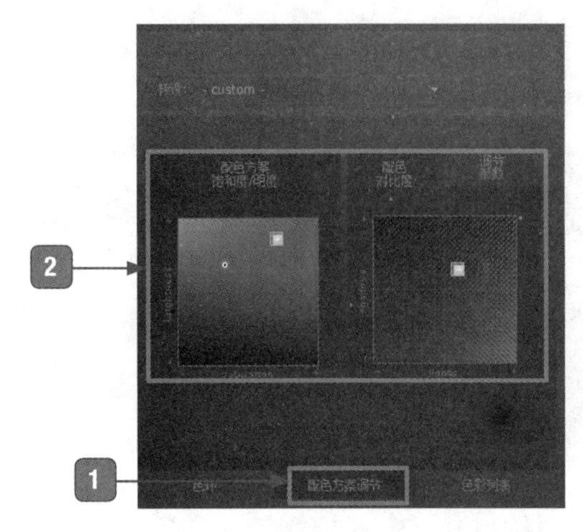

1 单击【配色方案调节】按钮。

2 微调色彩明亮度。

轻松动两下鼠标，就能选出新的配色方案了。

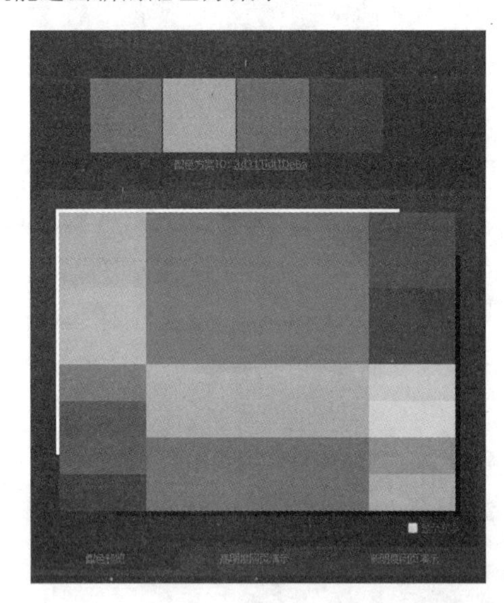

就是这么简单炫酷。

## 痛点解析

**痛点：怎么从其他地方提取颜色**

小白：大神，快来帮我看看图片上这个颜色在色卡的哪一块？我想用它当主色可是找不到这个颜色。

**大神**：图片上的颜色吗？不用那么麻烦，用【取色器】就可以了。

小白：取色器？那怎么用？

**大神**：就知道你会这么问，我给你演示一下。以下面这张图片为例，我们来看看怎么提取颜色填充到图形上吧。

将图片插入 PPT，并且绘制出所要的图形。

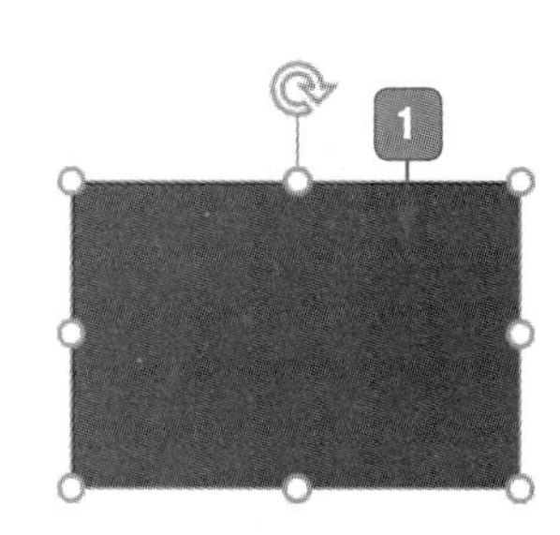


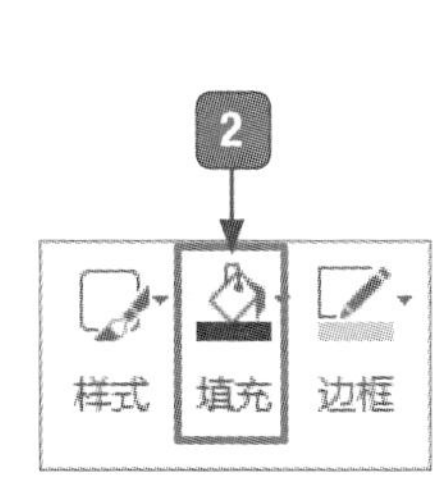


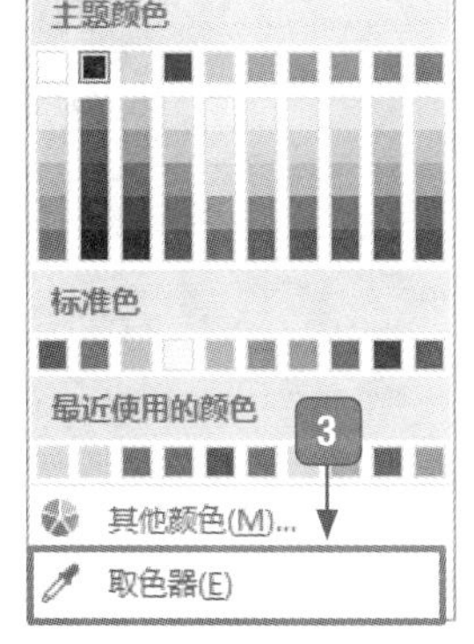

1 选中图形并右击。

2 单击【填充】按钮。

3 选择【取色器】选项。

4 当鼠标指针变成✐形状后，将鼠标指针移动到说要提取颜色的位置并右击。

这样就能使提取出的颜色填充到图形上了，如下图所示。

## 大神支招

**问：手机通讯录或微信中包含有很多客户信息，能否将客户分组管理，方便查找？**

使用手机办公，必不可少的就是与客户进行联系，如果通讯录中客户信息太多，可以通过分组的形式管理，根据分组快速找到合适的人脉资源。

### 1. 在通讯录中将朋友分类

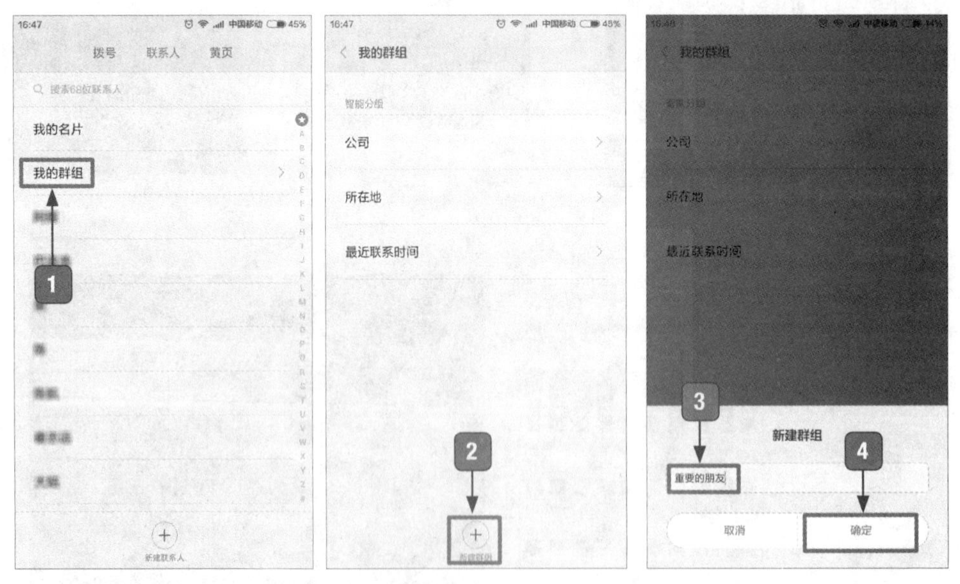




❶ 打开通讯录界面，选择【我的群组】选项。

❷ 点击【新建群组】按钮。

❸ 输入群组名称。

❹ 点击【确定】按钮。

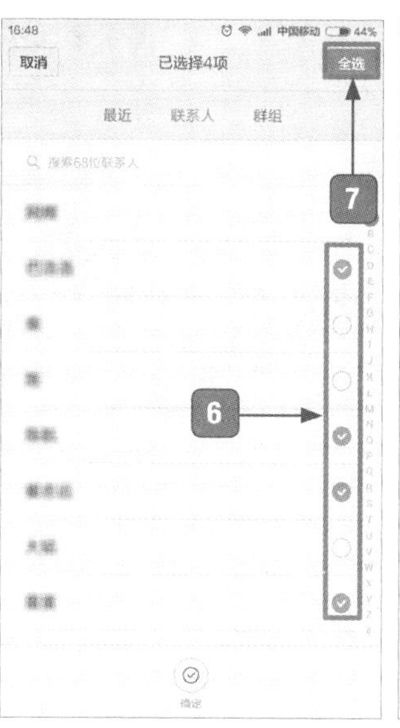


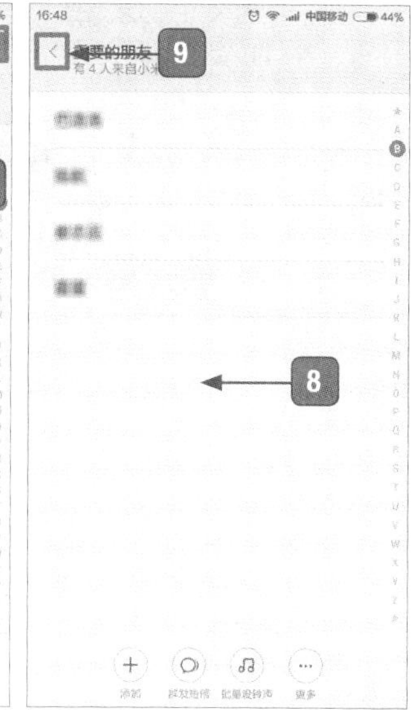


5 点击【添加】按钮。

6 选择要添加的名单。

7 点击【全选】按钮。

8 完成分组。

9 点击【返回】按钮，重复上面的步骤，继续创建其他分组。

2. 微信分组

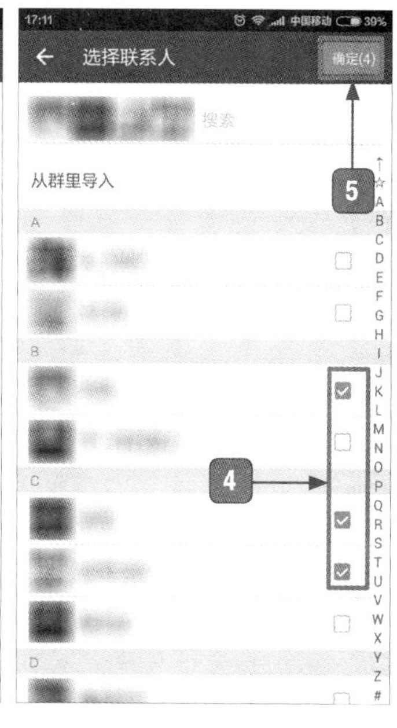


1 打开微信，选择【通讯录】选项。

2 选择【标签】选项。

3 点击【新建标签】按钮。

4 选择要添加到该组的朋友。

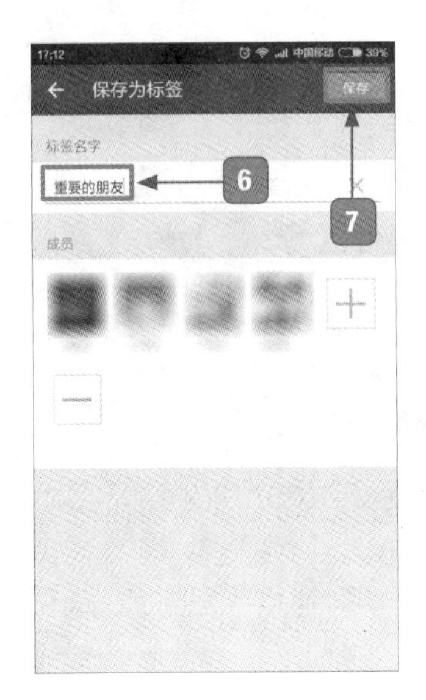


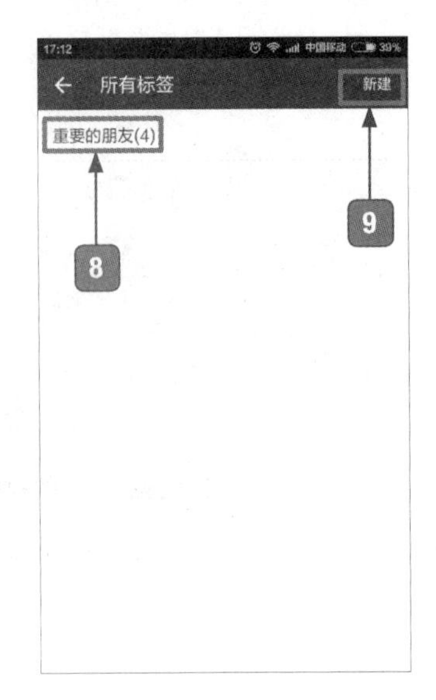


5 点击【确定】按钮。

6 输入标签名称。

7 点击【保存】按钮。

8 完成分组创建。

9 点击【新建】按钮，即可创建其他分组标签。

11

CHAPTER

第 11 章

# 幻灯片动画效果的简单使用

>>> 动画使用的原则是什么？

>>> 一个对象可以添加多个动画吗？

>>> 动画动不动，我说了算吗？

动画，也许是 PPT 中，很多人最喜欢的部分，可是到底该怎么做呢？来看看吧。

# 11.1 动画这样用就“烂”了

动画到底要怎么用？下面就来看看吧。

## 11.1.1 这些元素居然会动

看看我的 PPT，如下图所示。

啥？平淡无奇？如果这么认为，那你就太单纯了，我的 PPT 可是会动的哦。打开以后是这样的。

“淡出”的大标题，如下图所示。

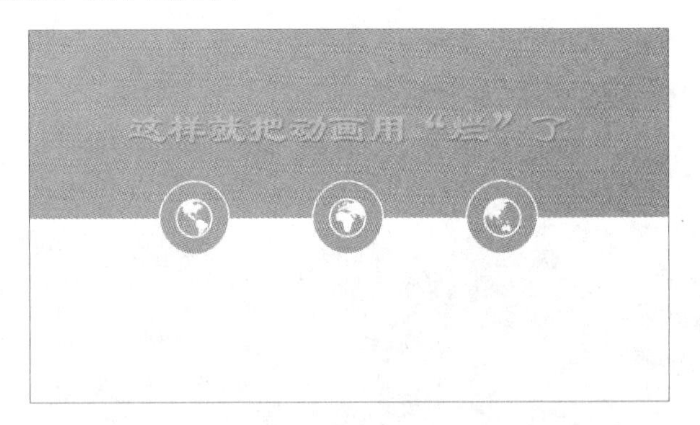


“飞入”的小标题一号，如下图所示。

变身“弹跳小子”出现的“弹跳”小标题二号，如下图所示。

爱好“跳芭蕾”的“旋转”小标题三号，如下图所示。

怕被抢镜，有变身“跷跷板”的大标题，如下图所示。

是不是很酷炫？

## 11.1.2 元素是这样动起来的

那这些元素到底是怎么动起来的呢？说之前先给大家介绍今天的主角——【动画】。

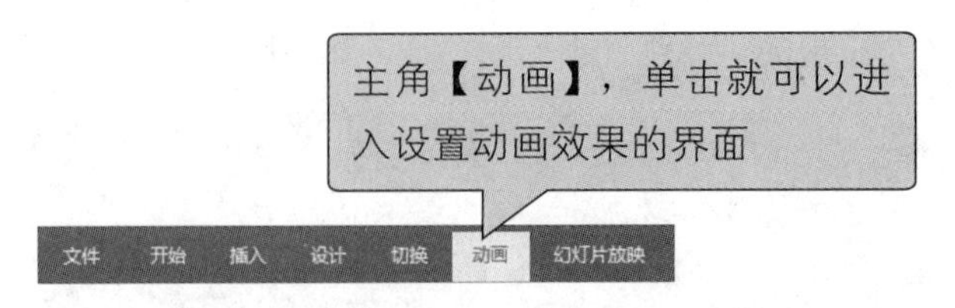


下图是设置动画效果的面板，里面包含了所有常用的动画效果的设置。

介绍完主角，就来看看我们会动的PPT是怎么制作出来的吧！

实现第一个任务：使播放到这张幻灯片时先“淡出”第一部分的主标题，此时第二部分并不显示。

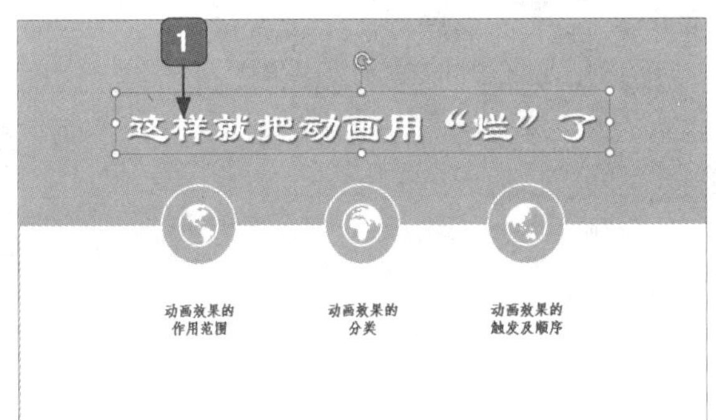


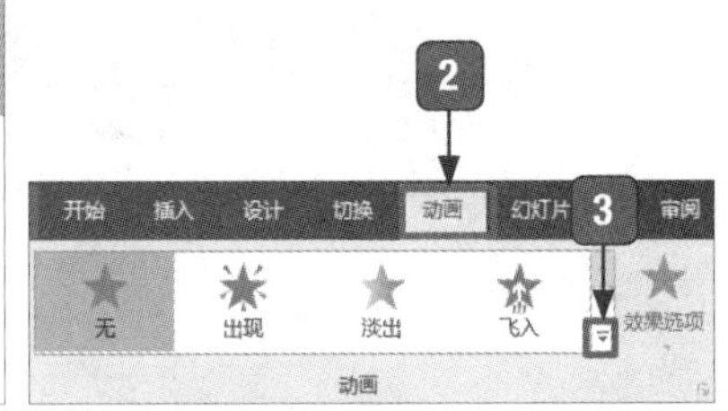


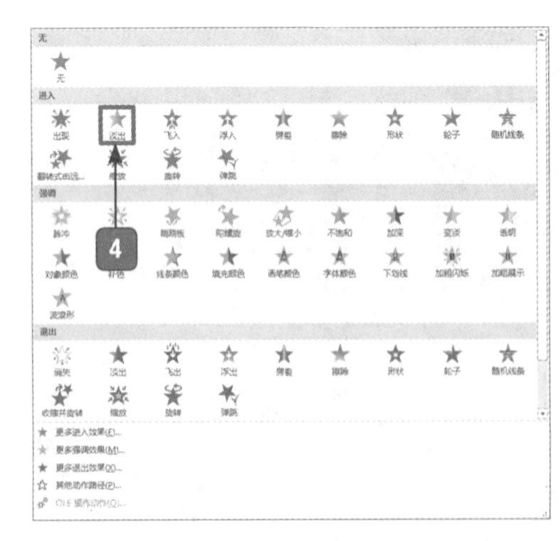


1 选中标题。

2 选择【动画】选项卡。

3 单击该下拉按钮。

4 选择动画效果，如【淡出】。



这样就给我们之前选中的区域添加了【淡出】的动画效果。

实现第二个任务：第二部分逐一“飞入”展示。

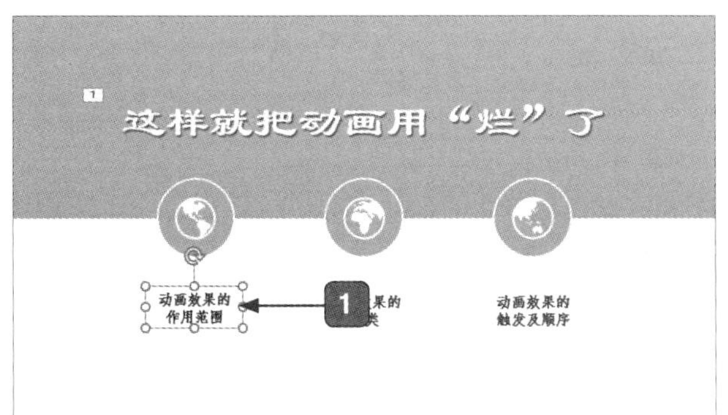


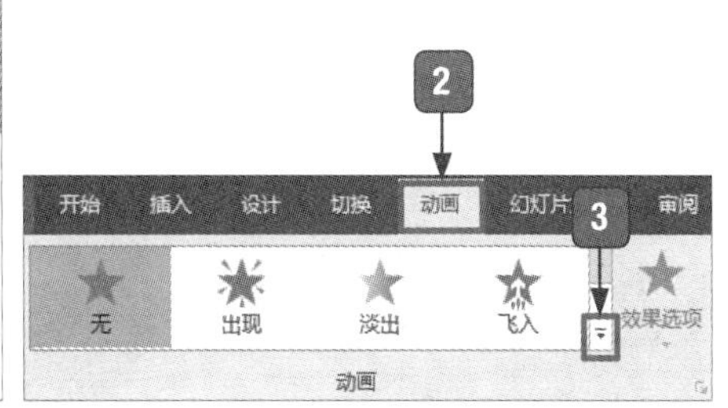


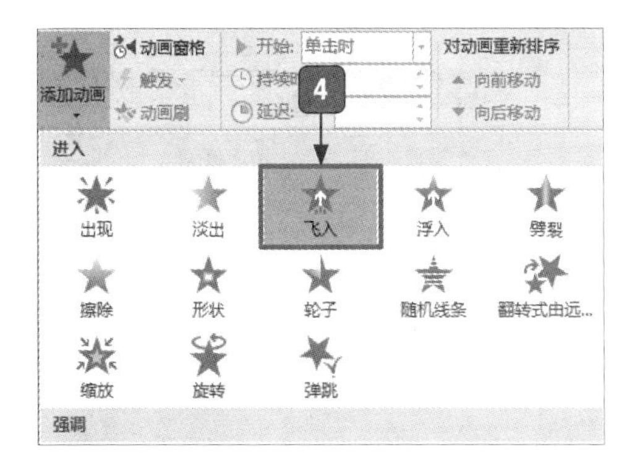


1. 选中第二个要添加动画效果的区域。
2. 选择【动画】选项卡。
3. 单击该下拉按钮。
4. 根据我们的任务需求，此部分选择【进入】下的【飞入】选项。

我们重复上面的步骤，依次给第二个子标题和第三个子标题添加“弹跳”“旋转”动画效果。

设置好上面的动画效果之后，我们可以发现幻灯片上多出来“1”“2”“3”“4”的标号，这些代表着其所指部分的动画效果次序，如下图所示。

只有一个动画效果好像不太酷，那就再添加个双层动画。

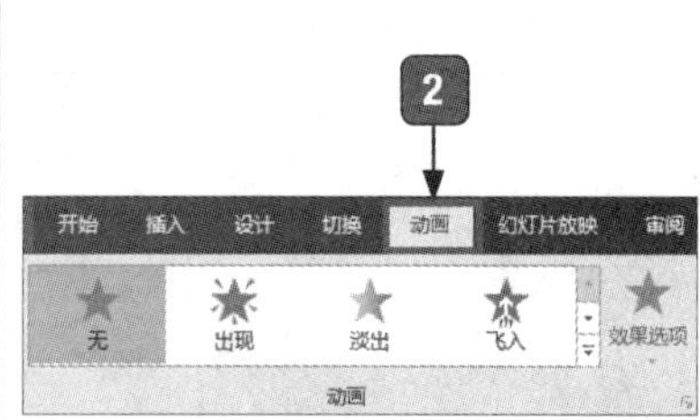

1 选中标题。

2 选择【动画】选项卡。

3 单击【添加动画】的下拉按钮。

4 在弹出的下拉列表中选择动画效果，如【跷跷板】。

这样就给我们的标题加上第二个动画效果了。

而且标题左上角也多了一个“5”的标号。

不过要注意，在同一个素材上使用两种或两种以上的动画效果时一定要使用【高级动画】组下的【添加动画】按钮来添加动画。

不然使用我们提到的第一种设置动画的方法不仅不会有多种动画的效果，还会替换原来的效果。

## 11.1.3 进阶——自定义动作路径

觉得默认的动画不合心意，想要自己来？哈哈，其实 PowerPoint 2016 早就考虑到这个问题了，所以给大家提供了这些自定义动画效果动作路径的功能，如果有需要，可以自定义动画效果的路径，使其更加美观。

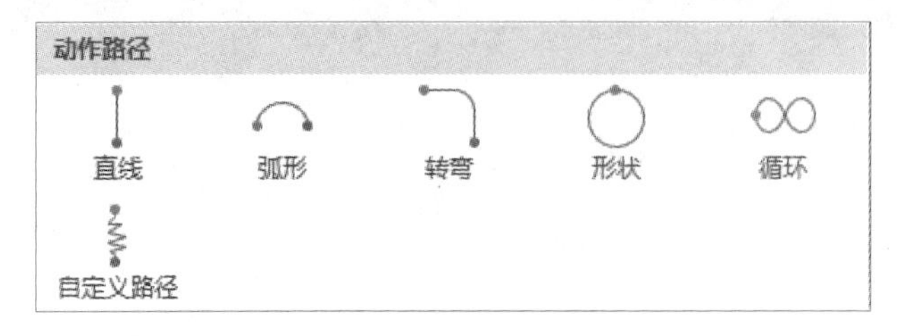


我们要说的就是【自定义路径】，自定义，当然就是自己想怎么动就这么动。现在来看看自定义的具体用法。

1. 选中要自定义的区域。
2. 选择【动画】选项卡。
3. 单击【添加动画】的下拉按钮。

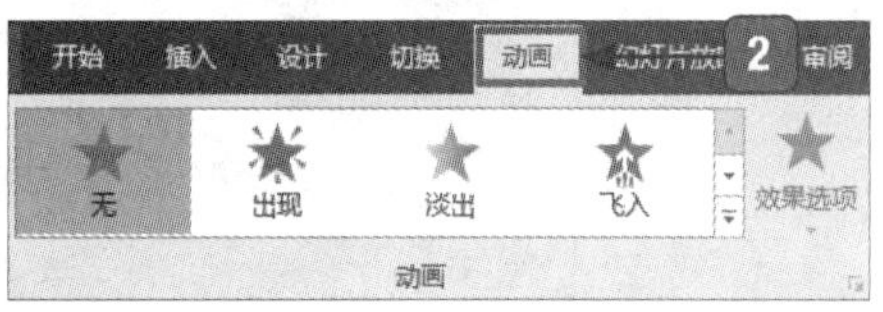


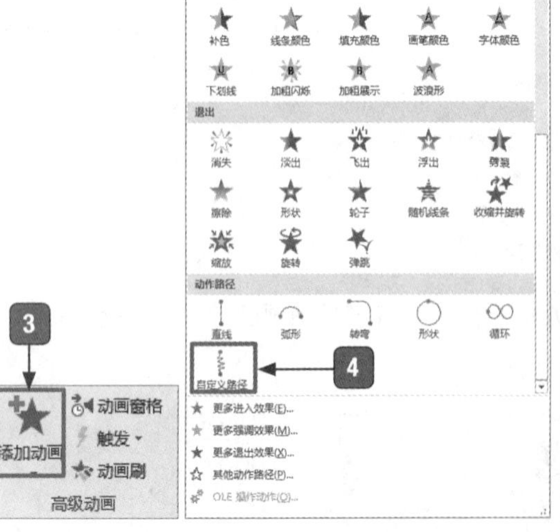


4. 在下拉菜单中选择【自定义路径】选项。
5. 按住鼠标左键在 PPT 上绘制出想要的效果路径，绘制完成以后连击两次鼠标左键结束绘制。

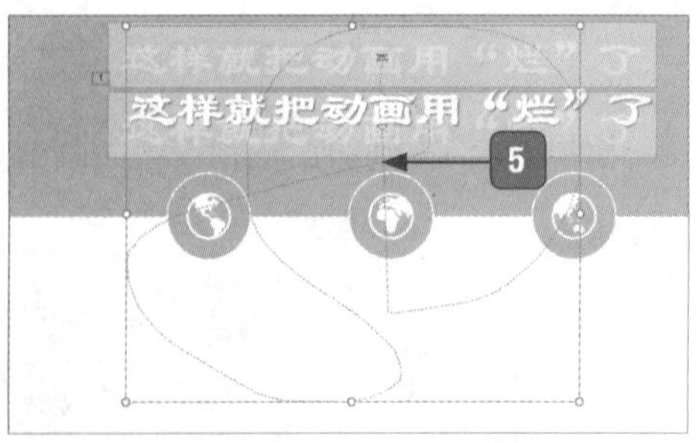


这样我们就完成了自定义动画的绘制。效果图就不给大家展示了，自己动手看看吧。

## 11.1.4 PPT 的酷炫出场

小白：大神，隔壁小灰刚刚放映幻灯片时，幻灯片切换的样子很酷，那是怎么做到的呢？

**大神**：幻灯片切换？这个简单啊。让我来演示给你看。

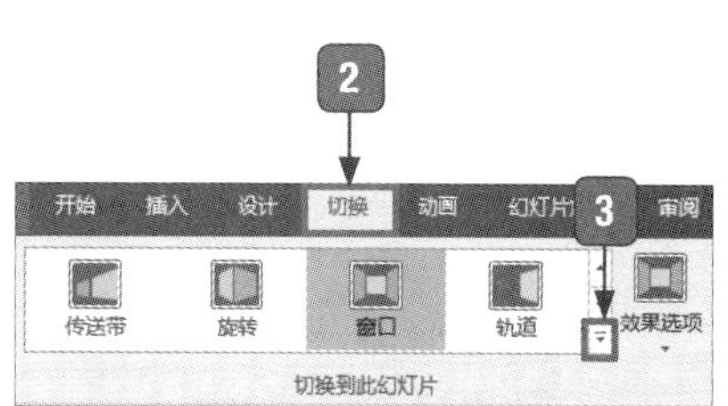


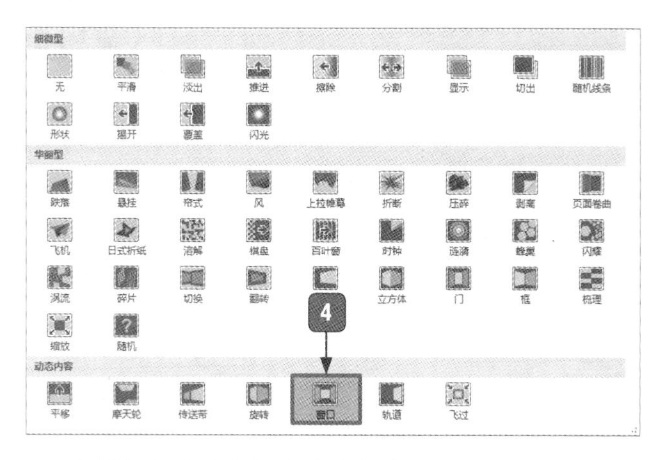


1. 选择一张幻灯片。
2. 选择【切换】选项卡。
3. 单击该下拉按钮。
4. 在弹出的下拉列表中选择需要的动画效果，如【窗口】。

这样幻灯片的出场方式就变成了设置好的【窗口】打开的样子。

不想要垂直式的出场，而想要水平效果？没问题，PowerPoint 2016 满足你的这些要求。

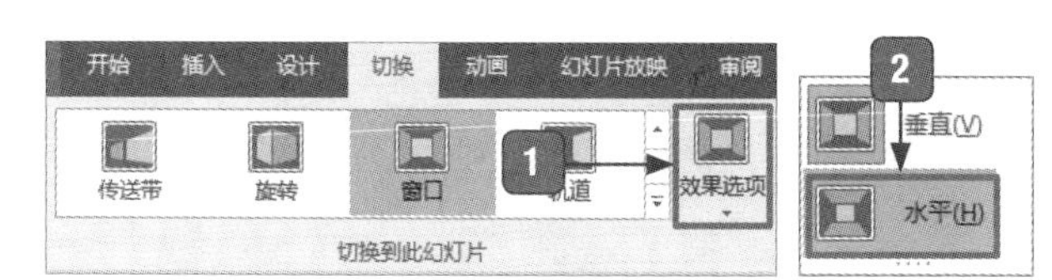


1. 单击【效果选项】的下拉按钮。
2. 选择【水平】选项。

这样窗口就不再是垂直打开的，而变成水平打开了，如下图所示。

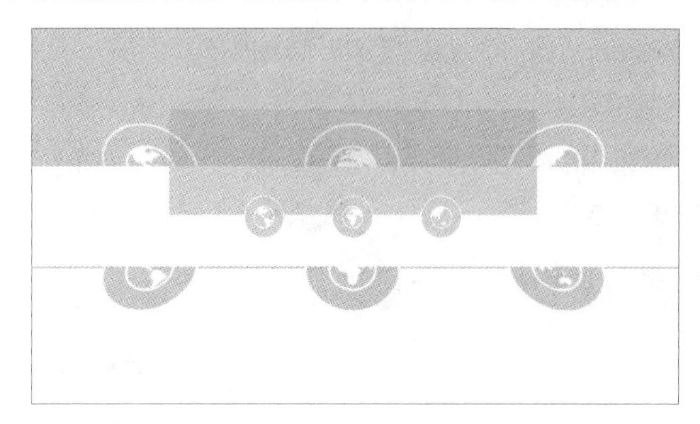

## 11.2 动画的出场时间

为啥别人的动画有时候一个连一个地动，有时候又让它动才动？原来是在这里动了手脚呀！

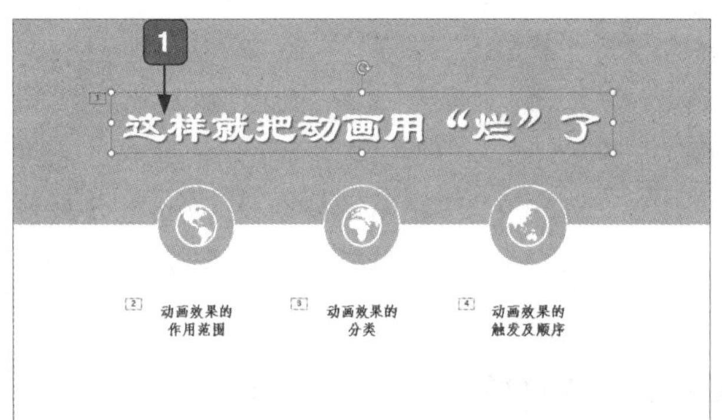


1 选中设置了动画的区域。

2 选择【动画】选项卡。

3 单击【开始】后的下拉按钮。

4 选择动画出场的情况。

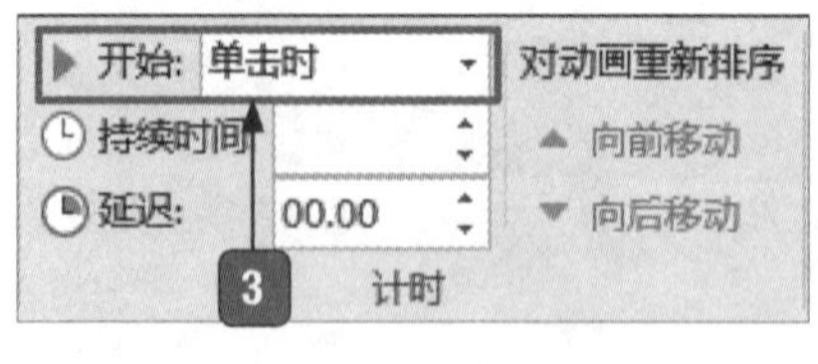


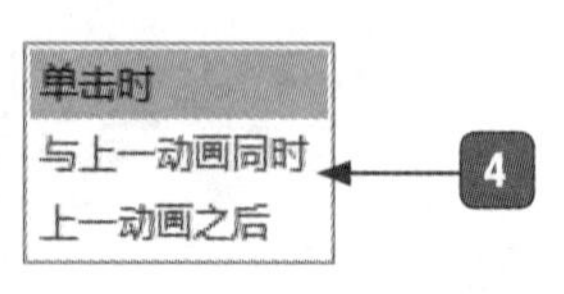


这样就可以设置动画是自己动，还是让它动才动。

当然这只是基础的出场方式，想要更酷炫一点，那就要给动画添加【触发器】，让动画在单击特定地点的时候再出场。

先给要设置动画的区域添加动画效果，选择【动画】选项卡。

1 选中要添加触发器的动画区域。

2 单击【触发】的下拉按钮。

3 选择【单击】选项。

4 选择触发地点。

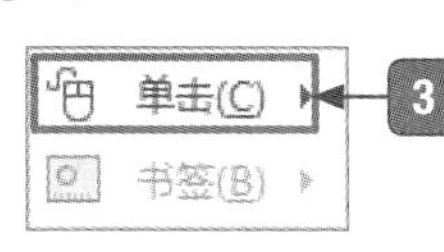


这时候你会发现所选区域旁代表动画的数字变成了闪电的图标，这就说明设置成功了。

## 11.3 给动画续一秒

设置了这么多的动画，有没有觉得幻灯片切换的速度太快？没关系，设置一下动画时长轻松解决这个问题。

老规矩，还是选中要设置时长的动画区域，选择【动画】选项卡。

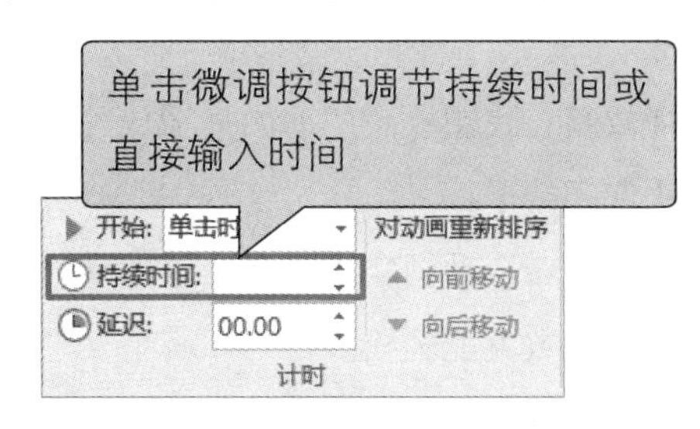


这样就可以给动画想续多少秒就续多少秒了。幻灯片的出场切换也是一样的。

看了这么多，还敢说你不会设置动画吗？

## 11.4 动画不是你想动就能动的

动画不是想用就随便用的，用得好可以加分，用不好，不减分就不错了。

那就来看看制作动画有哪些该注意的事项。

（1）数量少一点，突出重点就好。多少元素用多少动画？那你就大错特错了，动画种类太多不仅不会加分，还会减分。为什么呢？因为这样就无法突出重点了。

（2）同等级元素组合更精彩。把多个元素组合成一个用一种动画显示，会更加流畅自然哦，如目录、列表等。

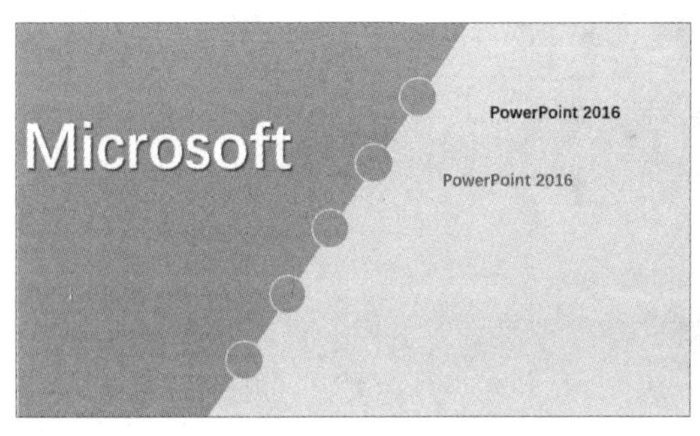


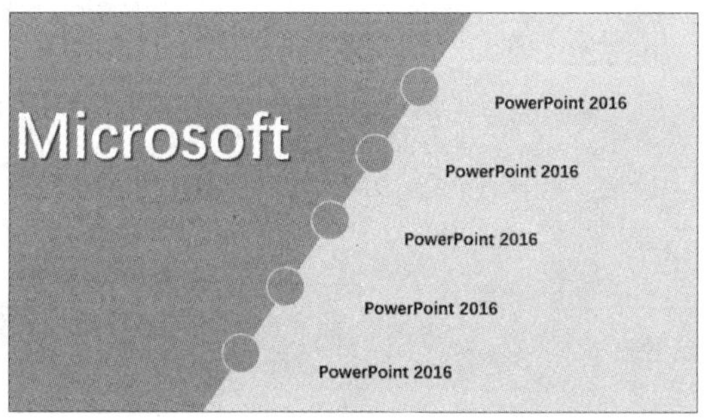


（3）节奏适中不拖拉。在制作动画的时候一定要注意动画节奏的把控，宁可快一点也不要太慢，不然会让人觉得拖拉。

现在你知道该怎么使用动画了吗？记住，要美不要“烂”。

**痛点 1：动画可以循环播放吗**

小白：大神，动画可以循环播放吗？我想让我的动画多播放几次，就给元素添加好几个相同的动画，结果被隔壁小灰嘲笑了。

**大神**：哈哈，你居然能想到添加同一个动画实现循环。这太麻烦了，其实想让动画循环播放很简单的，只要设置重复次数就能轻松搞定。

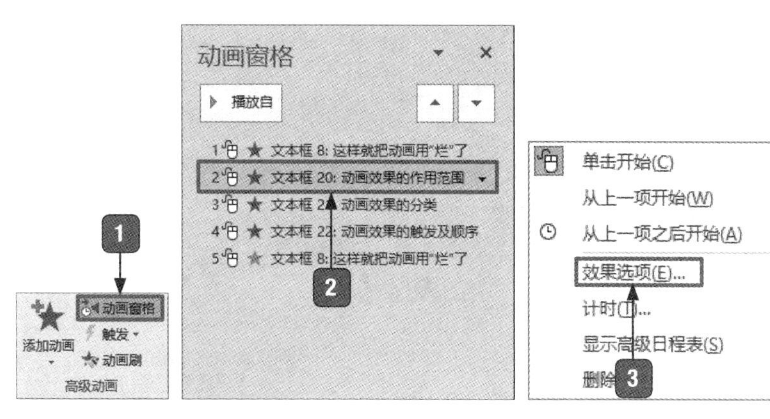


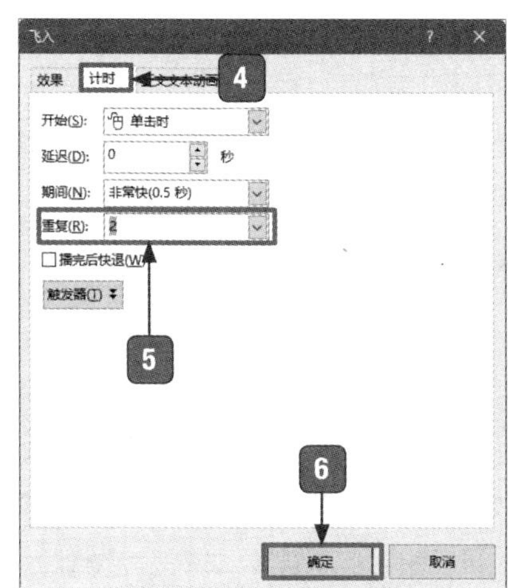


1 单击【动画】选项卡下的【动画窗格】按钮。

2 根据动画前的数字标号选中要设置循环的动画元素，并右击（或单击后面的下拉按钮）。

3 在弹出的快捷菜单中选择【效果选项】选项。

4 选择【计时】选项卡。

5 设置重复次数。

6 单击【确定】按钮。

播放看看，在【动画窗格】窗口看到第二个动画后面有两个小格，这就说明动画循环播放两次，也就是我们设置循环成功了。

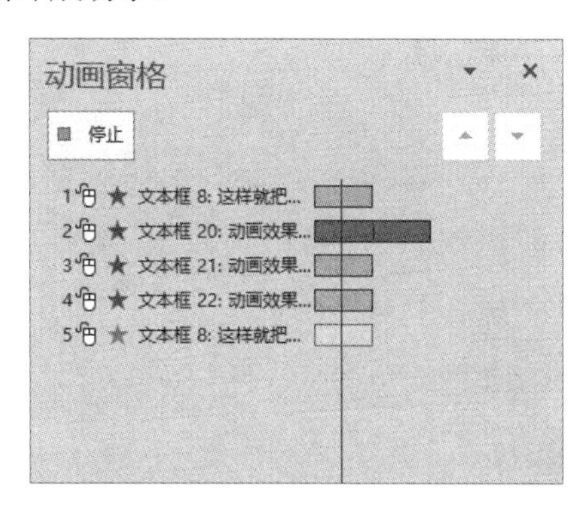




### 痛点 2：如何快速调换动画顺序

有时候我们好不容易设置完幻灯片各元素的动画，结果发现播放顺序错了，这么多动画，难道要清除动画重新设置吗？

不用那么复杂，贴心的 PowerPoint 2016 早就考虑到这个问题了，所以制定了调换顺序的功能。调下顺序就可以轻松搞定了。

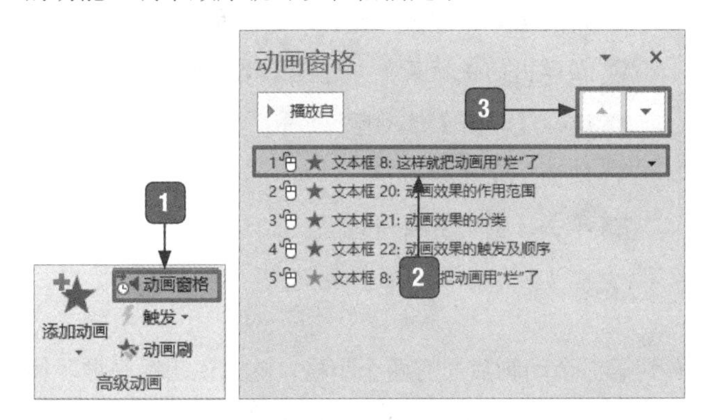


1 单击【动画】选项卡下的【动画窗格】按钮。

2 选中要调整位置的动画。

3 单击上下按钮调整动画位置。

这样就能轻松调整动画的顺序了。

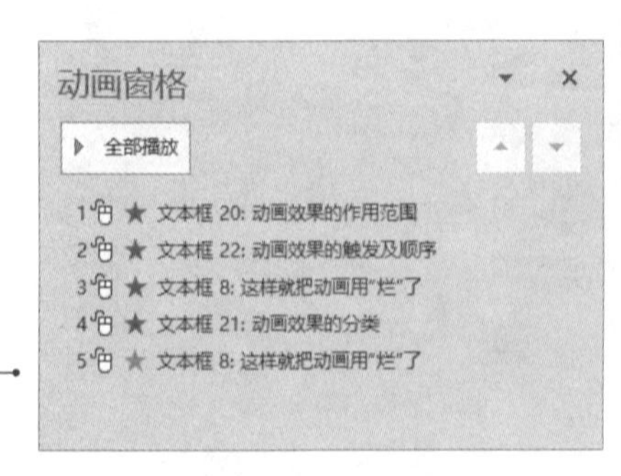

## 大神支招

**问：遇到重要的纸质资料时，如何才能快速地将重要资料电子化至手机中使用？**

纸质资料电子化就是通过拍照、扫描、录入或OCR识别的方式将纸质资料转换成图片或文字等电子资料进行存储的过程，这样更有利于携带和查询。在没有专业的工具时，可以使用一些APP将纸质资料电子化，如印象笔记APP。可以使用其扫描摄像头对文档进行拍照并进行专业的处理，处理后的拍照效果更加清晰。

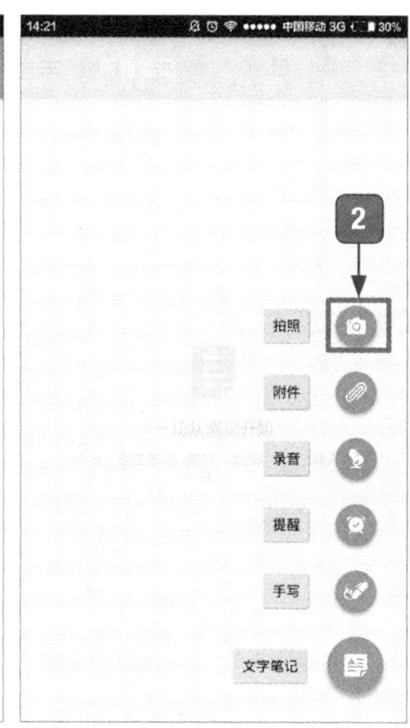


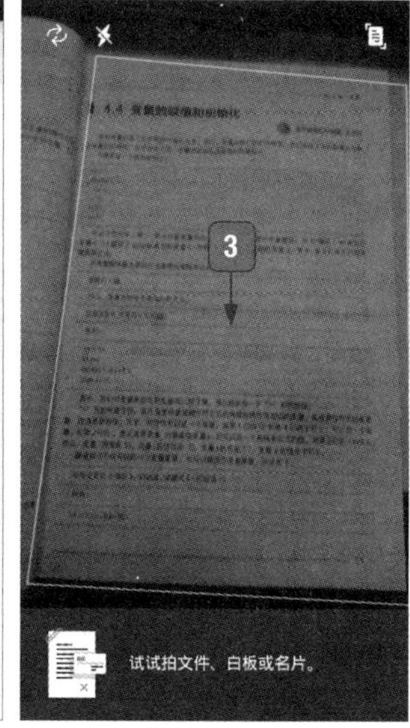

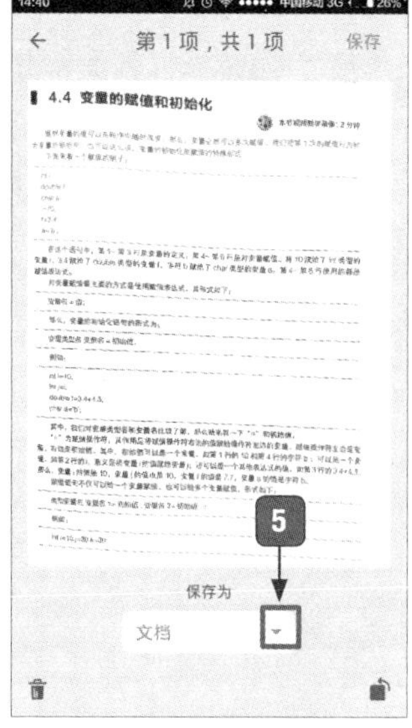


1. 点击【新建】按钮。
2. 点击【拍照】按钮。
3. 对准要拍照的资料。
4. 印象笔记会自动分析并拍照，完成电子化操作。
5. 点击该下拉按钮。

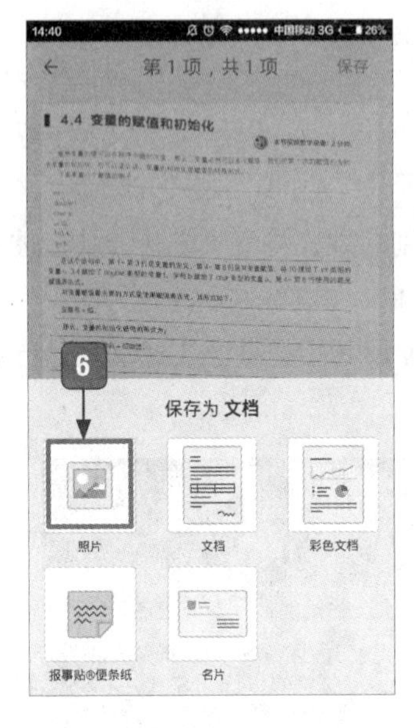


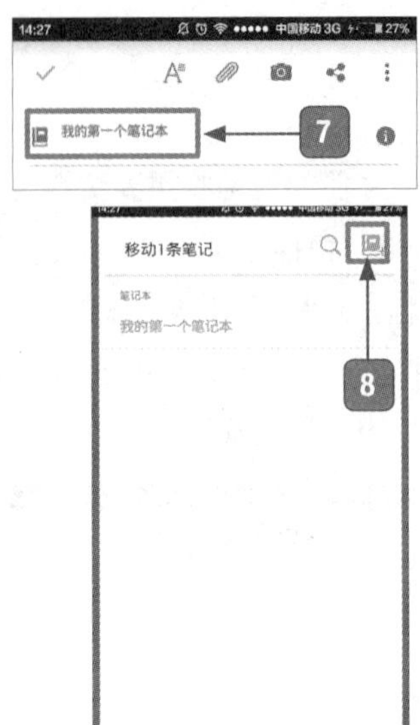


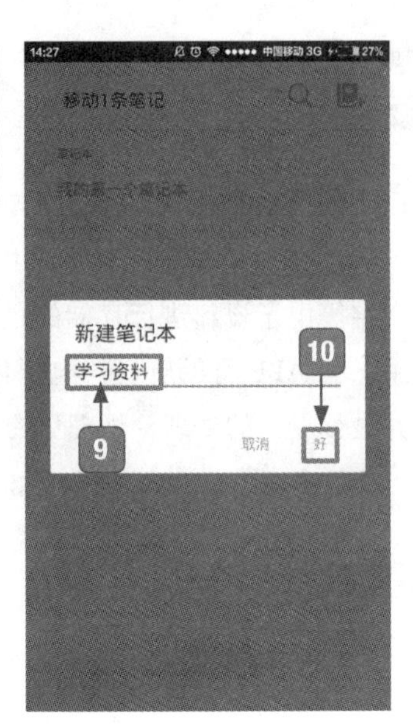


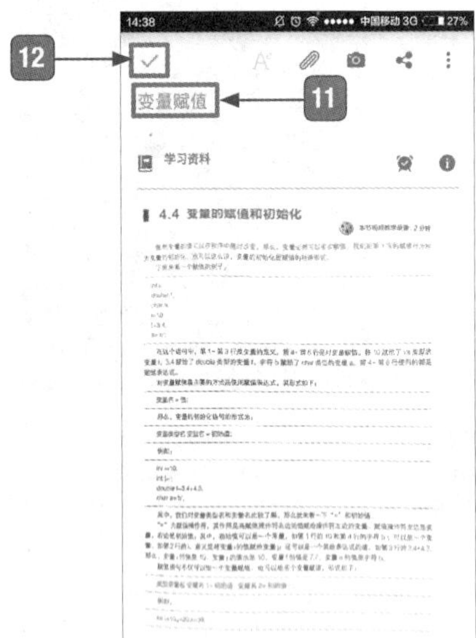


6 选择【照片】类型。

7 选择笔记本，如【我的第一个笔记本】。

8 点击【新建笔记本】按钮。

9 输入笔记本名称。

10 点击【好】按钮。

11 输入笔记本标签名称。

12 点击【确认】按钮，完成保存操作。